Peixes da Zona Econômica Exclusiva da Região Sudeste-Sul do Brasil

LEVANTAMENTO COM REDE DE MEIA ÁGUA

Peixes da Zona Econômica Exclusiva da Região Sudeste-Sul do Brasil

LEVANTAMENTO COM REDE DE MEIA ÁGUA

José Lima de Figueiredo
Andressa Pinter dos Santos
Noriyoshi Yamaguti
Roberto Ávila Bernardes
Carmen Lúcia Del Bianco Rossi-Wongtschowski

edusp
Imprensa Oficial SP

Queremos homenagear com este trabalho a bióloga Kasuko Suzuki, que com dedicação, despreendimento e profissionalismo exemplares vem contribuindo, desde 1976, no Instituto Oceanográfico da Universidade de São Paulo, para os estudos dos peixes da costa brasileira, especialmente do ictioplancton.

A você, Suzuki, nossos sinceros agradecimentos por sua contribuição na identificação de algumas espécies contidas neste volume.

Dados Internacionais de Catalogação na Publicação (CIP)
(Câmara Brasileira do Livro, SP, Brasil)

Peixes da Zona Econômica Exclusiva da Região Sudeste-Sul do Brasil: Levantamento com Rede de Meia-Água / José Lima de Figueiredo... *[et al.]*. – São Paulo: Editora da Universidade de São Paulo: Imprensa Oficial do Estado, 2002.

ISBN: 85-314-0726-5 (Editora da Universidade de São Paulo)
ISBN: 85-7060-126-3 (Imprensa Oficial do Estado)

Outros autores: Andressa Pinter dos Santos, Noriyoshi Yamaguti, Roberto Ávila Bernardes, Carmen Lúcia Del Bianco Rossi-Wongtschowski.
Bibliografia.

1. Peixes – Brasil I. Figueiredo, José Lima de. II. Santos, Andressa Pinter dos. III. Yamaguti, Noriyoshi. IV. Bernardes, Roberto Ávila. V. Del Bianco Rossi-Wongtschowski, Carmen Lúcia.

02-4780 CDD-597.09816

Índices para catálogo sistemático:

1. Brasil : Região Sudeste-Sul : Peixes : Zoologia 597.09816
2. Peixes : Região Sudeste-Sul : Brasil : Zoologia 597.09816

Edusp – Editora da Universidade de São Paulo
Av. Prof. Luciano Gualberto, Travessa J, 374
6º andar – Ed. da Antiga Reitoria – Cidade Universitária
05508-900 – São Paulo – SP – Brasil Fax (0xx11) 3091-4151
Tel. (0xx11) 3091-4008 / 3091-4150
www.usp.br/edusp – e-mail: edusp@edu.usp.br

Imprensa Oficial do Estado
Rua da Mooca, 1921 – Mooca
03103-902 – São Paulo – SP – Brasil
Tel. (0xx11) 6099-9800
Fax (0xx11) 6692-3503
www.imprensaoficial.com.br
divulgacaoeditoriais@imprensaoficial.com.br
SAC 0800-123401

Printed in Brazil 2002
Foi feito o depósito legal

SUMÁRIO

AGRADECIMENTOS

Os autores agradecem a todos os que contribuíram para a realização deste trabalho • Aos tripulantes do N/Oc Atlântico Sul, colaboradores em todos os momentos da faina de bordo • Aos professores Dr. Lauro Saint Pastous Madureira e Ricardo Peres Habiaga do Laboratório de Hidroacústica da Fundação Universidade Federal do Rio Grande (FURG), coordenadores dos trabalhos de ecointegração • Aos alunos da FURG e do Instituto Oceanográfico da Universidade de São Paulo (IOUSP), aos bolsistas ITI e DTI e aos pesquisadores contratados que atuaram a bordo, nas triagens, na preparação do banco de dados e nas análises dos mesmos • Ao Centro de Pesquisa e Extensão Pesqueira das Regiões Sudeste e Sul do Instituto Brasileiro do Meio Ambiente e dos Recursos Naturais Renováveis (CEPSUL/IBAMA) pelo apoio logístico aos cruzeiros de ecointegração • Ao Ministério do Meio Ambiente (MMA) e IBAMA pelos recursos concedidos • À Secretaria da Comissão Interministerial para Recursos do Mar (SECIRM) pelos equipamentos adquiridos • À Petróleo Brasileiro SA (Petrobrás) e Ministério de Minas e Energia (MME) pela concessão de óleo combustível para a realização dos cruzeiros • Ao Conselho Nacional de Desenvolvimento Científico e Tecnológico (CNPq) pelas bolsas concedidas.

PREFÁCIO

A avaliação dos recursos existentes no Mar Territorial do Brasil passa necessariamente pelo conhecimento do que existe. Sem este conhecimento serão infrutíferas as iniciativas visando à exploração racional, gerenciamento e conservação desses recursos para atender aos compromissos internacionalmente assumidos pelo país.

Este livro, organizado por uma equipe da Universidade de São Paulo engajada no Programa Revizee, possibilita que uma parte importante desses recursos – os peixes da região sudeste-sul do Brasil coletados com rede de meia água – possam ser reconhecidos por meio de características morfológicas essenciais e ilustrações adequadas. A forma como os dados foram apresentados é exemplar pois contempla, de maneira simples e objetiva, os aspectos mais relevantes para a caracterização e a distribuição de cada espécie. A singeleza da apresentação, no entanto, não torna menos valiosa a contribuição científica. A inclusão e o tratamento taxonômico das espécies mesopelágicas coletadas na área conferem à obra traços marcantes de ineditismo, pois são pouquíssimas as informações sobre as mesmas na literatura científica brasileira. Tendo em conta a importância destas espécies nas relações tróficas do ambiente marinho como alimento para peixes pelágicos de grande valor comercial, os dados de ocorrência na costa brasileira representa um acréscimo importante ao que já se conhece de outras áreas, possibilitando a realização de estudos complementares.

A obra alcança plenamente os objetivos pretendidos e contribui decisivamente para melhorar o nível de conhecimento da diversidade da fauna de peixes marinhos do Brasil.

Prof. Dr. Naércio Aquino Menezes
Museu de Zoologia da USP

INTRODUÇÃO

A Convenção das Nações Unidas sobre o Direito do Mar e o Capítulo 17 da "Agenda 21" constituem os documentos básicos que definem a moldura jurídica global e balizam as ações que cada país deve implementar para que seja alcançada a meta comum de uso sustentável do mar. O Brasil é signatário e participou ativamente da elaboração de ambos os documentos, revelando seu grande interesse e preocupação sobre o assunto.

A Zona Econômica Exclusiva (ZEE) constitui um novo conceito de espaço marítimo introduzido pela Convenção das Nações Unidas sobre o Direito do Mar, sendo definida como a área que se estende desde o limite externo do Mar Territorial, de 12 milhas de largura, até 200 milhas náuticas da costa, no caso brasileiro. O Brasil tem, em sua ZEE, direitos de soberania para fins de exploração e de aproveitamento, conservação e gestão dos recursos naturais, vivos e não vivos, das águas sobrejacentes ao leito do mar, do leito e do subsolo, além de outras atividades com vistas à exploração e ao aproveitamento da zona para fins econômicos, como a produção de energia a partir da água, marés, correntes e ventos.

Como contrapartida aos direitos, a Convenção estabelece obrigações para os países costeiros. Segundo os artigos 61 e 62 da Convenção, os países costeiros devem fixar os limites de captura permissíveis dos recursos vivos na ZEE, bem como, levando em conta os melhores dados científicos disponíveis, assegurar, por meio de medidas apropriadas de conservação e de gerenciamento, que a preservação desses recursos não seja ameaçada por um excesso de captura. Isso implica tanto a adoção de medidas visando à recuperação de estoques submetidos à sobrepesca, quanto a definição de rendimentos máximos sustentáveis para exploração dos recursos vivos da ZEE e a conseqüente otimização do esforço de pesca empregado. Além disso, a Convenção estabelece que, se o país não tiver capacidade de realizar a totalidade da captura permissível na sua ZEE, deverá dar a outras nações acesso ao excedente dessa captura, mediante acordos ou tratados, tendo sempre o cuidado de promover a conservação dos recursos.

O Programa "Avaliação do Potencial Sustentável de Recursos Vivos da Zona Econômica Exclusiva"– REVIZEE originou-se a partir de duas linhas básicas de motivação. A primeira decorre do compromisso assumido pelo Brasil, quando da ratificação da Convenção das Nações Unidas sobre o Direito do Mar, em 1988, o que implica o conhecimento dos recursos disponíveis e a avaliação de seus potenciais sustentáveis, informações de fundamental importância para a definição de políticas racionais de gerenciamento. A segunda linha de motivação teve origem na própria dinâmica e evolução da atividade pesqueira nacional, cujos desembarques efetivos têm ficado sistematicamente abaixo das 700 mil toneladas anuais, enquanto as estimativas de potencialidade apontavam valores superiores a 1,5 milhão. Assim, se as estimativas de potencial, obtidas em geral por extrapolação da atividade pesqueira em áreas conhecidas, estavam superestimadas, por outro lado era também limitado o próprio conhecimento dos recursos das águas jurisdicionais brasileiras.

As características tropicais e subtropicais dominantes contribuem para determinar a inexistência de estoques densos, explicando em parte a concentração do esforço de pesca sobre aquelas poucas espécies que, em termos de concentração e potencial, suportam uma atividade econômica rentável. Em conseqüência, e na ausência de medidas de ordenamento eficientes, tem ocorrido a queda da rentabilidade econômica e a depleção da maioria dos estoques ao longo da costa brasileira.

Embora o próprio setor pesqueiro venha descobrindo recursos alternativos economicamente importantes para o cenário da pesca nacional, a identificação de novos recursos, principalmente em áreas oceânicas, exigia um programa de prospecção que não só identificasse novos recursos, como também fornecesse, a partir de sua dinâmica e interações ambientais, as estimativas de sua potencialidade, permitindo orientar políticas de manejo sustentado.

Nesse sentido, o Programa REVIZEE foi elaborado procurando suprir lacunas, garantir a obtenção, a sistematização e a divulgação das informações necessárias ao reordenamento das pescarias nacionais e o cumprimento das metas assumidas frente à comunidade internacional.

O Programa REVIZEE tem como objetivo central proceder ao levantamento dos recursos vivos da ZEE, determinando sua distribuição, sua abundância, sua dinâmica em função das condicionantes ambientais e a determinação dos potenciais sustentáveis e perspectivas de explotação dos mesmos.

Para tanto, desde 1995, vêm sendo realizados levantamentos de prospecção pesqueira, oceanográficos e climatológicos ao longo da ZEE que, por sua amplitude, abrangência e características oceanográficas, biológicas e tipo de substrato dominante, foi dividida em quatro grandes regiões:

1. Costa Norte – da foz do Rio Oiapoque à foz do Rio Parnaíba;
2. Costa Nordeste– da foz do Rio Parnaíba até Salvador, incluindo Fernando de Noronha, Atol das Rocas e o Arquipélago de São Pedro e São Paulo;
3. Costa Central – de Salvador ao Cabo de São Tomé;
4. Costa Sul – do Cabo de São Tomé ao Arroio Chuí.

A execução do Programa, em cada uma destas regiões, fica a cargo de um subcomitê formado por representantes das universidades e instituições de pesquisas marinhas regionais, sendo que a unidade do Programa é garantida pela existência de um Comitê Executivo, envolvendo os Ministérios de Ciência e Tecnologia, Meio Ambiente, Relações Exteriores, Educação, Minas e Energia, além da Secretaria da Comissão Interministerial para os Assuntos do Mar, do Ibama, da Marinha do Brasil e do CNPq.

As campanhas de prospecção visando à determinação das espécies existentes, sua distribuição, sazonalidade, abundância, biomassa e captura potencial incluíram diversas metodologias de trabalho, dentre elas: ecointegração para pequenos pelágicos, espinhel de fundo, espinhel de superfície, espinhel vertical, armadilhas, arrasto de fundo, redes de espera e atração luminosa.

Como resultado de alguns destes trabalhos, no Subcomitê Regional da Costa Sul (Score/Sul), considerou-se importante e adequado a divulgação do inventário das espécies capturadas na forma de uma publicação, no qual constasse um diagnóstico de cada uma delas, sua distribuição na área pesquisada e características biológicas das mesmas. Este empreendimento deverá ainda subsidiar levantamentos em andamento sobre a biodiversidade dos ecossistemas marinhos, em especial aquele de profundidade, para o qual raros são os estudos existentes.

Neste primeiro volume são apresentadas as espécies de peixes ósseos, coletadas com arrasto de meia água, peixes de pouca expressão em termos de tamanho, mas com expressiva biomassa e fundamentais na dinâmica trófica dos ecossistemas oceânicos, pois são o alimento daquelas espécies pelágicas de grande porte, como os atuns e afins, que representam em escala mundial um dos mais importantes recursos pesqueiros, por seu volume de captura e valor econômico.

A ÁREA DE ESTUDO

Recentemente, Almeida (2001) apresentou uma síntese sobre as condições oceanográficas da área de estudo, a qual é aqui transcrita.

A região prospectada abrangeu a Zona Econômica Exclusiva (ZEE) sudeste-sul brasileira situada entre Cabo de São Tomé (RJ) e Arroio Chuí (RS), entre as profundidades de 100 e 1.500 m (Figura 1), sobre a Plataforma Continental (PC), a Quebra de Plataforma (QB) e o Talude Continental (TC).

Toda a área sofre influência da circulação superficial oceânica de larga escala gerada pelo regime de ventos do oceano Atlântico Sul. Ao longo do talude continental flui a Corrente do Brasil (CB), porção oeste do giro subtropical (que no hemisfério sul tem sentido anticiclônico), originando-se da bifurcação da Corrente Sul Equatorial (a aproximadamente 8°S) e seguindo em direção sul até a Convergência Subtropical (CS) (ao redor de 42°S). Neste ponto, a CB encontra-se com a Corrente das Malvinas (CM), formando a Confluência Brasil-Malvinas, que flui para leste (Cirano, 1995).

A região sudeste, entre o Cabo de São Tomé (22°S) e o Cabo de Santa Marta (28° S), apresenta a forma de uma baía. Em seus extremos norte e sul a plataforma é estreita, com menos de 100 km, enquanto no centro, ao largo de Santos (SP), ela é extensa, com cerca de 200 km (Miranda & Katsuragawa, 1991). Na altura de Cabo Frio (23°S) a direção da linha de costa sofre uma brusca mudança, alterando-se de norte/sul para leste/oeste (Campos *et al.*, 2000).

Na região sudeste ocorrem três massas de água com as seguintes características (Silva, 1995; Castro-Filho, 1996 e Campos *et al.*, 2000):

- Água Tropical (AT), com maiores valores de temperatura e salinidade (T > 20°C e S > 36,4) e que tem origem em baixas latitudes. Esta massa de água flui

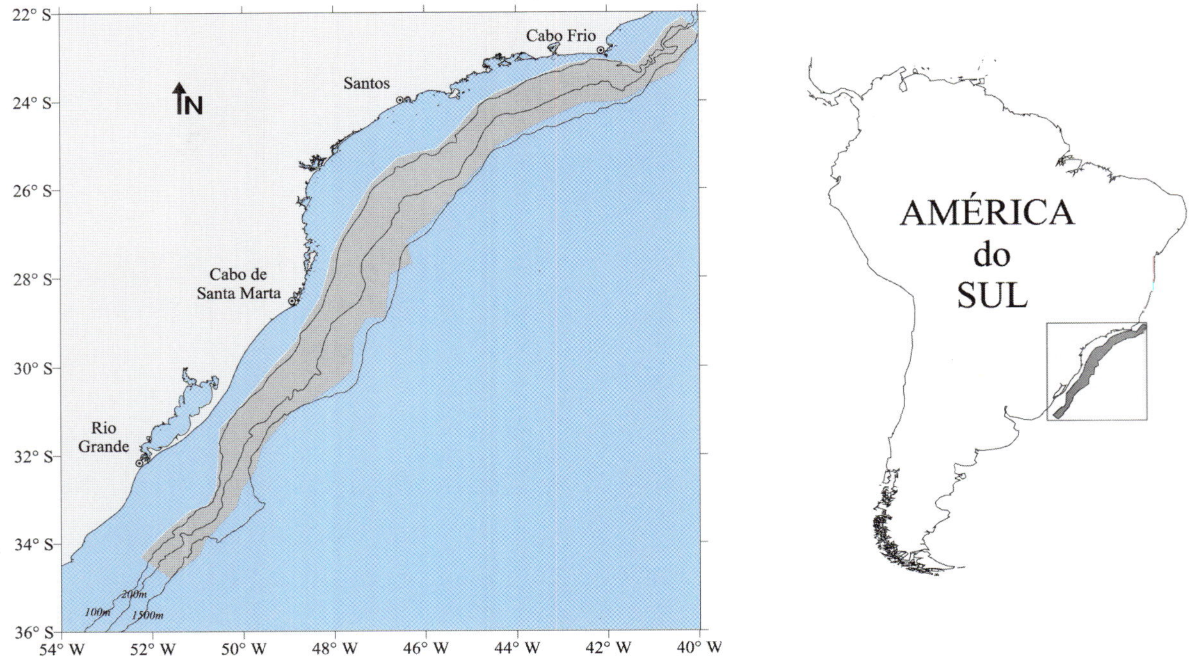

Figura 1. Área de prospecção (hachurada) e sua localização na América do Sul.

de norte para sul na camada superior da CB e tem alta contribuição volumétrica sobre a PC. É caracterizada pela baixa concentração de nutrientes e alta concentração de oxigênio dissolvido.

- Água Central do Atlântico Sul (ACAS), que se origina na CS e tem valores de temperatura e de salinidade inferiores a 20°C e 36,4, respectivamente. Flui na porção inferior da CB formando a termoclina; no verão pode penetrar na PC e ter uma elevada contribuição volumétrica. É rica em sais nutrientes e pobre em oxigênio dissolvido.
- Água Costeira (AC), que apresenta baixa salinidade devido à influência continental; sua importância volumétrica sobre a ZEE é menor que a das demais massas de água, acima citadas.

Nos meses de primavera e verão, devido à prevalência de ventos nordeste na região, pode ocorrer ressurgência costeira, principalmente próximo a Cabo Frio. O regime de ventos NE promove o transporte de Ekman, que carrega águas superficiais costeiras para leste (*offshore*), gerando uma divergência ao longo da costa que permite a penetração da ACAS, pelo fundo, sobre a plataforma, até o seu afloramento à superfície. Este fenômeno tem uma característica sazonal e mesmo nas épocas propícias a sua ocorrência pode apresentar alta variabilidade, pois depende basicamente das condições meteorológicas (Pires-Vanin & Matsuura, 1993; Matsuura & Kitahara, 1995; Matsuura, 1996). Assim, quando há a penetração da ACAS sobre a plataforma, forma-se uma termoclina sazonal devido à baixa temperatura desta massa de água.

Ao contrário, se o fenômeno não ocorrer, a temperatura da água sobre a plataforma permanece verticalmente homogênea. A ACAS apresenta uma alta concentração de sais nutrientes e o encontro desta massa de água com a zona eufótica promove um aumento na produção primária fitoplanctônica. Por sua vez, esta alta produtividade sustenta uma maior biomassa de herbívoros, acarretando condições adequadas para o desenvolvimento de larvas de peixes e da fauna bentônica (Pires-Vanin & Matsuura, 1993).

Outra característica importante da área é a presença de vórtices frontais na quebra da plataforma. Próximo a Cabo Frio, a CB, que flui ao longo do talude de norte para sul, sofre mudança de direção para sudoeste, causando meandramentos que podem provocar a formação de vórtices ciclônicos ao longo de todo o ano. O resultado destes fenômenos é a ascensão de águas mais frias e ricas em nutrientes às áreas superficiais e é denominado ressurgência de Quebra de Plataforma (Campos, 1995; Campos *et al.*,1999; Matsuura, 1996). Campos *et al.* (2000) consideram que a ação destes vórtices permite que a ACAS penetre e permaneça sobre a borda da plataforma continental durante o ano e que o fenômeno de ressurgência costeira ocorre devido à combinação deste fenômeno com a predominância de ventos NE, que bombeiam a água para a região costeira.

A região sul (entre o Cabo de Santa Marta e o Arroio Chuí) é caracterizada pela presença da Convergência Subtropical (CS). Uma interface das regiões subtropical e temperada (Haimovici *et al.*, 1994).

A CS é um fenômeno que ocorre devido ao encontro de duas correntes: a CB, transportando AT, flui para o sul e a Corrente das Malvinas (CM), transportando Água Subantártica (ASA, $T < 15°C$ e $S < 34$ e rica em sais nutrientes), flui em direção norte. O encontro destas duas correntes ocorre, aproximadamente, em 42°S (podendo variar entre 35 e 45°S). Desse encontro forma-se a ACAS, também denominada Água Subtropical, que se dirige a camadas mais profundas e realiza um giro anti-horário, podendo alcançar a PC (Haimovici *et al.*, 1994; Garcia, 1997 e Castello *et al.*, 1997).

Sobre a PC, flui em direção norte um ramo costeiro da CM, transportando a ASA, entre as isobátas de 50 e 100 m até aproximadamente 32°S, mas podendo alcançar latitudes menores no inverno (Haimovici *et al.*, 1994). Piola *et al.* (1999) mostram que nesta latitude há a formação de uma frente subtropical (Subtropical Shelf Front, STSF) onde a ASA se encontra com a AT, tratando-se de uma zona estreita com altas variações de temperatura e salinidade. Estes autores afirmam que esta frente seria uma extensão da CS sobre a PC, que impede a ASA de continuar fluindo em direção norte e a AT de prosseguir em direção sul.

Assim, a região sul sofre forte influência das duas correntes (CB e CM), há tendência de variação sazonal na intensidade das mesmas, acarretando o deslocamento da CS e maior importância volumétrica de uma massa de água em relação a outra. Ou seja, no inverno a predominância de frentes frias e o enfraquecimento do vento sudeste promovem o deslocamento da CB para áreas mais oceânicas e sobre a PC há maior penetração da ASA, ocorrendo sobre a PC forte estratificação termohalina. No verão, devido à prevalência de vento nordeste, que desloca a CS para sul e sobre a PC, ocorre uma penetração maior da AT, causando homogeneidade termohalina sobre a PC (Garcia, 1997).

A influência da AC sobre a área é menor que a das demais massas de água e varia sazonal e anualmente, como uma função da descarga de água doce do Rio da Prata e da Lagoa dos Patos (Garcia, 1997). Piola *et al.* (1999) sugerem que as plumas do Rio da Prata e da Lagoa dos Patos podem penetrar até baixas latitudes no inverno sobre a PC interna, a qual sofre altas variações de temperatura durante o ano (< 13°C, no inverno e > 20°C, no verão).

Processos de ressurgência costeira ocorrem nas épocas de primavera e verão nas proximidades do Cabo de Santa Marta. Ressurgência de Quebra de Plataforma ocorre durante o ano todo, com maior intensidade nos meses de inverno (Haimovici *et al.*, 1994; Garcia, 1997).

COLETA DE MATERIAL BIOLÓGICO E DADOS AMBIENTAIS

No período de 1996 a 1999 foram realizados, ao longo da área que se estende entre Cabo de São Tomé (RJ; 22°S) e a desembocadura do Arroio Chuí (RS; 34°S), e entre as profundidades de 100 a 1.500 m (Figura 1), seis cruzeiros de prospecção de recursos pesqueiros pelágicos com o N/Oc. "Atlântico Sul" da Fundação Universidade Federal do Rio Grande (Figura 2).

Foi realizada varredura acústica da área de estudo seguindo dois procedimentos: cruzeiros de varredura ampla (cruzeiros I, II e III) com derrota prestabelecida em transectos perpendiculares à costa, a cada 20 milhas náuticas; e cruzeiros de varredura restrita (IV, V e VI) com derrota estabelecida no momento da execução dos mesmos, com base no monitoramento das informações fornecidas em tempo real pela ecossonda.

Os cruzeiros I, II e III abrangeram toda a área, tendo sido o cruzeiro I realizado no período de agosto a setembro de 1996, o cruzeiro II, de maio a junho de 1997, e o cruzeiro III, de novembro a dezembro de 1997.

Os cruzeiros IV, V e VI, realizados respectivamente em maio, outubro e novembro de 1999, foram efetuados objetivando especificamente a captura de espécies responsáveis por altos valores de sinais acústicos (Target Strench), detectados pela ecossonda científica nos cruzeiros anteriores, em áreas de grandes profundidades (de 250 a 500 m). Nesses casos, os lances de pesca foram efetuados em áreas ao largo de Itajaí (cruzeiro IV), de São Francisco do Sul (cruzeiro V) e do Cabo de Santa Marta (cruzeiro VI).

A amostragem dos cardumes detectados pela ecossonda foi efetuada com rede de arrasto de meia água (Figura 3), visando ao estudo da composição e da proporção em espécies dos cardumes, bem como a estrutura em comprimento, peso, sexo, estádio de maturidade gonadal e idade das mesmas.

Figura 2. N/Oc. "Atlântico Sul", da Fundação Universidade Federal do Rio Grande do Sul (FURG).

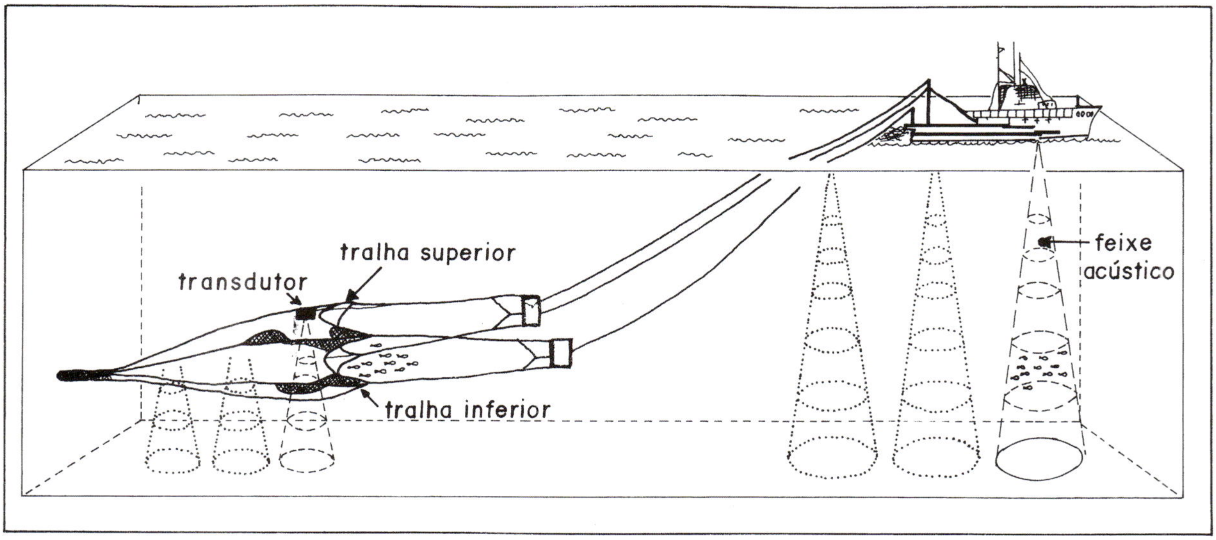

Figura 3. Esquema ilustrativo da operação de coleta por meio da detecção hidroacústica. *Fonte*: Laboratório de Hidroacústica da FURG.

A localização das estações de pesca onde os cardumes foram amostrados é apresentada nas Figuras 4 a 7.

O maior esforço amostral foi realizado entre as isóbatas de 100 e 500 m, em 54 radiais aproximadamente perpendiculares à costa. A distância entre as radiais foi de 20 milhas náuticas. Além dos 500 m, os transectos foram prolongados até profundidades maiores em direção ao limite das 200 milhas náuticas, quando constatados a presença de biomassa expressiva na ecossonda (Figura 8), indícios indiretos de presença de cardumes, tais como avistagem de grandes grupos de aves, baleias ou barcos de pesca em operação ou a existência de altos fundos no percurso dos transectos. A operação além dos 500 m foi efetuada quando as condições de mar foram suficientemente adequadas à aplicação dos critérios metodológicos de hidroacústica, sem perda da sinopticidade das informações necessárias à avaliação dos recursos pelágicos.

Os dados acústicos foram coletados durante as 24 horas do dia, por meio de uma ecossonda científica SIMRAD EK-500 com dupla freqüência (38 e 120 kHz) e equipada com transdutor tipo *split beam* e ecointegrador.

A rede de meia água utilizada nos lances de pesca foi desenhada especialmente para o N/Oc. "Atlântico Sul" para capturar clupeídeos, engraulídeos e lulas. Apresenta 268 m de circunferência, com malhas de 400 mm na boca e nas asas, diminuindo gradualmente até 50 mm no túnel e 20 mm no saco. As portas responsáveis pela abertura da rede medem 3 m x 1,35 m e pesam 380 kg cada uma. Devido ao escape de peixes pequenos entre as malhas da rede, a partir do segundo cruzeiro, foi adaptada uma panagem interna (com malhagem de 6 mm) ao saco da rede, melhorando a eficiência da captura de exemplares pequenos.

Medidas de temperatura, salinidade e densidade da água do mar foram obtidas a cada 20 milhas náuticas, por meio do lançamento de CTD em estações oceanográficas, para a caracterização hidrológica da área de estudo.

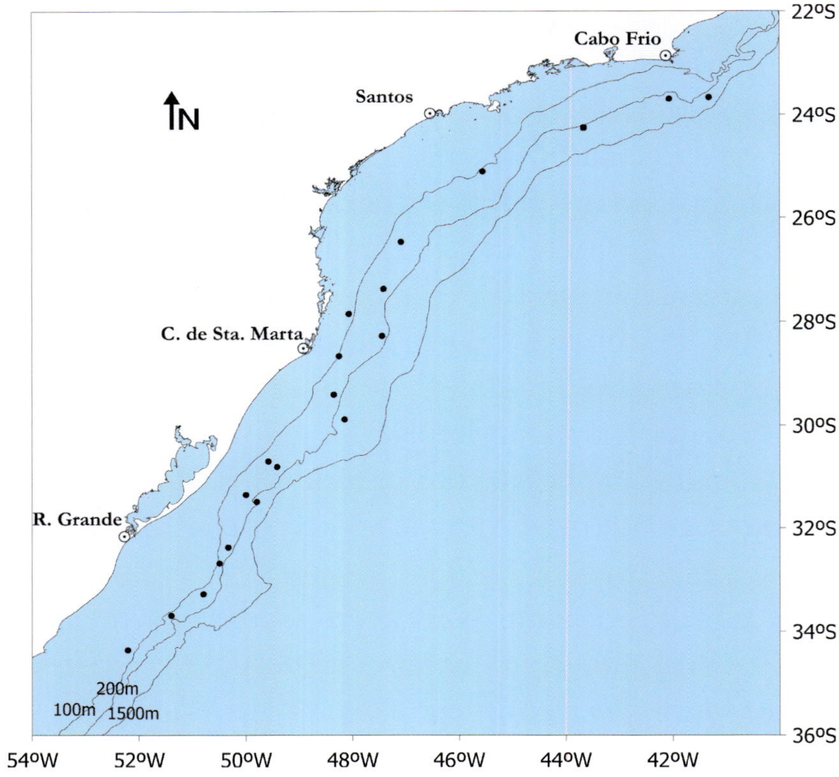

Figura 4. Mapa com as estações de coleta do cruzeiro Pelágico I.

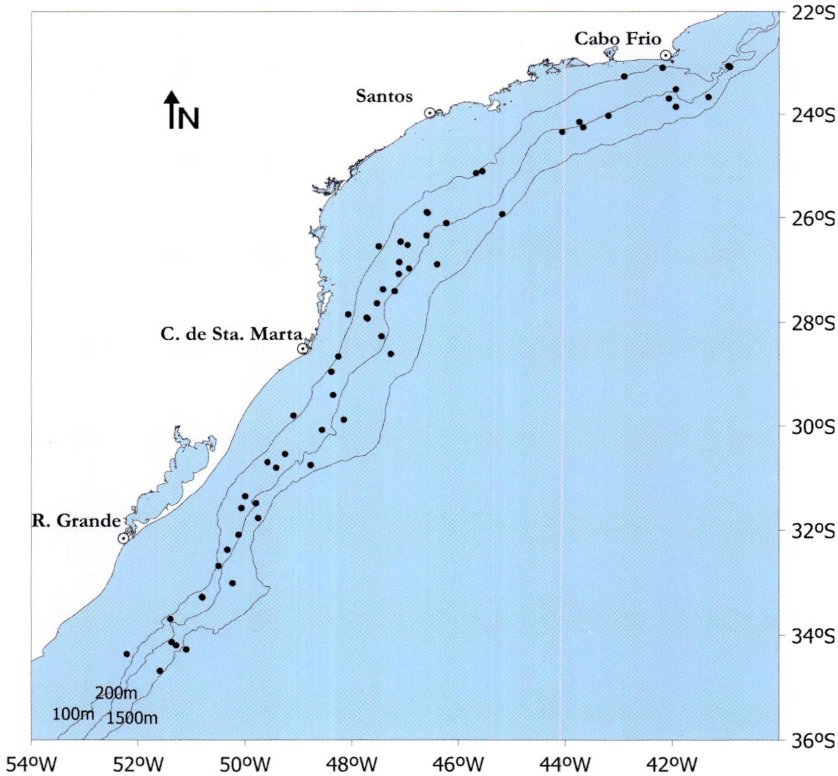

Figura 5. Mapa com as estações de coleta do cruzeiro Pelágico II.

Figura 6. Mapa com as estações de coleta do cruzeiro Pelágico III.

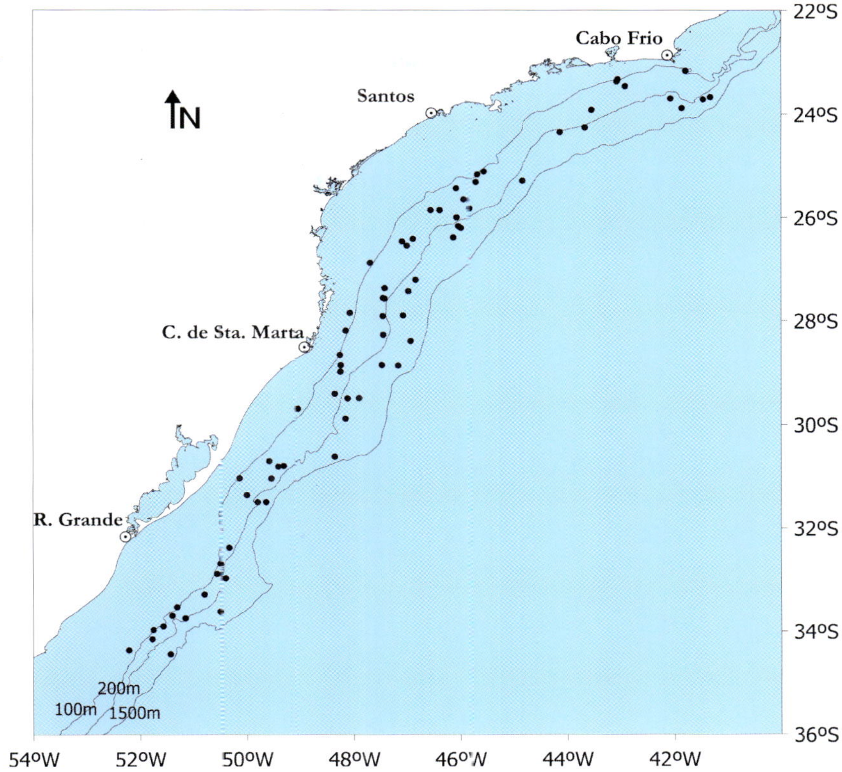

Figura 7. Mapa com as estações de coleta dos cruzeiros Pelágico IV, V e VI.

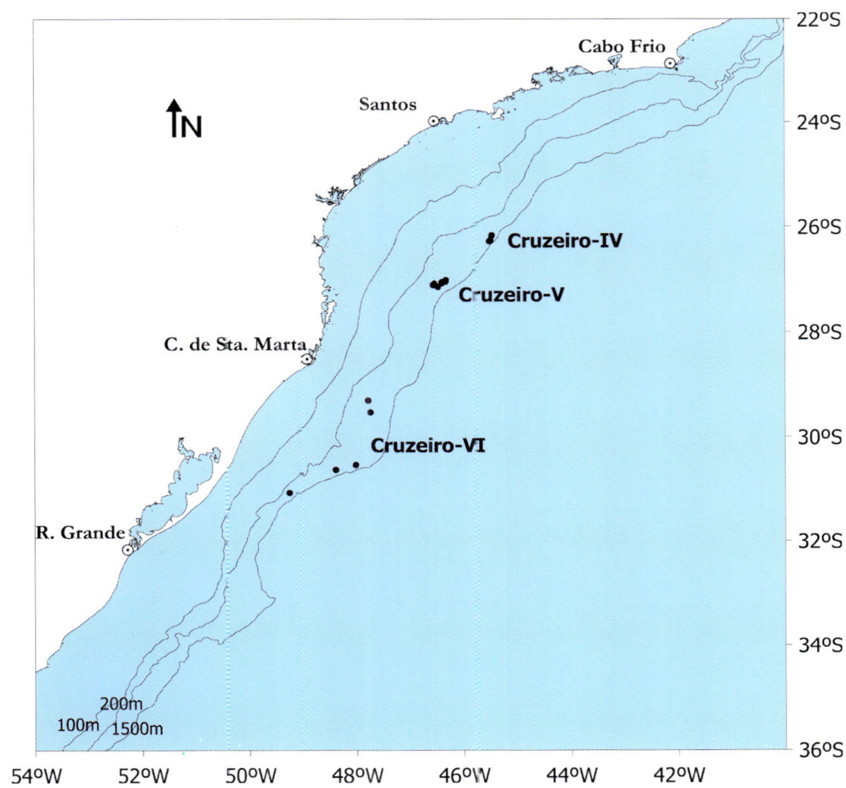

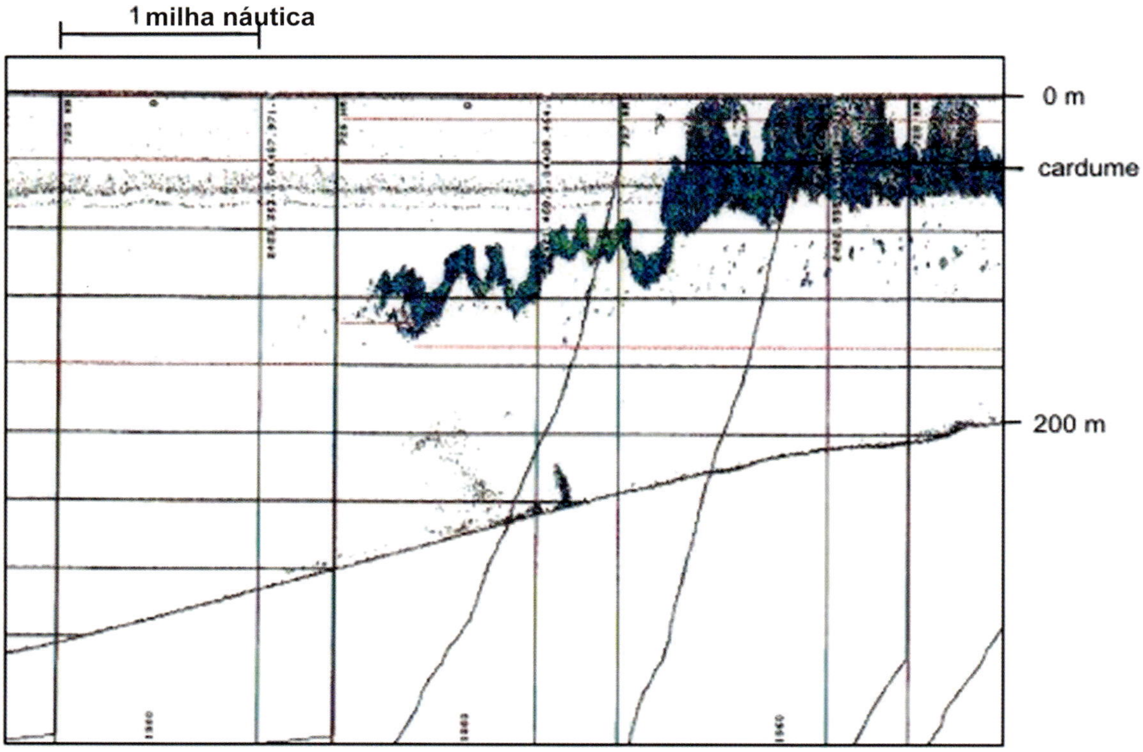

Figura 8. Registro de cardume no ecograma. *Fonte*: Laboratório de Hidroacústica da FURG.

Resultados

Foi realizado um total de 133 lances de pesca, na região compreendida entre Cabo de São Tomé e Chuí, sendo capturadas e identificadas 185 espécies de peixes. Os cruzeiros realizados cobriram uma área de aproximadamente 15.000 milhas náuticas, totalizando 220 dias de mar.

A Tabela 1 apresenta o número de indivíduos de cada espécie capturados em cada cruzeiro.

Nos cruzeiros I, II e III, realizados ao longo de toda área, foram efetuados 118 lances de pesca e capturadas 43, 107 e 104 espécies, respectivamente, sendo *Maurolicus stehmanni* a espécie mais abundante (contribuindo com 25,2% da captura), seguida por *Trichiurus lepturus* (10,4%), *Engraulis anchoita* (7,3%), *Synagrops spinosus* (6,8%) e *Bregamaceros cantori* (5,8%). Na maior parte dos lances as espécies mais abundantes foram *M. stehmanni* e *T. lepturus*. Estas duas espécies apresentaram ampla distribuição ao longo da área, estando presentes em pelo menos 50% dos lances efetuados.

Nos cruzeiros IV, V e VI, realizados ao largo da costa de Santa Catarina e ao norte do Rio Grande do Sul, foram efetuados 22 lances de pesca, sendo capturadas 16, 47 e 70 espécies, respectivamente. *Diaphus dumerilii* foi a espécie mais abundante (contribuindo com 27,8% da captura), seguida por *Lepidophanes guentheri* (19,3%), *Maurolicus stehmanni* (14,3%), *Diaphus hudsoni* (11,3%) e *Benthodesmus elongatus* (6,5%).

Tabela 1. Número de exemplares coletados em cada cruzeiro oceanográfico (I, II, III, IV, V e VI) e o número total de cada espécie no conjunto de cruzeiros.

Espécies	I	II	III	Total	IV	V	VI	Total
Acanthurus chirurgus			6	6	1			1
Anoplogaster cornuta	3			3		2	8	10
Anthias menezesi			1	1		2		2
Antigonia capros	3	107	5	115	3			3
Apogon pseudomaculatus			3	3				0
Argentina striata		1		1				0
Argyropelecus aculeatus		7		7			8	8
Argyropelecus hemigymnus				0		1	4	5
Ariomma bondi	25	67	752	844	1	22	11	34
Ariomma melanum			2	2				0
Astronesthes macropogon			1	1		3	1	4
Auxis rochei		2	34	36				0
Auxis thazard			87	87			1	1
Avocettina acuticeps				0			2	2
Balistes capriscus		215		215				0
Bassanago albescens				0			1	1
Bathylagus bericoides				0			1	1
Bellator brachychir		2		2				0
Bembrops heterurus		14	1	15				0
Benthodesmus elongatus	18	4	1	23		91	166	257
Benthodesmus tenuis			3	3				0
Benthosema suborbitale		1		1		1		1
Bolinichthys distofax				0			1	1
Bolinichthys photothorax		1		1		1		1
Brama brama		2	3	5				0
Brama caribbea			4	4				0
Bregmaceros atlanticus	9	63	7	79				0
Bregmaceros cantori	103	476	832	1.411	1	55	16	72
Caelorinchus marinii				0			1	1
Caulolatilus chrysops	1		19	20		1	3	4
Centropyge aurantonotus			3	3				0
Cephalopholis fulva			1	1				0
Ceratoscopelus warmingii		11	23	34			36	36
Chaetodipterus faber			1	1				0
Chauliodus sloani		3		3			26	26
Chlorophthalmus agassizi	1	5	11	17		1		1
Coccorella atlantica	4		2	6				0
Cookeolus japonicus		2		2				0
Coryphaena hippurus		2	3	5				0
Cubiceps capensis				0			1	1
Cubiceps pauciradiatus		1	3	4				0
Cyclichthys spinosus		17		17				0

Tabela 1. (cont.).

Espécies	I	II	III	Total	IV	V	VI	Total
Cynoscion guatucupa		33		33				0
Cynoscion jamaicensis				0				0
Decapterus tabl			53	53		1	1	2
Desmodema polystictum		1		1				0
Diaphus anderseni		23		23		3		3
Diaphus bertelseni		3	1	4				0
Diaphus brachycephalus	1	1		2		1		1
Diaphus dumerilii	54	137	869	1.060	151	442	507	1.100
Diaphus fragilis		1	7	8				0
Diaphus garmani	13	1	18	32	2	5	1	8
Diaphus hudsoni				0		4	442	446
Diaphus meadi		70		70				0
Diaphus metopoclampus		3		3				0
Diaphus mollis	1	1		2				0
Diaphus ostenfeldi				0			1	1
Diaphus perspicillatus	4	6	135	145				0
Diaphus problematicus	1	22		23				0
Dibranchus atlanticus		1		1		1	3	4
Diplophos australis		1		1			1	1
Diplophos taenia		2	1	3				0
Dolichopteryx anascopa				0		1		1
Dolichopteryx binocularis				0			1	1
Engraulis anchoita	231	870	673	1.774				0
Epinephelus morio			9	9				0
Epinephelus nigritus		1	5	6				0
Etropus longimanus		2		2				0
Eumecichthys fiski			1	1				0
Euthynnus alleteratus			4	4				0
Evermannella balbo				0			1	1
Evoxymetopon taeniatus	2			2				0
Exocoetus obtusirostris				0		1		1
Fistularia petimba		2	14	16				0
Gadella imberbis			3	3		1	3	4
Gempylus serpens		1		1				0
Glossanodon pygmaeus			2	2				0
Gonostoma elongatum		1		1		4	6	10
Gymnoscopelus nicholsi		1		1				0
Helicolenus lahillei			35	35	3	1	18	22
Heteropriacanthus cruentatus			4	4				0
Hygophum hygomii		22	464	486		2	28	30
Hygophum reinhardtii		1	2	3		3		3
Hygophum taaningi		1	1	2		1	6	7

Tabela 1. (cont.).

Espécies	I	II	III	Total	IV	V	VI	Total
Idiacanthus atlanticus				0			29	29
Labrisomus nuchipinnis			1	1				0
Laemonema goodebeanorum				0			1	1
Lagocephalus laevigatus		5	102	107				0
Lampanyctus lepidolychnus				0			25	25
Lampichthys procerus		3		3				0
Lampris guttatus			1	1				0
Lepidophanes guentheri	327	220	458	1.005		306	460	766
Lepidopus altifrons	38		15	53				0
Lestidiops jayakari		3	14	17	1	1		2
Lestidium atlanticum	1	7	32	40			1	1
Lestrolepis intermedia	4	159	65	228	5		14	19
Lobianchia dofleini		7		7				0
Lobianchia gemellarii		7		7				0
Lophius gastrophysus			25	25				0
Lucigadus ori				0			3	3
Luciosudis normani		1		1			3	3
Luvarus imperialis			1	1				0
Macroramphosus scolopax						1		1
Manducus maderensis	3	2		5				0
Margrethia obtusirostra		1		1				0
Maurolicus stehmanni	1.685	1.929	2.524	6.138	305	76	185	566
Melanonus zugmayeri				0		1	1	2
Melanostomias niger		1		1		2	1	3
Merluccius hubbsi	327	179	183	689			5	5
Mycteroperca bonaci			1	1				
Myctophum affine	9	25	119	153			1	1
Myctophum nitidulum			1	1		2	4	6
Myctophum phengodes		1	3	4			1	1
Myctophum selenops		41	1	42		2	1	3
Nannobrachium atrum				0			1	1
Nealotus tripes		9	4	13			6	6
Neoepinnula americana			1	1				0
Neoscopelus microchir				0			9	9
Nettastoma melanura				0			1	1
Notoscopelus caudispinosus			75	75			5	5
Notoscopelus resplendens		4	6	10			9	9
Oneirodes notius				0			1	1
Oxyporhamphus micropterus similis				0	1			1
Pagrus pagrus			1	1				0
Parasudis truculenta				0		2		2
Paratrachichthys atlanticus		2	2	4		7	8	15

Tabela 1. (cont.).

Espécies	I	II	III	Total	IV	V	VI	Total
Peprilus paru		31	1	32				0
Peristedion altipinnis			87	87			1	1
Peristedion sp.			1	1				0
Phosichthys argenteus				0			6	6
Physiculus kaupi				0		1		1
Pollichthys mauli	248	2	24	274		14	11	25
Polymixia lowei		2	6	8		4	5	9
Pomatomus saltatrix		2	99	101				0
Porichthys porosissimus	1	208	3	212				0
Prionotus nudigula		5		5				0
Prionotus punctatus		73		73				0
Pristipomoides freemani		24		24				0
Pronotogrammus martinicensis		3	4	7	1	1		2
Psenes arafurensis			3	3				0
Psenes cyanophrys			1	1				0
Pseudoscopelus altipinnis		12	1	13		1		1
Pteraclis carolinus		1		1				0
Pterycombus petersii		2		2				0
Sarda sarda		1	12	13				0
Sardinella brasiliensis			29	29				0
Sargocentron bullisi		3		3				0
Saurida brasiliensis	110	74	150	334				0
Saurida caribbaea	2	318	842	1.162	22			22
Scomber japonicus		5	26	31				0
Scopelopsis multipunctatus		217	145	362			60	60
Scopelosaurus herwigi		1		1				0
Selar crumenophthalmus			1	1				0
Selene setapinnis		1	21	22				0
Serranus atrobranchus		1	5	6				0
Serranus phoebe			2	2				0
Serrivomer schmidti				0			1	1
Setarches guentheri	2	18		20		1	15	16
Sphoeroides dorsalis		1		1				0
Sphoeroides pachygaster	1	5	32	38				0
Sphyraena tome			16	16				0
Stemonidium hypomelas				0			2	2
Stemonosudis intermedia	1		1	2				0
Stephanolepis hispidus		2	8	10				0
Sternoptyx diaphana				0			6	6
Stomias affinis	12	4		16		5	10	15
Sudis atrox	1	2		3				0
Symbolophorus barnardi		127	2	129			53	53

Tabela 1. (cont.).

Espécies	I	II	III	Total	IV	V	VI	Total
Symbolophorus rufinus			1	1		4		4
Synagrops bellus	1	16	15	32	3	3		6
Synagrops spinosus	116	302	1.230	1.648	22	15	15	52
Taractichthys longipinnis			1	1				0
Thyrsitops lepidopoides	3	36	417	456			9	9
Trachipterus jacksonensis		1	2	3				0
Trachurus lathami	1	77	783	861				0
Trichiurus lepturus	1.307	595	631	2.533	27	1		28
Umbrina canosai		10		10				0
Upeneus parvus		2	17	19		3		3
Urophycis mystacea		3	4	7	1		13	14
Valencienellus tripunctulatus				0		2		2
Vinciguerria nimbaria		124	61	185				0
Vinciguerria poweriae		24		24				0
Xenodermichthys copei	13			13		7		7
Xenolepidichthys dalgleishi	1	1		2		6	5	11
Zenopsis conchifera	37	16	11	64				0
Número de Indivíduos =	**4.761**	**7.173**	**12.458**	**24.393**	**550**	**1.119**	**2.296**	**3.964**
Número de Espécies =	**44**	**109**	**105**		**16**	**48**	**70**	

GUIA DE IDENTIFICAÇÃO DAS ESPÉCIES COLETADAS

Organização

Tanto na lista de espécies coletadas (p. 39) como no texto do guia, as famílias estão arranjadas em ordem sistemática, quase sempre de acordo com trabalho de Nelson (1994). Os gêneros e as espécies, dentro de cada família, estão ordenados alfabeticamente.

De cada espécie é apresentada uma caracterização morfológica abreviada, com o objetivo de diagnosticá-la. Assim, deste item constam tanto características específicas, como genéricas e de família. Seguem-se informações de natureza biológica e de distribuição geográfica. Os dados foram obtidos da literatura especializada. A literatura citada reúne trabalhos com chaves de identificação, descrição da espécie e informações biológicas e de distribuição geográfica adicionais.

Do material coletado é informado o número de exemplares e a amplitude de comprimento. As estações de coleta desse material estão representadas no mapa por pontos negros.

Métodos e Termos

No número de elementos das nadadeiras fornecido, os espinhos são mencionados em algarismos romanos e os raios moles em algarismos arábicos. Quando a parte espinhosa e ramosa encontram-se separadas, formando nadadeiras distintas, este fato é indicado pelo sinal de soma, "+", entre os algarismos romanos e arábicos. No caso contrário, quando estas partes são interligadas, uma vírgula separa os algarismos.

O número de rastros branquiais refere-se aos do primeiro arco branquial, incluindo os rastros rudimentares. Em alguns grupos de peixes, os rudimentares não são incluídos na contagem e, neste caso, o fato é mencionado. O número de rastros é apresentado como o número total ou separadamente, os do ramo superior e do inferior do primeiro arco, nesta ordem. O rastro do ângulo entre os ramos é geralmente incluído na contagem do ramo inferior, mas, às vezes mencionado em separado.

A identificação dos peixes das ordens Stomiiformes e Myctophiformes baseia-se amplamente no número e disposição dos fotóforos e grupos de fotóforos, representados nos esquemas adiante (pp. 37 e 38), com as abreviaturas utilizadas na literatura.

O tamanho de cada espécie ou exemplar é mencionado como comprimento padrão (CP) ou comprimento total (CT), este também referido no texto apenas como comprimento.

Com exceção das fotografias das espécies das páginas 50, 81, 141, 156, 160, 161, 192, 229, todas são de peixes coletados nas prospecções do Programa REVIZEE. O comprimento padrão ou total e o número de registro do lote do exemplar fotografado acompanha cada foto.

Todo o material examinado neste trabalho está depositado no Museu de Zoologia da Universidade de São Paulo (MZUSP).

Esquema de Peixe da Ordem Stomiiformes

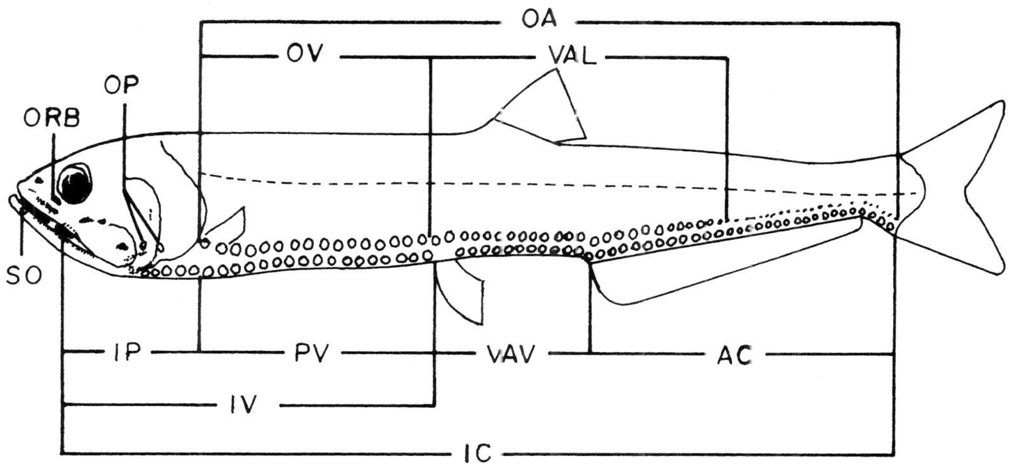

AC = série ventral, posterior à origem da nadadeira anal.
BR = série da membrana branquiostégia.
IC = série ventral, da extremidade anterior do istmo até o pedúnculo caudal.
IP = série ventral, da extremidade anterior do istmo até a vertical pela origem da peitoral.
IV = série ventral, da extremidade anterior do istmo até a vertical pela origem da pélvica.
LLP = série lateral mediana de pequenos fotóforos, da margem opercular até a base dos raios medianos da caudal.
OA ou OAC = série lateral, acima da série ventral, da margem do opérculo até o último fotóforo grande.
OP = três fotóforos: um próximo à base anterior do pré-opérculo, um dorsal à parte anterior do subopérculo, um na parte anterior adjacente à região dorsal do opérculo.
ORB = fotóforos associados com o olho.
OV = série lateral, da borda do opérculo até a vertical pela origem da pélvica.
PV = série ventral, entre as verticais pela origem da peitoral e da pélvica.
SO = fotóforo situado junto à extremidade anterior da mandíbula.
VAL = série lateral, da vertical pela origem da pélvica até o último fotóforo grande.
VAV = série ventral, da vertical pela base do raio posterior da pélvica até a origem da anal.

Esquema de Peixe da Ordem Myctophiformes

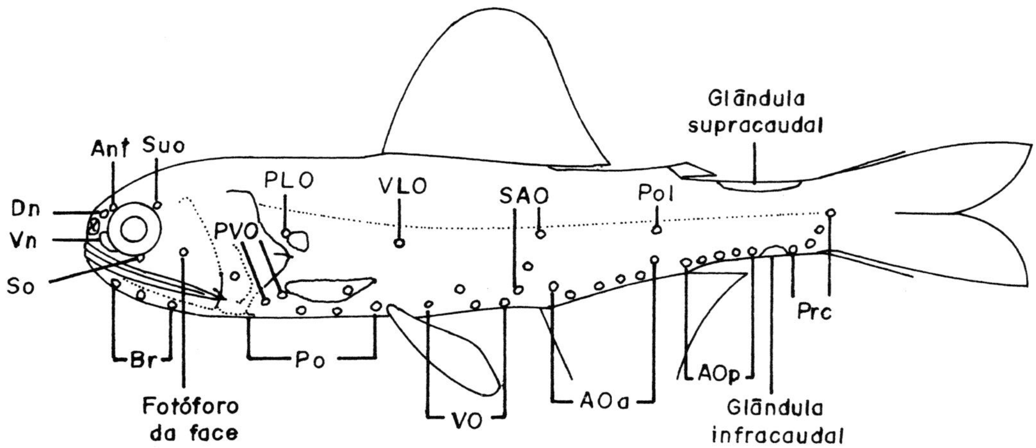

Fotóforos primários:

Ant = fotóforo antorbital.
AO = série anal.
Br = série branquiostégia.
Dn = fotóforo dorso-nasal.
FC = fotóforos da face.
Op = série opercular.
PLO = fotóforo suprapeitoral.
PO = série torácica.
Pol = fotóforo posterolateral.
Prc = série pré-caudal.
PVO = série subpeitoral.
SAO = série supra-anal.
So = fotóforo suborbital.
VLO = fotóforo supraventral.
VO = série ventral.
Vn = fotóforo ventro-nasal.

LISTA DAS ESPÉCIES COLETADAS

ORDEM ANGUILLIFORMES

FAMÍLIA NEMICHTHYIDAE

Avocettina acuticeps

FAMÍLIA CONGRIDAE

Bassanago albescens

FAMÍLIA NETTASTOMATIDAE

Nettastoma melanura

FAMÍLIA SERRIVOMERIDAE

Serrivomer schmidti
Stemonidium hypomelas

ORDEM CLUPEIFORMES

FAMÍLIA ENGRAULIDAE

Engraulis anchoita

FAMÍLIA CLUPEIDAE

Sardinella brasiliensis

ORDEM OSMERIFORMES

FAMÍLIA ARGENTINIDAE

Argentina striata
Glossanodon pygmaeus

FAMÍLIA BATHYLAGIDAE

Bathylagus bericoides

FAMÍLIA OPISTHOPROCTIDAE

Dolichopteryx anascopa
Dolichopteryx binocularis

FAMÍLIA ALEPOCEPHALIDAE

Xenodermichthys copei

ORDEM STOMIIFORMES

FAMÍLIA GONOSTOMATIDAE

Diplophos australis
Diplophos taenia
Gonostoma elongatum
Manducus maderensis
Margrethia obtusirostra

FAMÍLIA STERNOPTYCHIDAE

Argyropelecus aculeatus
Argyropelecus hemigymnus
Maurolicus stehmanni
Sternoptyx diaphana
Valenciennellus tripunctulatus

FAMÍLIA PHOSICHTHYIDAE

Phosichthys argenteus
Pollichthys mauli
Vinciguerria nimbaria
Vinciguerria poweriae

FAMÍLIA ASTRONESTHIDAE

Astronesthes macropogon

FAMÍLIA CHAULIODONTIDAE

Chauliodus sloani

FAMÍLIA IDIACANTHIDAE

Idiacanthus atlanticus

FAMÍLIA MELANOSTOMIIDAE

Melanostomias niger

FAMÍLIA STOMIIDAE

Stomias affinis

ORDEM AULOPIFORMES

FAMÍLIA CHLOROPHTHALMIDAE

Chlorophthalmus agassizi
Parasudis truculenta

FAMÍLIA NOTOSUDIDAE

Luciosudis normani
Scopelosaurus herwigi

FAMÍLIA SYNODONTIDAE

Saurida brasiliensis
Saurida caribbaea

FAMÍLIA PARALEPIDIDAE

Lestidiops jayakari
Lestidium atlanticum
Lestrolepis intermedia
Stemonosudis intermedia
Sudis atrox

FAMÍLIA EVERMANNELLIDAE

Coccorella atlantica
Evermannella balbo

ORDEM MYCTOPHIFORMES

FAMÍLIA NEOSCOPELIDAE

Neoscopelus microchir

FAMÍLIA MYCTOPHIDAE

Benthosema suborbitale
Bolinichthys distofax
Bolinichthys photothorax
Ceratoscopelus warmingii
Diaphus anderseni
Diaphus bertelseni
Diaphus brachycephalus
Diaphus dumerilii
Diaphus fragilis

Diaphus garmani
Diaphus hudsoni
Diaphus meadi
Diaphus metopoclampus
Diaphus mollis
Diaphus ostenfeldi
Diaphus perspicillatus
Diaphus problematicus
Gymnoscopelus nicholsi
Hygophum hygomii
Hygophum reinhardtii
Hygophum taaningi
Lampanyctus lepidolychnus
Lampichthys procerus
Lepidophanes guentheri
Lobianchia dofleini
Lobianchia gemellarii
Myctophum affine
Myctophum nitidulum
Myctophum obtusirostre
Myctophum phengodes
Myctophum selenops
Nannobrachium atrum
Notoscopelus caudispinosus
Notoscopelus resplendens
Scopelopsis multipunctatus
Symbolophorus barnardi
Symbolophorus rufinus

ORDEM LAMPRIDIFORMES

FAMÍLIA LAMPRIDIDAE
Lampris guttatus

FAMÍLIA LOPHOTIDAE
Eumecichthys fiski

FAMÍLIA TRACHIPTERIDAE
Desmodema polystictum
Trachipterus jacksonensis

ORDEM POLYMIXIIFORMES

FAMÍLIA POLYMIXIIDAE
Polymixia lowei

ORDEM GADIFORMES

FAMÍLIA MACROURIDAE
Caelorinchus marinii
Lucigadus ori

FAMÍLIA MORIDAE
Gadella imberbis
Laemonema goodebeanorum
Physiculus kaupi

FAMÍLIA MELANONIDAE
Melanonus zugmayeri

FAMÍLIA BREGMACEROTIDAE
Bregmaceros atlanticus
Bregmaceros cantori

FAMÍLIA PHYCIDAE
Urophycis mystacea

FAMÍLIA MERLUCCIIDAE
Merluccius hubbsi

ORDEM BATRACHOIDIFORMES

FAMÍLIA BATRACHOIDIDAE
Porichthys porosissimus

ORDEM LOPHIIFORMES

FAMÍLIA LOPHIIDAE
Lophius gastrophysus

FAMÍLIA OGCOCEPHALIDAE
Dibranchus atlanticus

FAMÍLIA ONEIRODIDAE
Oneirodes notius

ORDEM BELONIFORMES

FAMÍLIA EXOCOETIDAE
Exocoetus obtusirostris

FAMÍLIA HEMIRAMPHIDAE
Oxyporhamphus micropterus similis

ORDEM BERYCIFORMES

FAMÍLIA ANOPLOGASTRIDAE
Anoplogaster cornuta

FAMÍLIA TRACHICHTHYIDAE
Paratrachichthys atlanticus

FAMÍLIA HOLOCENTRIDAE
Sargocentron bullisi

ORDEM ZEIFORMES

FAMÍLIA ZEIDAE
Zenopsis conchifera

FAMÍLIA GRAMMICOLEPIDIDAE
Xenolepidichthys dalgleishi

FAMÍLIA CAPROIDAE
Antigonia capros

ORDEM GASTEROSTEIFORMES

FAMÍLIA FISTULARIIDAE
Fistularia petimba

FAMÍLIA MACRORAMPHOSIDAE
Macroramphosus scolopax

ORDEM SCORPAENIFORMES

FAMÍLIA SCORPAENIDAE
Helicolenus lahillei
Setarches guentheri

FAMÍLIA TRIGLIDAE
Bellator brachychir
Prionotus nudigula
Prionotus punctatus

FAMÍLIA PERISTEDIIDAE
Peristedion altipinnis
Peristedion sp.

ORDEM PERCIFORMES

FAMÍLIA ACROPOMATIDAE
Synagrops bellus
Synagrops spinosus

FAMÍLIA SERRANIDAE
Anthias menezesi
Cephalopholis fulva
Epinephelus morio
Epinephelus nigritus
Mycteroperca bonaci
Pronotogrammus martinicensis
Serranus atrobranchus
Serranus phoebe

FAMÍLIA PRIACANTHIDAE
Cookeolus japonicus
Heteropriacanthus cruentatus

FAMÍLIA APOGONIDAE
Apogon pseudomaculatus

FAMÍLIA BRANCHIOSTEGIDAE
Caulolatilus chrysops

FAMÍLIA POMATOMIDAE
Pomatomus saltatrix

FAMÍLIA CORYPHAENIDAE
Coryphaena hippurus

FAMÍLIA CARANGIDAE
Decapterus tabl
Selar crumenophthalmus
Selene setapinnis
Trachurus lathami

FAMÍLIA BRAMIDAE
Brama brama
Brama caribbea
Pteraclis carolinus
Pterycombus petersii
Taractichthys longipinnis

FAMÍLIA LUTJANIDAE
Pristipomoides freemani

FAMÍLIA SPARIDAE
Pagrus pagrus

FAMÍLIA SCIAENIDAE
Cynoscion guatucupa
Umbrina canosai

FAMÍLIA MULLIDAE
Upeneus parvus

FAMÍLIA EPHIPPIDIDAE
Chaetodipterus faber

FAMÍLIA POMACANTHIDAE
Centropyge aurantonotus

FAMÍLIA CHIASMODONTIDAE
Pseudoscopelus altipinnis

FAMÍLIA PERCOPHIDAE
Bembrops heterurus

FAMÍLIA LABRISOMIDAE
Labrisomus nuchipinnis

FAMÍLIA LUVARIDAE
Luvarus imperialis

FAMÍLIA ACANTHURIDAE
Acanthurus chirurgus

FAMÍLIA SPHYRAENIDAE
Sphyraena tome

FAMÍLIA GEMPYLIDAE
Gempylus serpens
Nealotus tripes
Neoepinnula americana
Thyrsitops lepidopoides

FAMÍLIA TRICHIURIDAE
Benthodesmus elongatus
Benthodesmus tenuis
Evoxymetopon taeniatus
Lepidopus altifrons
Trichiurus lepturus

FAMÍLIA SCOMBRIDAE
Auxis rochei
Auxis thazard
Euthynnus alletteratus
Sarda sarda
Scomber japonicus

FAMÍLIA NOMEIDAE
Cubiceps capensis
Cubiceps pauciradiatus
Psenes arafurensis
Psenes cyanophrys

FAMÍLIA ARIOMMATIDAE
Ariomma bondi
Ariomma melanum

FAMÍLIA STROMATEIDAE
Peprilus paru

ORDEM PLEURONECTIFORMES

FAMÍLIA PARALICHTHYIDAE
Etropus longimanus

ORDEM TETRAODONTIFORMES

FAMÍLIA BALISTIDAE
Balistes capriscus

FAMÍLIA MONACANTHIDAE
Stephanolepis hispidus

FAMÍLIA TETRAODONTIDAE
Lagocephalus laevigatus
Sphoeroides dorsalis
Sphoeroides pachygaster

FAMÍLIA DIODONTIDAE
Cyclichthys spinosus

Peixes da Zona Econômica Exclusiva da Região Sudeste-Sul do Brasil

LEVANTAMENTO COM REDE DE MEIA ÁGUA

365 mm + CT; MZUSP 78401

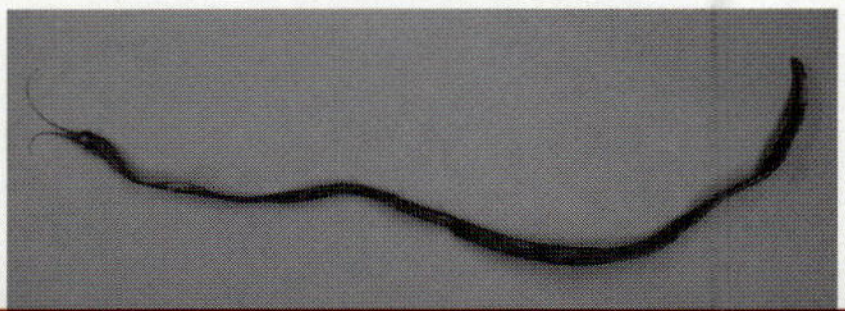

Avocettina acuticeps (Regan, 1916)

NEMICHTHYIDAE

CARACTERIZAÇÃO

Dorsal 325-436; anal 280-368; poros da linha lateral (correspondente ao número de vértebras) 198-216. Corpo extremamente alongado, lateralmente comprimido. Maxilas alongadas e recurvadas para fora, não oclusíveis, nas fêmeas e em machos imaturos; maxilas não prolongadas, muito curtas nos machos maduros. Dorsal e anal muito longas. Distância da margem posterior do olho até a origem da nadadeira dorsal 27-35% da distância da margem posterior do olho à origem da anal.

DADOS BIOLÓGICOS

Ultrapassa 50 cm de comprimento.

Dados de coleta indicam ser uma espécie de águas superficiais.

DISTRIBUIÇÃO

Conhecida no hemisfério sul. Na costa ocidental sul-americana, estende-se do Estado do Rio de Janeiro ao Uruguai.

MATERIAL COLETADO

Um exemplar; 365 mm de comprimento total.

LITERATURA

Nielsen & Smith, 1978.

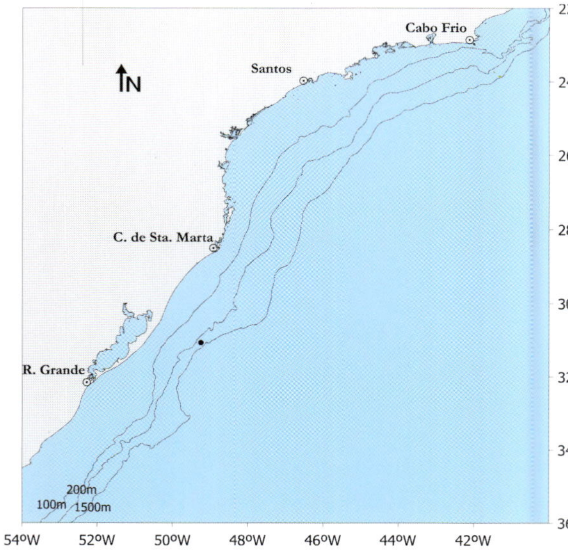

490 mm CT; MZUSP 78399

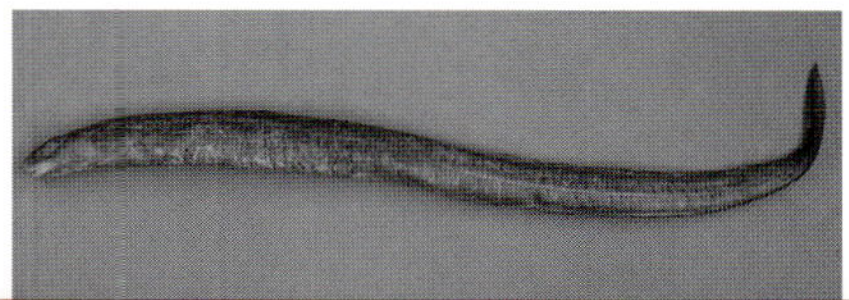

Bassanago albescens (Barnard, 1923) CONGRIDAE

CARACTERIZAÇÃO

Dorsal cerca de 315; anal cerca de 202; peitoral 16; poros da linha lateral 142-154.

Corpo muito alongado. Nadadeira dorsal e anal longas, confluentes com a caudal. Ânus bem mais próximo à ponta do focinho que da base da nadadeira caudal. Papilas dérmicas presentes junto aos poros da linha lateral em exemplares de cerca de 50 cm de comprimento total; o número de papilas aumenta com o crescimento, aparecendo em todo o corpo em indivíduos de cerca de 60 cm de comprimento. Corpo castanho, mais escuro no dorso. Margem das nadadeiras dorsal, anal e caudal escura.

DADOS BIOLÓGICOS

Atinge pelo menos 66 cm de comprimento.

É uma espécie de águas fundas, vivendo no talude continental, onde foi capturada entre 270 e 800 m de profundidade.

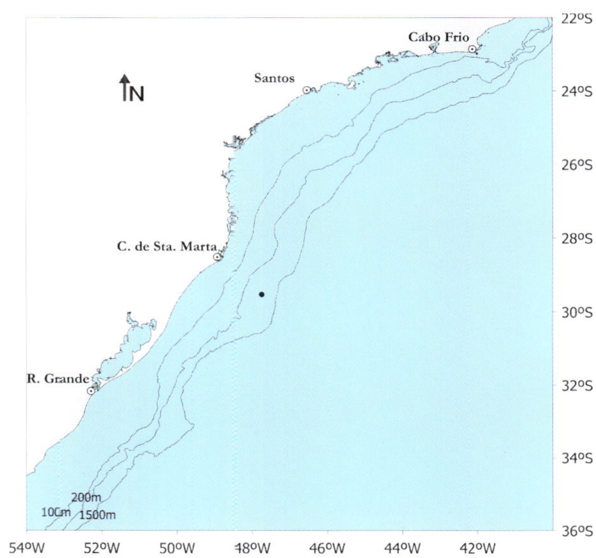

DISTRIBUIÇÃO

Descrita originalmente da África do Sul e identificada mais tarde no sudeste da América do Sul e no Chile.

MATERIAL COLETADO

Um exemplar; 490 mm de comprimento total.

LITERATURA

Castle, 1986; López & Castello, 1975.

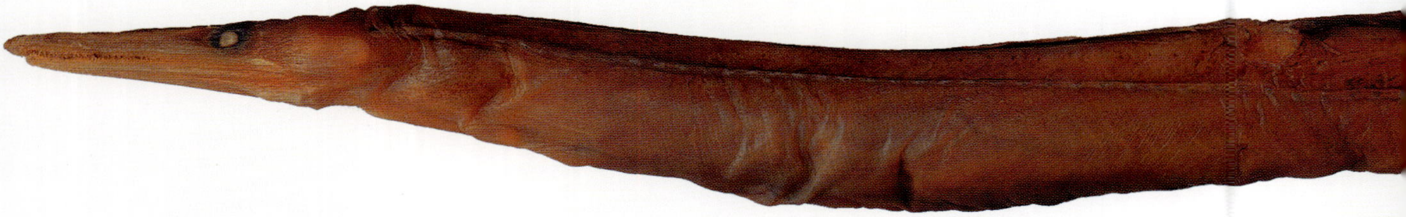

569 mm CT; MZUSP 78403

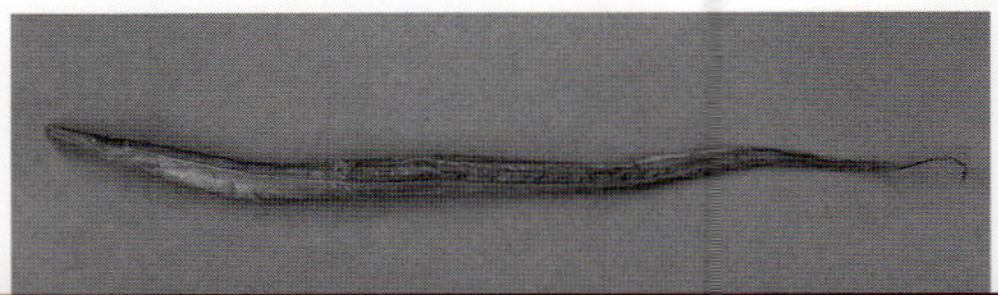

Nettastoma melanura Rafinesque, 1810

NETTASTOMATIDAE

CARACTERIZAÇÃO

Poros da linha lateral até o nível do ânus 43-49; vértebras 195-207.

Corpo muito alongado, sem escamas. Focinho muito desenvolvido, 35-49% do comprimento da cabeça. Dorsal e anal muito longas, unidas à caudal. Peitorais ausentes. Dentes do vômer bem mais desenvolvidos que os demais. Dois poros no canal supra-orbital, entre o orifício nasal anterior e o olho.

DADOS BIOLÓGICOS

Alcança 78 cm de comprimento total.

Capturada nas proximidades do fundo, entre 329 e 860 m de profundidade.

DISTRIBUIÇÃO

Habita o Atlântico ocidental, da Flórida até a costa sul brasileira.

MATERIAL COLETADO

Um exemplar; 569 mm de comprimento total.

LITERATURA

Saldanha, 1986; Smith, 1989.

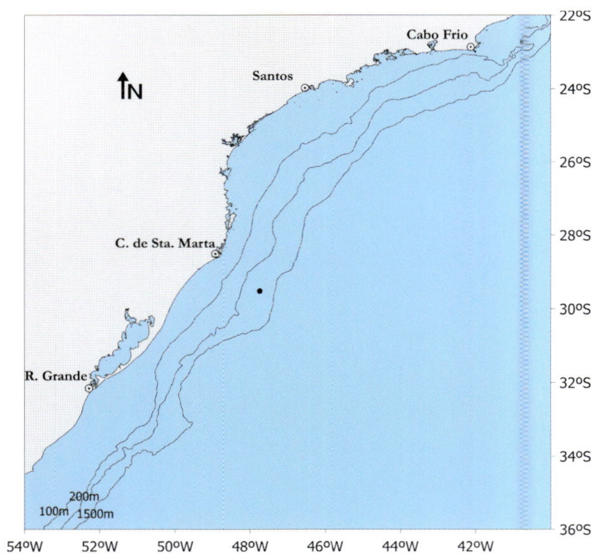

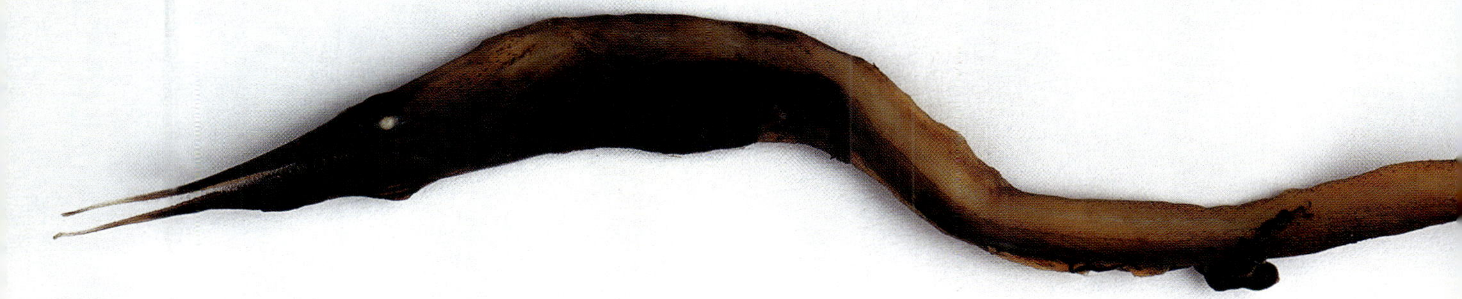

310 mm CT; MZUSP 78400

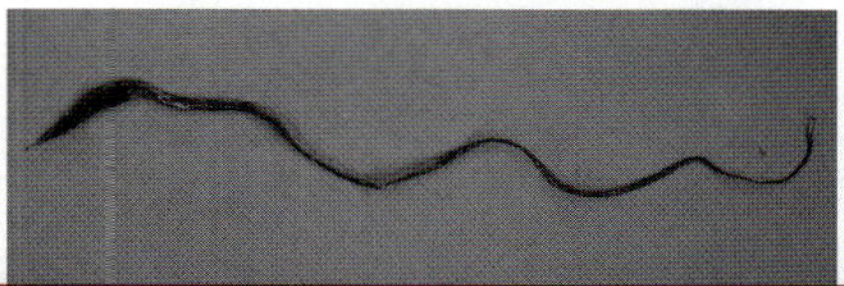

Serrivomer schmidti Bauchot-Boutin, 1954

SERRIVOMERIDAE

CARACTERIZAÇÃO

Dorsal 149-153; anal 133-144; caudal 7; vértebras 166-168.

Corpo muito alongado. Maxilas notavelmente prolongadas, a inferior ultrapassando a superior. Nadadeira dorsal originando-se posteriormente ao nível do ânus. Dorsal, anal e caudal confluentes. Dentes vomerianos lateralmente comprimidos, em duas fileiras alternadas.

DADOS BIOLÓGICOS

Atinge pelo menos 34 cm de comprimento total.

DISTRIBUIÇÃO

Ocorre no Atlântico Sul.

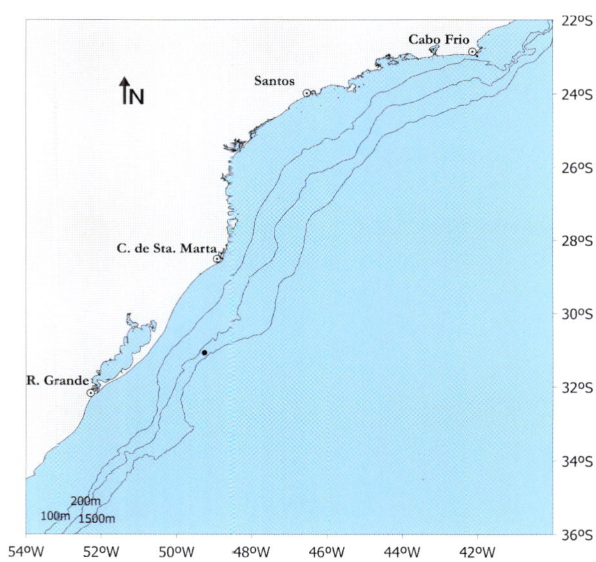

MATERIAL COLETADO

Um exemplar; 310 mm de comprimento total.

LITERATURA

Bauchot, 1959; Tighe, 1989.

225 mm CT; MZUSP 78314

Stemonidium hypomelas Gilbert, 1905 — SERRIVOMERIDAE

CARACTERIZAÇÃO

Dorsal 155-184; anal 139-169.

Corpo muito alongado. Maxilas delicadas, muito desenvolvidas. Dentes vomerianos numerosos, recurvados, distribuídos irregularmente. Dorsal e anal longas. Origem da dorsal acima ou pouco anterior à da anal. Caudal presente. Região ventral do corpo caracteristicamente mais escura que a dorsal.

DADOS BIOLÓGICOS

As fêmeas atingem 37,5 cm de comprimento total; os machos são menores, alcançando 22 cm. Durante o dia ocupa a faixa de 550 a 1.200 m de profundidade, chegando à noite a 175 m da superfície.

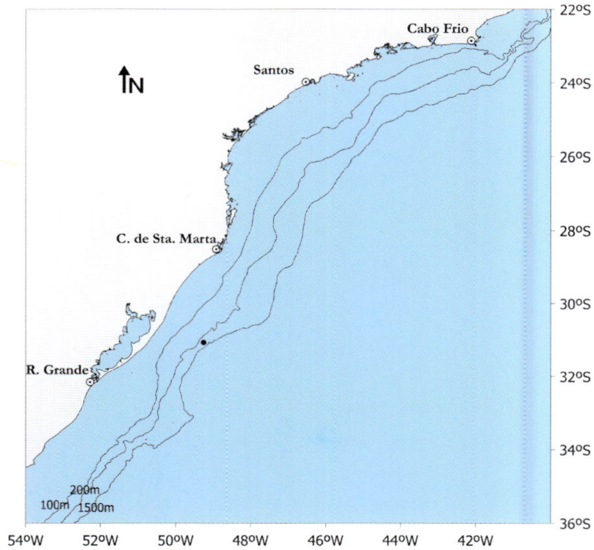

DISTRIBUIÇÃO

Ocorre no Atlântico, Pacífico e Índico.

MATERIAL COLETADO

Dois exemplares; amplitude de comprimento total 217-225 mm.

LITERATURA

Tighe, 1989.

50 mm CP; MZUSP 11661

Engraulis anchoita Hubbs & Marini, 1935

ENGRAULIDAE

CARACTERIZAÇÃO

Dorsal 15-16; anal 20-23; rastros branquiais no ramo inferior do primeiro arco 38-45.

Boca muito ampla, a ponta da maxila superior ultrapassando muito a órbita. Nadadeiras sem espinhos. Dorsal na metade do corpo. Origem da anal posterior à base da dorsal (em indivíduos com 4 cm ou mais de comprimento padrão).Ventral um pouco adiante da dorsal.

DADOS BIOLÓGICOS

Atinge cerca de 16 cm de comprimento.

Forma cardumes densos, ocorrendo de 330 a 200 m de profundidade. Alimenta-se de organismos planctônicos.

DISTRIBUIÇÃO

Habita o Atlântico Sul ocidental, do litoral do Estado de São Paulo até a Argentina.

MATERIAL COLETADO

1.774 exemplares; amplitude de comprimento padrão 67-128 mm.

LITERATURA

Figueiredo & Menezes, 1978 (Figura 38); Whitehead *et al.*, 1988.

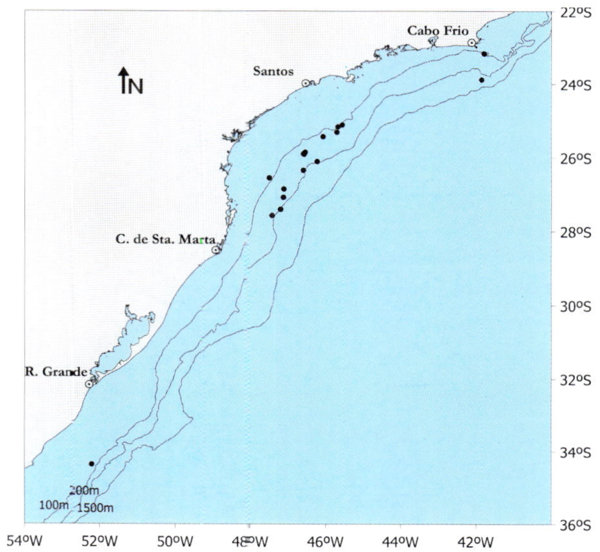

25 mm CP; MZUSP 78188

Sardinella brasiliensis (Steindachner, 1879) CLUPEIDAE

CARACTERIZAÇÃO

Dorsal 17-18; anal 18-20; peitoral 15-16.

Corpo alongado, roliço. Altura do corpo contida mais de 3,5 vezes no comprimento padrão. Nadadeiras sem espinhos. Dorsal situada aproximadamente na metade do corpo. Ventrais sob a dorsal. Anal mais próxima da base da caudal que das ventrais.

DADOS BIOLÓGICOS

Alcança 24 cm de comprimento.

Alimenta-se de organismos planctônicos. Peixe característico de águas costeiras, formando cardumes.

DISTRIBUIÇÃO

Ocorre no Atlântico Sul ocidental, do Estado do Rio de Janeiro ao Rio Grande do Sul.

MATERIAL COLETADO

29 exemplares; amplitude de comprimento padrão 22-80 mm.

LITERATURA

Figueiredo & Menezes, 1978 (Figura 27); Whitehead, 1985.

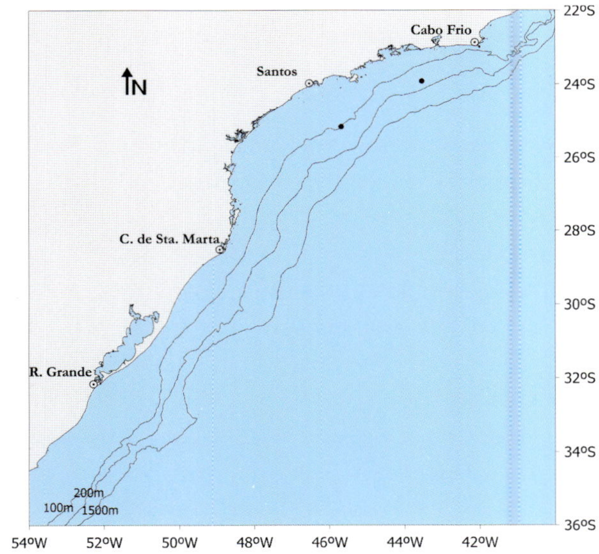

39 mm CT: Exemplar descartado.

Argentina striata Goode Bean, 1895 — ARGENTINIDAE

CARACTERIZAÇÃO

Dorsal 11-12; anal 12-14; peitoral 18-21; ventral 12-15; rastros branquiais 3-4 + 6-7; escamas da linha lateral 49-52.

Nadadeiras sem espinho. Dorsal mais próxima à ponta do focinho que da base da caudal. Ventral sob a parte posterior da base da dorsal. Anal em posição bem posterior no corpo. Dorsal adiposa sobre a anal.

DADOS BIOLÓGICOS

Alcança 20 cm de comprimento padrão.

Vive associada a fundo de lama, em água de baixa temperatura. No sudeste do Brasil, foi coletada entre 100 e 200 m de profundidade, mas chega aos 450 m.

DISTRIBUIÇÃO

Ocorre no Atlântico ocidental, de Nova Scotia até o Uruguai.

MATERIAL COLETADO

Um exemplar; 39 mm de comprimento total.

LITERATURA

Cohen, 1964; Figueiredo & Menezes, 1978 (Figura 45); McEachran & Fechhelm, 1998.

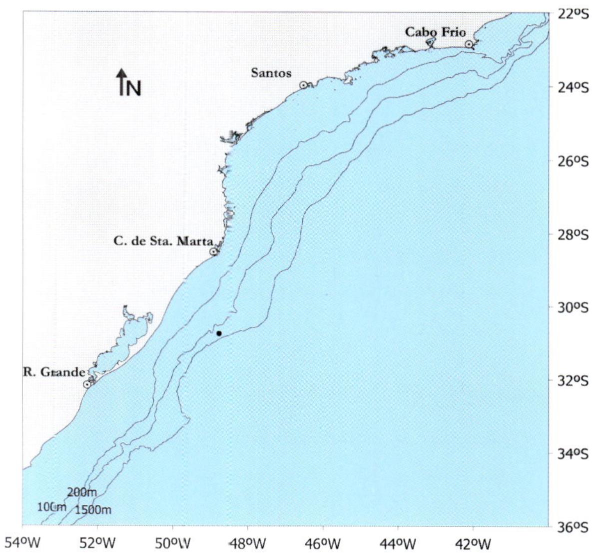

40 mm CT; MZUSP 78157

Glossanodon pygmaeus Cohen, 1958

ARGENTINIDAE

CARACTERIZAÇÃO

Dorsal 10-12; anal 11-13; peitoral 12-14; ventral 10-12; rastros branquiais 9-11 + 22-24; escamas da linha lateral 43-46.

Corpo alongado. Boca pequena, sem dentes. Extremidade posterior do maxilar quase atingindo a vertical, que passa pela margem anterior da órbita. Olho grande. Nadadeiras sem espinhos. Dorsal adiante da metade do corpo. Ventral sob a dorsal. Dorsal adiposa na parte posterior do corpo. Anal sob a dorsal adiposa.

DADOS BIOLÓGICOS

Cresce até 11 cm de comprimento padrão.

Característica de fundo; no sul do Brasil foi capturada entre 145 e 209 m de profundidade.

DISTRIBUIÇÃO

Ocorre na costa leste americana, de South Carolina até o Rio Grande do Sul.

MATERIAL COLETADO

Dois exemplares; amplitude de comprimento total 14-40 mm.

LITERATURA

Cohen, 1964; Figueiredo & Menezes, 1978 (Figura 46).

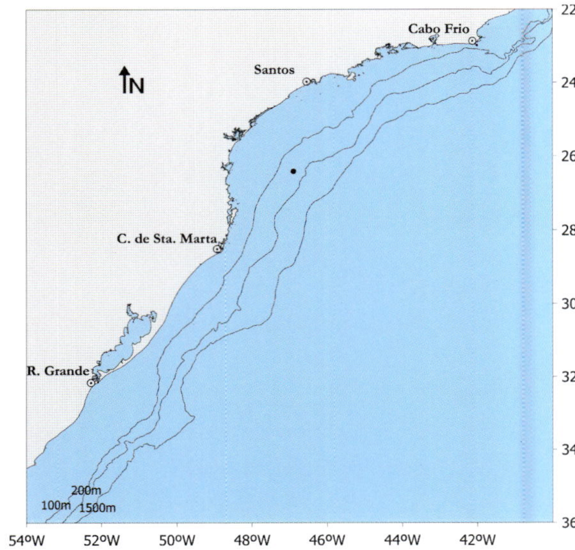

193 mm CT; MZUSP 78256

Bathylagus bericoides (Borodin, 1929) — BATHYLAGIDAE

CARACTERIZAÇÃO

Dorsal 10-12; anal 18-23; peitoral 9-12; ventral 9-11; rastros branquiais 5-9 + 16-18; escamas da linha lateral cerca de 50.

Nadadeiras sem espinhos. Nadadeira dorsal na metade do corpo. Ventral sob a parte posterior da dorsal. Anal em posição posterior, sua base mais longa que o pedúnculo caudal. Dorsal adiposa sobre a anal. Diâmetro do olho cabendo mais de duas vezes no comprimento da cabeça. Abertura branquial restrita, não se estendendo superiormente até a metade do corpo.

DADOS BIOLÓGICOS

Cresce até 20 cm de comprimento.

Espécie batipelágica. Alimenta-se de organismos planctônicos.

DISTRIBUIÇÃO

Amplamente distribuída em águas e subtropicais dos três principais oceanos.

MATERIAL COLETADO

Um exemplar; 193 mm de comprimento total.

LITERATURA

Cohen, 1986a, 1989.

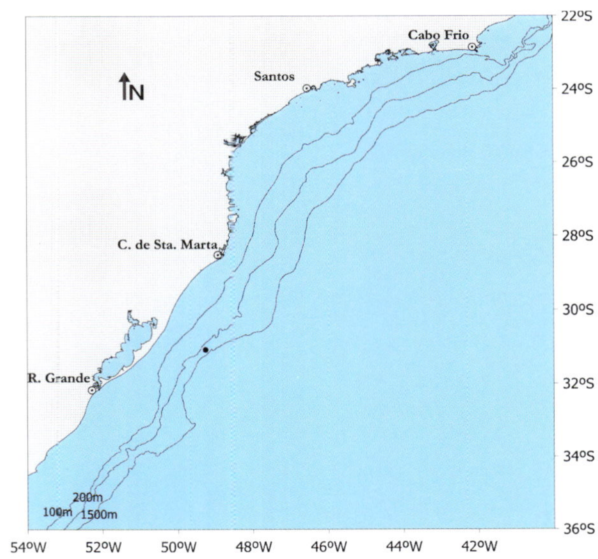

36 mm CP; MZUSP 78212

Dolichopteryx anascopa Brauer, 1901

OPISTHOPROCTIDAE

CARACTERIZAÇÃO

Dorsal 9-11; anal 9-10; peitoral 12-13; rastros branquiais 4 + 7-8.

Corpo roliço na parte anterior, um pouco comprimido na região posterior. Focinho alongado. Olho desenvolvido. Dorsal e anal localizadas muito posteriormente no corpo. Base da dorsal adiante da origem da nadadeira anal. Ventral mais próxima da base da peitoral que da base da caudal. Peitorais muito desenvolvidas.

DADOS BIOLÓGICOS

Cresce pelo menos até 17 cm de comprimento padrão.

De hábitos batipelágicos, raramente capturada.

DISTRIBUIÇÃO

Ocorre no Índico e no Atlântico meridional.

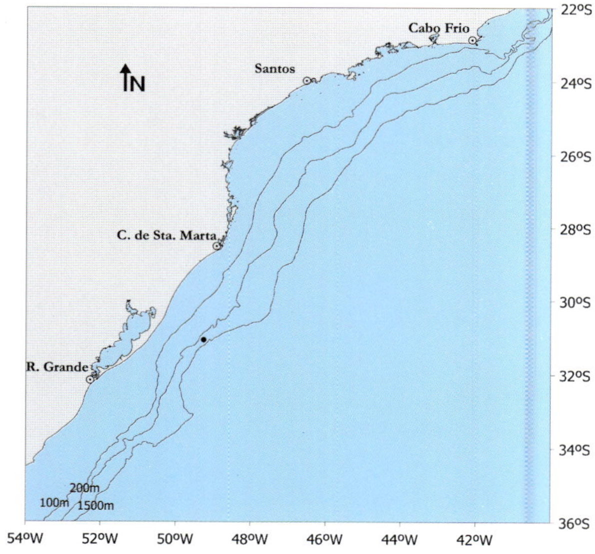

MATERIAL COLETADO

Um exemplar; 36 mm de comprimento padrão.

LITERATURA

Cohen, 1964; Trunov, 1997.

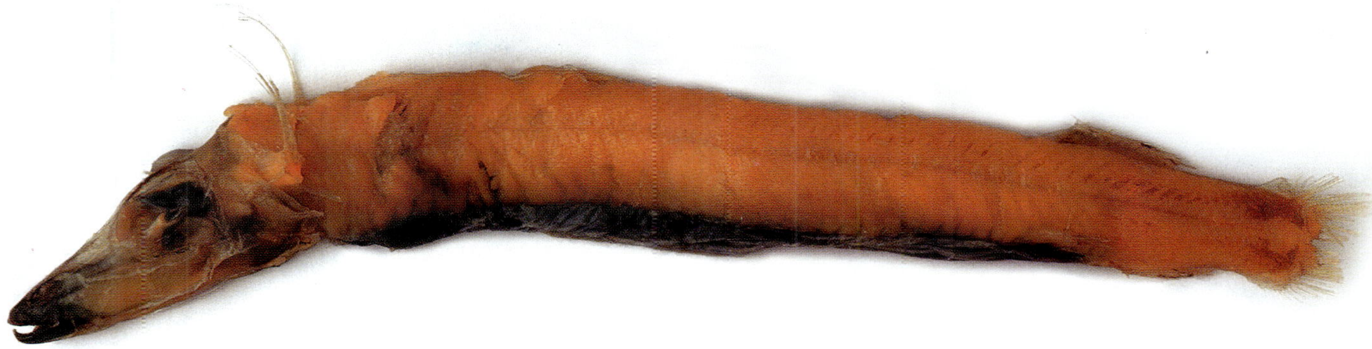

260 mm CT; MZUSP 78241

Dolichopteryx binocularis Beebe, 1932

OPISTHOPROCTIDAE

CARACTERIZAÇÃO

Dorsal 14-15; anal 10-11; peitoral 14; ventral 9; rastros branquiais 7+18.

Corpo alongado, subcilíndrico na parte anterior, passando a um pouco comprimido na região posterior. Focinho alongado, boca pequena. Olho muito desenvolvido, voltado para cima. Nadadeiras dorsal e anal em posição muito posterior no corpo. Ventrais inseridas sob a base da dorsal, em posição caracteristicamente posterior no corpo. Peitorais muito desenvolvidas. Focinho escuro.

DADOS BIOLÓGICOS

Alcança pelo menos 24 cm de comprimento padrão. Espécie oceânica bátipelágica, raramente capturada.

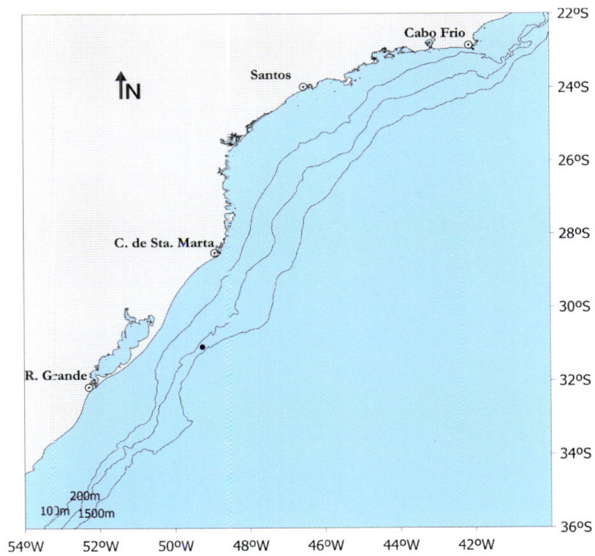

DISTRIBUIÇÃO

Ocorre no Atlântico.

MATERIAL COLETADO

Um exemplar; 260 mm de comprimento total.

LITERATURA

Cohen, 1964; Trunov, 1997.

160 mm CP; MZUSP 78238

Xenodermichthys copei (Gill, 1884) — ALEPOCEPHALIDAE

CARACTERIZAÇÃO

Dorsal 27-31; anal 26-30; peitoral 7-8; ventral 6; rastros branquiais 7-9 + 16-18.

Nadadeiras dorsal e anal em posição posterior no corpo, contrapostas. Ventrais abdominais. Comprimento da cabeça menor que 1/3 do comprimento padrão. Focinho curto, menor que o olho; perfil do focinho muito inclinado. Maxila superior estendendo-se até sob o centro do olho. Órgãos luminosos espalhados pelo corpo, em forma de nódulos. Sem escamas. Corpo negro.

DADOS BIOLÓGICOS

Alcança até 20 cm de comprimento padrão.

Vive geralmente próximo ao talude continental, entre 100 e 1.230 m de profundidade. Os indivíduos adultos são meso a batipelágicos. Alimenta-se de crustáceos e de pequenos cefalópodos.

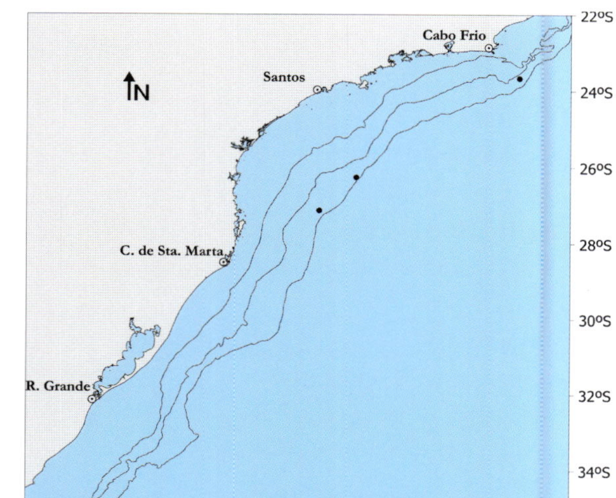

DISTRIBUIÇÃO

Ocorre no Atlântico, Índico e no Pacífico Leste.

MATERIAL COLETADO

Vinte exemplares; amplitude de comprimento padrão 39-108 mm.

LITERATURA

Markle, 1978, 1986; Markle & Quéro, 1989.

79 mm CP; MZUSP 78222

Diplophos australis Ozawa, Oda & Ida, 1990 — GONOSTOMATIDAE

CARACTERIZAÇÃO:

Dorsal 10-12; anal 61-67; peitoral 9; raios branquiostégios 14-15; rastros branquiais (total) 12; vértebras (total) 84-91. Fotóforos: ORB 1; OP 3; SO 1; BR 11-13; IV 41-44; AC 43-47 (dois últimos agrupados); IC 99-105; LLP 84-90; OAC 80-87.

Nadadeira dorsal aproximadamente na metade do corpo. Anal muito longa, originando-se sob a extremidade posterior da base da dorsal. Ventral adiante da dorsal. Fotóforos presentes no istmo. Uma única série de dentes no premaxilar.

DADOS BIOLÓGICOS

Cresce até cerca de 18 cm de comprimento padrão.

DISTRIBUIÇÃO

É considerada uma espécie que habita os mares do hemisfério sul, ao sul de 20°S. Na costa sudeste da América do Sul foi coletada em 35°02'S, 48°46'W.

MATERIAL COLETADO

Dois exemplares; amplitude de comprimento padrão 30-79 mm.

LITERATURA

Ozawa *et al.*, 1990.

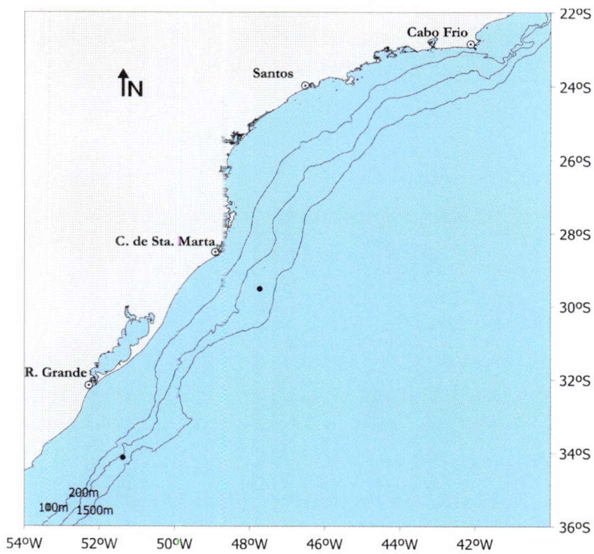

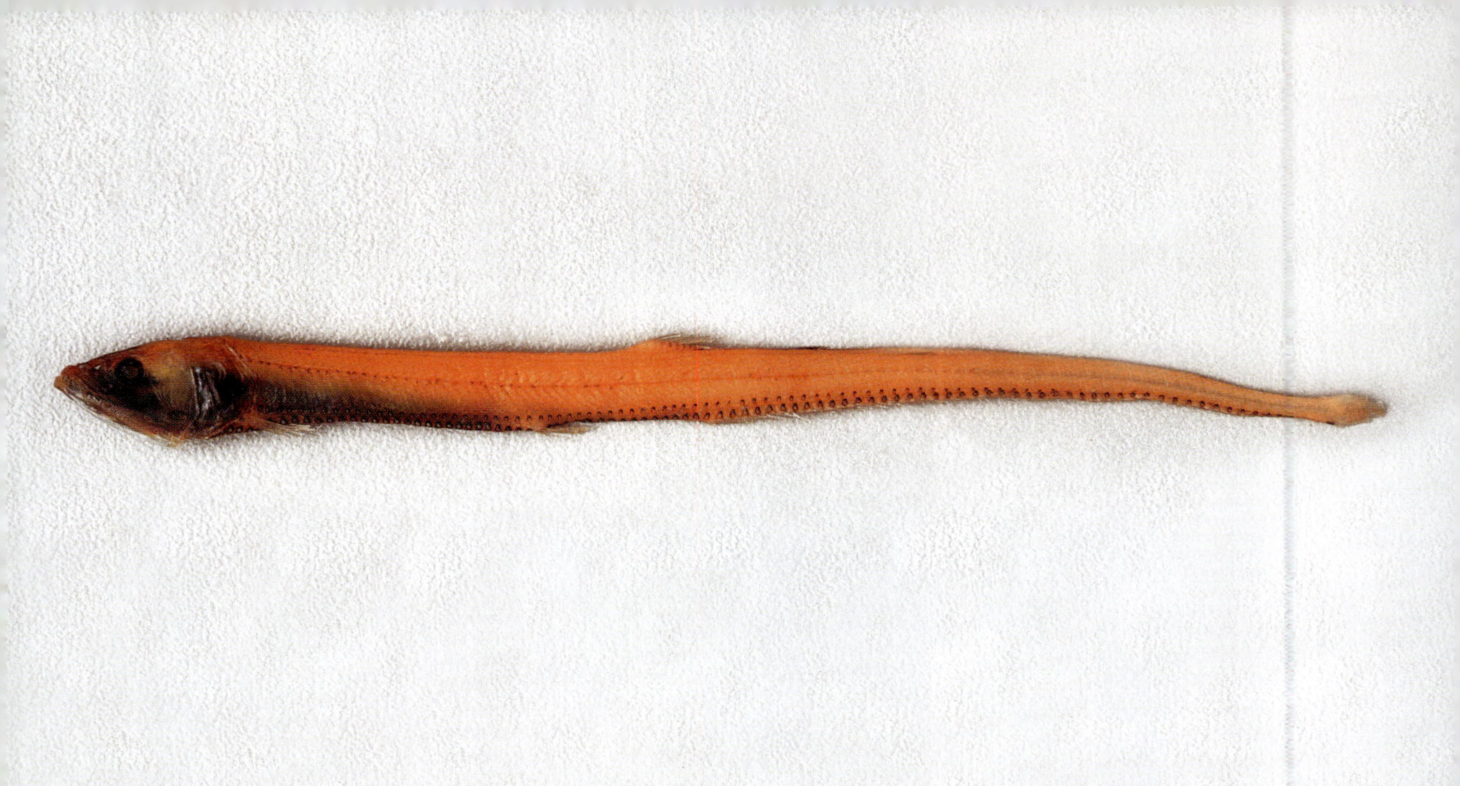

74 mm CP; MZUSP 78235

Diplophos taenia Günther, 1873

GONOSTOMATIDAE

CARACTERIZAÇÃO

Dorsal 9-12; anal 56-72; peitoral 8-10; raios branquiostégios 12-15; rastros branquiais 10-12; vértebras 90-100. Fotóforos: ORB 1; OP 3; SO 1; BR 10-13; IV 42-48 (exemplares do Atlântico); AC 45-53 (dois últimos agrupados); OAC 87-96 (exemplares do Atlântico); IC 104-115 (exemplares do Atlântico); LLP 90-99.

Origem da nadadeira dorsal mais próxima do focinho que da base da caudal. Anal muito longa, originando-se sob os últimos raios dorsais. Fotóforos presentes no istmo. Ventral adiante da dorsal. Uma única série de dentes no premaxilar.

DADOS BIOLÓGICOS

Ultrapassa 20 cm de comprimento padrão. Jovens e adultos encontrados entre 300 e 800 m de profundidade durante o dia e próximo à superfície à noite.

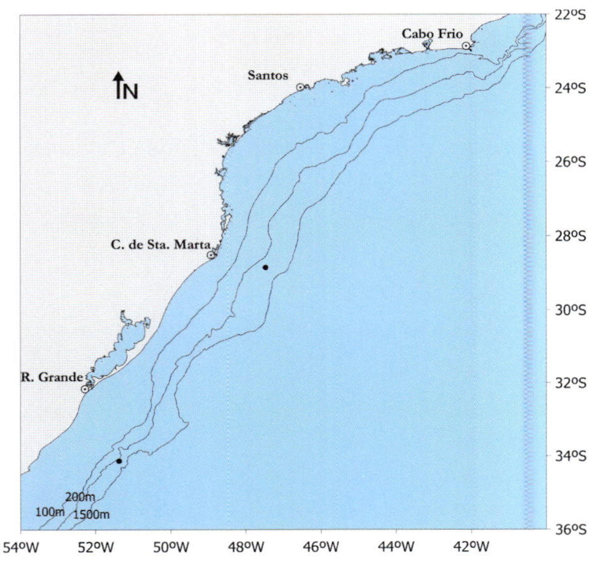

DISTRIBUIÇÃO

Distribuição circuntropical, entre 40°N e 30°S, exceto no Pacífico Leste.

MATERIAL COLETADO

Três exemplares; amplitude de comprimento padrão 69-80 mm.

LITERATURA

McEachran & Fechhelm, 1998; Ozawa *et al.*, 1990; Schaefer *et al.*, 1986b.

57 mm CP; MZUSP 78221

Gonostoma elongatum Günther, 1878

GONOSTOMATIDAE

CARACTERIZAÇÃO

Dorsal 12-15; anal 28-32; peitoral 10-13; ventral 7-8; raios branquiostégios 12-14; rastros branquiais 18-21; vértebras 39-41. Fotóforos: ORB 1; SO 1; OP 3; BR 8-9; IV 15-16; VAV 4-6; AC 21-23; IC 41-43; OA 13-15. Nadadeira dorsal posterior à metade do corpo. Anal originando-se adiante da dorsal. Ventrais localizadas adiante da metade do corpo. Fotóforos ausentes no istmo. Ânus mais próximo da origem da nadadeira anal que da base das pélvicas.

DADOS BIOLÓGICOS

Atinge 27,5 cm de comprimento total.

Jovens e adultos são encontrados entre 500 e 1.200 m de profundidade, durante o dia, e de 50 a 400 m, à noite. Alimentam-se de crustáceos e de pequenos peixes.

DISTRIBUIÇÃO

A espécie ocorre no Pacífico, Atlântico e Índico, em águas tropicais e subtropicais.

MATERIAL COLETADO

Onze exemplares; amplitude de comprimento padrão 36-142 mm.

LITERATURA

Badcock, 1989a; Grey, 1964; Schaefer *et al.*, 1986b.

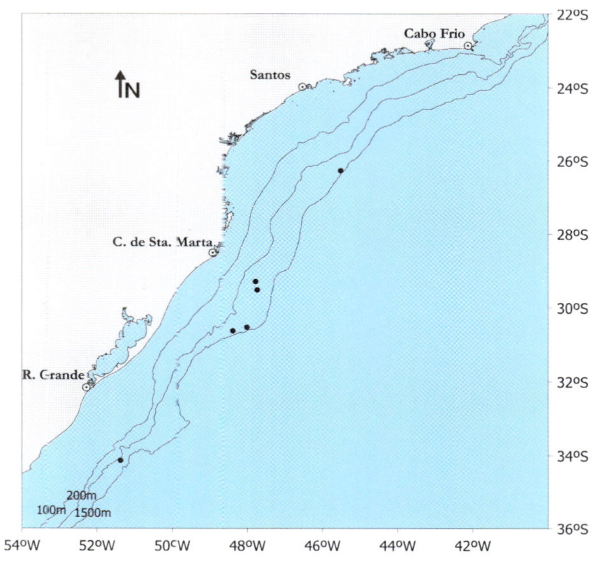

146 mm CP; MZUSP 78248

Manducus maderensis (Johnson, 1890) — GONOSTOMATIDAE

CARACTERIZAÇÃO

Dorsal 12-13; anal 36-41; peitoral 9-11; ventral 8; raios branquiostégios 13; rastros branquiais 12-14; vértebras 63-66. Fotóforos: ORB 1; OP 3; SO 1; BR 8-9; IV 29-33; VAV 12-14; AC 28-30; OA 45-48.

Origem da dorsal mais próxima da base da caudal que da ponta do focinho. Ventral pouco adiante da dorsal. Anal originando-se posteriormente à base da dorsal. Fotóforos presentes no istmo. Uma série de dentes no premaxilar.

DADOS BIOLÓGICOS

Atinge 22 cm de comprimento padrão.

Jovens e adultos habitam águas de 400 a 800 m de profundidade, de dia. À noite migram para as proximidades da superfície.

DISTRIBUIÇÃO

É uma espécie endêmica do Atlântico tropical. Citada ao largo da costa brasileira, desde o norte até 23°02'S.

MATERIAL COLETADO

Cinco exemplares; amplitude de comprimento padrão é de 111-146 mm

LITERATURA

Badcock, 1989a; Schaefer *et al.* 1986b.

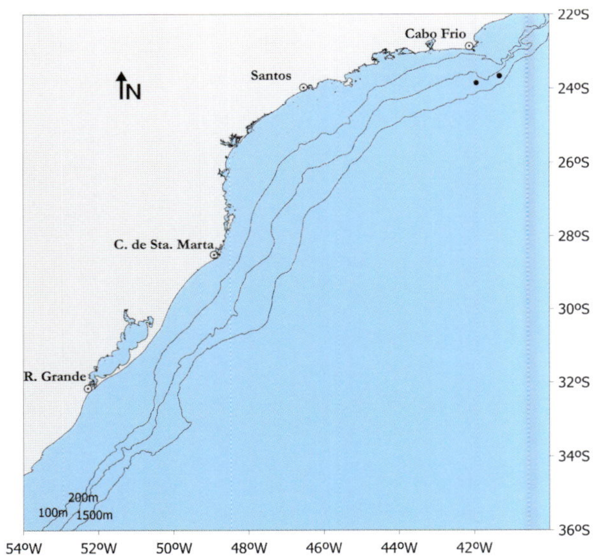

26 mm CP; MZUSP 78228

Margrethia obtusirostra Jespersen & Täning, 1919 — GONOSTOMATIDAE

CARACTERIZAÇÃO

Dorsal 15-16; anal 21-26; peitoral 14-16; raios branquiostégios 16; rastros branquiais (total) 14-16. Fotóforos: ORB1; OP 3; BR 10-13; IV 12-16; VAV 4; AC 16-17.

Corpo notavelmente alto. Boca inclinada. Origem da nadadeira dorsal adiante da origem da anal, mais próxima da base da caudal que da ponta do focinho. Nadadeiras ventrais aproximadamente na metade do corpo. Istmo sem fotóforos.

DADOS BIOLÓGICOS

Cresce pelo menos até 8,3 cm de comprimento padrão.

Vive entre 100 e 600 m de profundidade, não fazendo migração vertical. Alimenta-se de crustáceos e de pequenos peixes.

DISTRIBUIÇÃO

Ocorre nos três principais oceanos. No Atlântico, é encontrado na região tropical e subtropical.

MATERIAL COLETADO

Um exemplar; 26 mm de comprimento padrão.

LITERATURA

Badcock, 1989a; Grey, 1964.

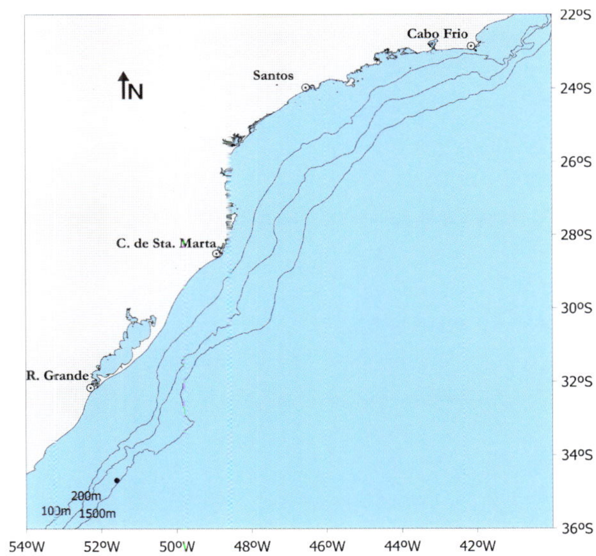

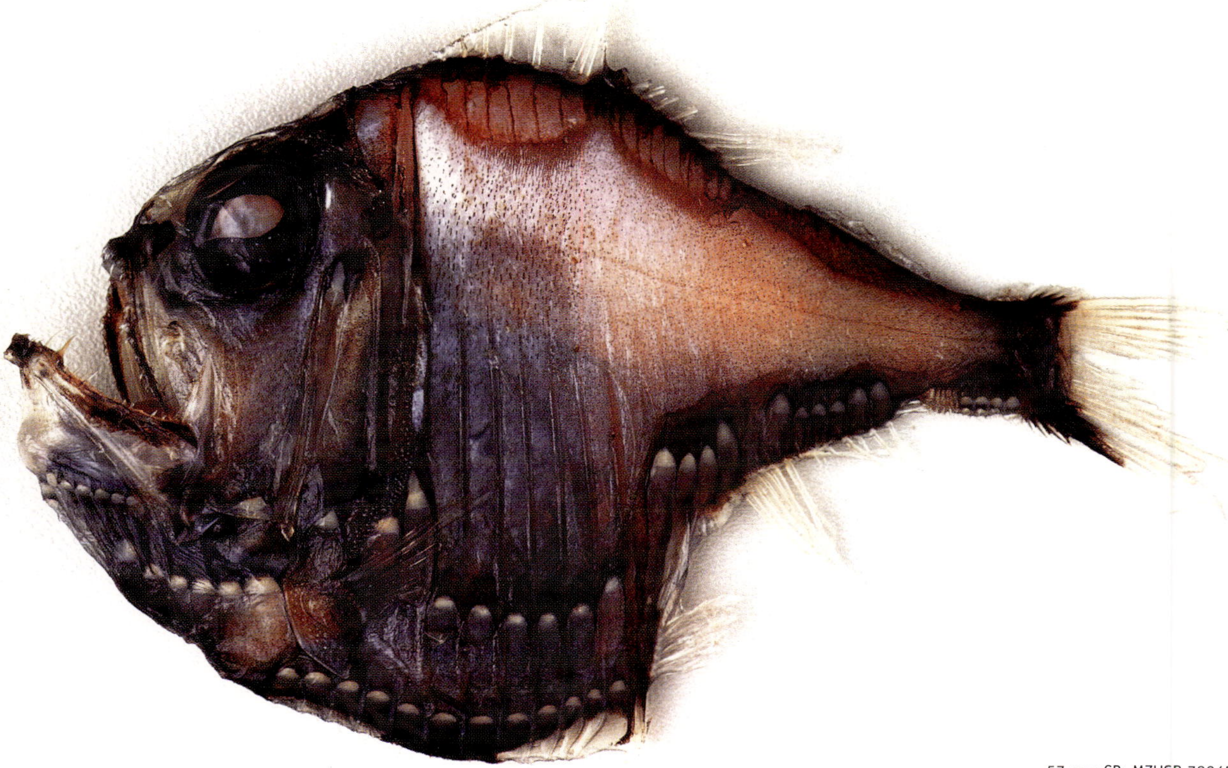

57 mm CP; MZUSP 78245

Argyropelecus aculeatus Valenciennes, 1849

STERNOPTYCHIDAE

CARACTERIZAÇÃO

Dorsal 9; anal 12; peitoral 10-11; rastros branquiais 15-17; vértebras 34-36. Fotóforos: ORB 1; BR 6; OP 3; IP 6; PV 12; VAV 4; AC_1 6; AC_2 4; OA 2 + 6. Corpo muito alto, boca inclinada. Fotóforos das séries supra-abdominal, pré-anal, anal e subcaudal não dispostos em uma linha reta. Dois espinhos pós-abdominais separados, o posterior posteroventralmente dirigido e maior que o anterior.

DADOS BIOLÓGICOS

Ultrapassa 70 mm de comprimento padrão. Espécie mesopelágica, mantendo-se entre 300 e 600 m de profundidade durante o dia, e migrando à noite para a faixa de 100 a 300 m. O alimento principal é constituído por ostrácodos, mas também se alimentam de copépodos, larvas de decápodos e larvas de peixes.

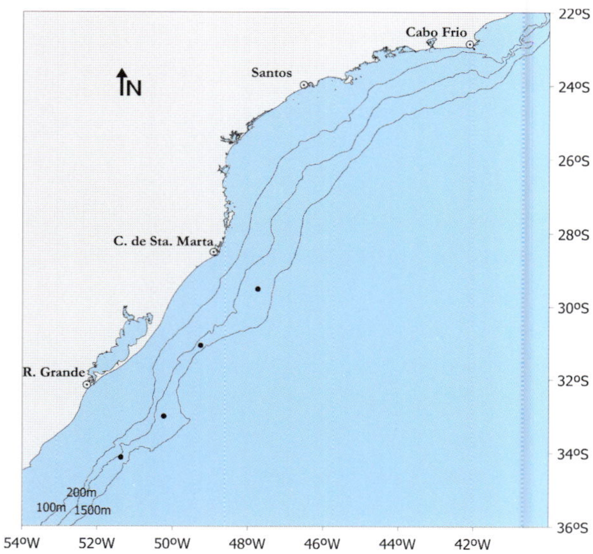

DISTRIBUIÇÃO

Ocorre nas águas tropicais e temperadas de todos os oceanos.

MATERIAL COLETADO

Quinze exemplares; 33-57 mm de amplitude de comprimento padrão.

LITERATURA

Badcock, 1989b; Baird, 1971, 1986.

29 mm CP; MZUSP 78223

Argyropelecus hemigymnus Cocco, 1829 — STERNOPTYCHIDAE

CARACTERIZAÇÃO

Dorsal 8; anal 11; peitoral 10-11; rastros branquiais (total) 18-24. Fotóforos: ORB 1; BR 6; OP 3; IP 6; PV 12, VAV 4; AC_1 6; AC_2 4; OA 2 + 6.

Corpo muito alto, boca inclinada. Fotóforos das séries supra-abdominal, pré-anal, anal e subcaudal não dispostos em uma linha reta. Espinho pós-abdominal único, dirigido para trás, serrilhado.

Há duas formas quanto ao colorido, uma apresenta o corpo com pigmentação definida e a outra com pigmentação difusa. Podem ser capturadas juntas.

DADOS BIOLÓGICOS:

Espécie de pequeno porte, que raramente ultrapassa 38 mm de comprimento padrão.

Encontrada entre 200 e 700 m de profundidade durante o dia, com concentrações de 350 a 550 m. À noite, migram para a faixa dos 100 a 650 m, preferindo águas de 150 a 380 m.

DISTRIBUIÇÃO

De águas tropicais e subtropicais de todos os oceanos.

MATERIAL COLETADO

Cinco exemplares; amplitude de comprimento padrão 20-30 mm.

LITERATURA

Baird, 1971.

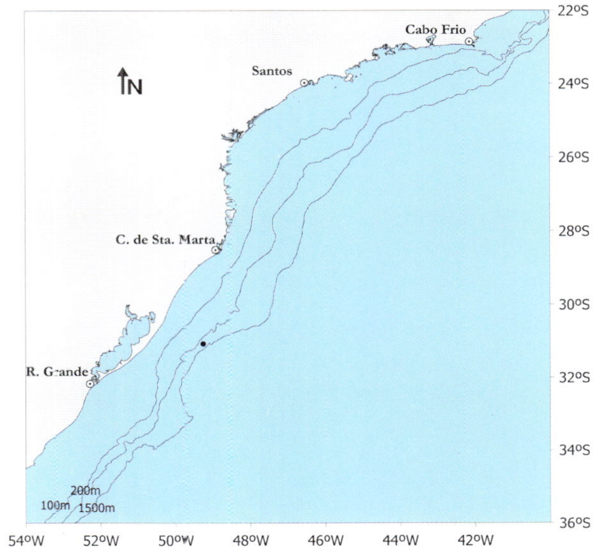

43 mm CP; MZUSP 78214

Maurolicus stehmanni Parin & Kobyliansky, 1993

STERNOPTYCHIDAE

CARACTERIZAÇÃO

Dorsal 10-11; anal 22-25; peitoral 17-19; rastros branquiais 27-29; vértebras 33-34. Fotóforos: PV 12; OV 9; VAV 6; AC 24-26.

Corpo alongado. Nadadeira dorsal na metade posterior do corpo. Anal imediatamente atrás da base da dorsal. Ventral pouco adiante da origem da dorsal. Medidas em relação ao comprimento padrão: comprimento da cabeça, 27-29%; diâmetro do olho, 8,5-10%; comprimento da maxila superior, 15, 5-17 %; altura máxima do corpo, 23-25%. Referida anteriormente na área como *Maurolicus muelleri,* nome restrito atualmente à população do Atlântico Norte oriental.

DADOS BIOLÓGICOS

Atinge 46 mm de comprimento padrão.
É uma espécie mesopelágica.

DISTRIBUIÇÃO

Encontrada no Atlântico Sul ocidental, de 23° a 40°S de latitude.

MATERIAL COLETADO

6.704 exemplares; amplitude de comprimento padrão 14-53mm.

LITERATURA

Parin & Kobyliansky, 1993, 1996; Weiss *et al.*, 1988.

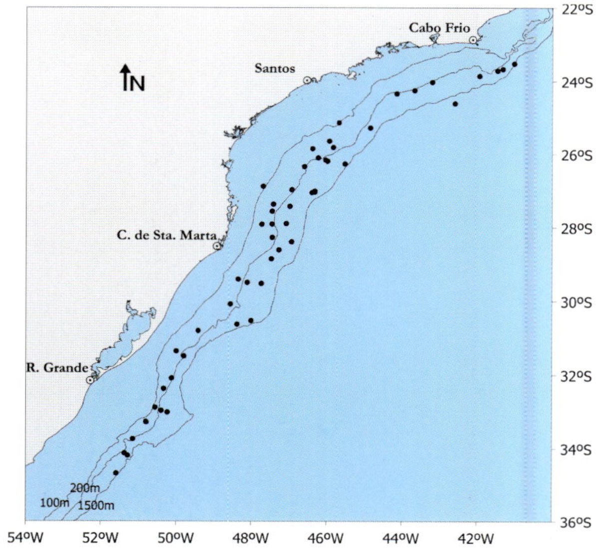

24 mm CP; MZUSP 78208

Sternoptyx diaphana Hermann, 1781 — STERNOPTYCHIDAE

CARACTERIZAÇÃO

Dorsal 9-11; anal 14-16; peitoral 10-11, rastros branquiais 7-9. Fotóforos: ORB 1; BR 3; OP 3; IP 5; PV 10; VAV 3; AC 3 + 4; OA 3 +1.

Corpo muito alto, boca inclinada. Fotóforo supra-anal quase em contato com a série anal de fotóforos. Altura do tronco notavelmente maior que o comprimento do tronco.

DADOS BIOLÓGICOS

Alcança pouco mais de 55 mm de comprimento padrão. Encontrada entre 400 e 1.200 m de profundidade, não tendo sido ainda detectada migração vertical.

DISTRIBUIÇÃO

Ocorre na região tropical dos três oceanos principais.

MATERIAL COLETADO

Seis exemplares; amplitude de comprimento padrão 22-35 mm.

LITERATURA

Baird, 1971.

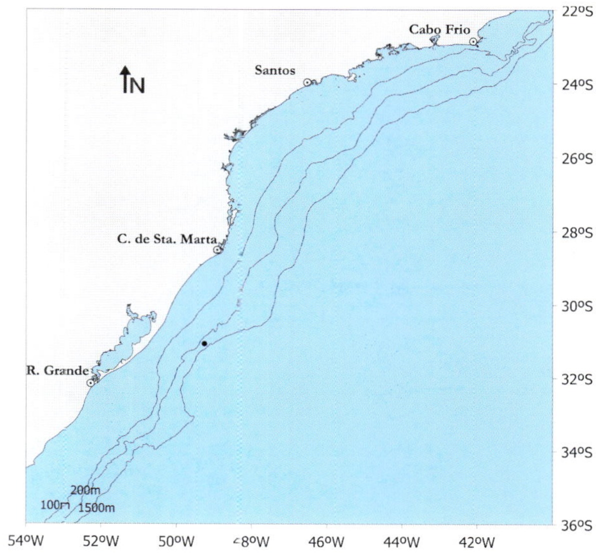

27 mm CP; MZUSP 78215

Valenciennellus tripunctulatus (Esmark, 1871) STERNOPTYCHIDAE

CARACTERIZAÇÃO

Dorsal 7; anal 24-25; peitoral 16; ventral 6-7; rastros branquiais 2 + 12. Fotóforos: ORB 1; BR 6; OP 3; VAV 5; AC 3 + 3 + 3 + 2 + 4; OA 2 + 3; IP 3 + 4; PV 15-18.

Corpo relativamente baixo, altura cabendo 4,0-4,7 vezes no comprimento padrão. Dorsal aproximadamente na metade do corpo, sobre a origem da anal. Pélvicas pouco adiante da dorsal. Fotóforos AC em grupos de dois a quatro, igualmente espaçados.

DADOS BIOLÓGICOS

Atinge 35 mm de comprimento.
Vive entre 100 e 700 m de profundidade.

DISTRIBUIÇÃO

Habita águas tropicais a temperadas de todos os oceanos.

MATERIAL COLETADO

Dois exemplares; amplitude de comprimento padrão 27-28 mm.

LITERATURA

McEachran & Fechhelm, 1998; Weitzman, 1986.

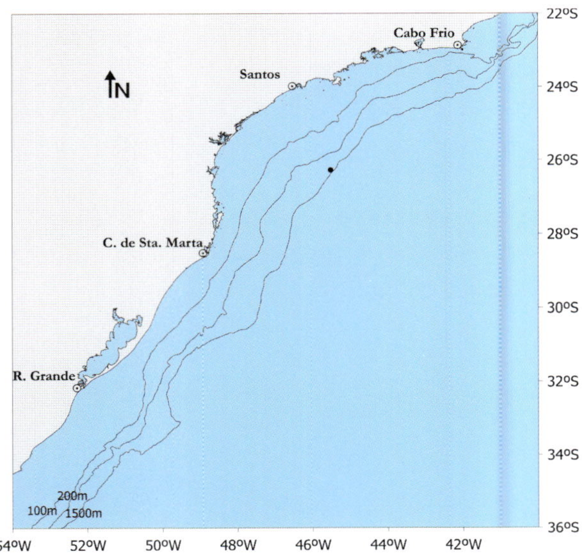

116 mm CP; MZUSP 78249

Phosichthys argenteus Hutton, 1873 — PHOSICHTHYIDAE

CARACTERIZAÇÃO:

Dorsal 12-13; anal 23-26; peitoral 9; rastros branquiais 15-16. Fotóforos: ORB 2; OP 3: SO 2; BR 17-18; IV 24-25; VAV 15-17; AC 16-18; IC 57-58; OA 33-34.

Nadadeira dorsal aproximadamente na metade do corpo. Origem da nadadeira anal bem posterior à base da dorsal. Nadadeiras pélvicas adiante da origem da dorsal. Fotóforos presentes no istmo.

DADOS BIOLÓGICOS

Atinge 30 cm de comprimento.

DISTRIBUIÇÃO

Ocorre nos três principais oceanos.

MATERIAL COLETADO

Seis exemplares; amplitude de comprimento padrão 116-160 mm.

LITERATURA

Schaefer *et al.* 1986a.

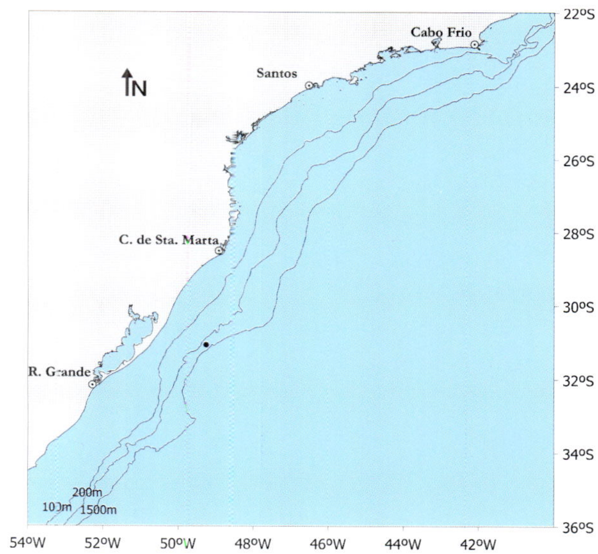

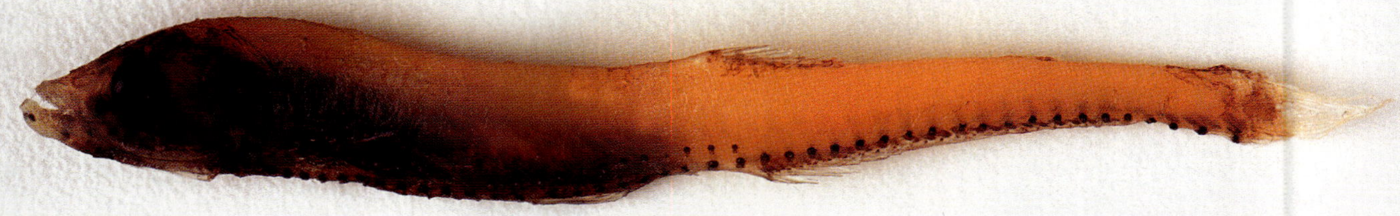

49 mm CP; MZUSP 78229

Pollichthys mauli (Poll, 1953)

PHOSICHTHYIDAE

CARACTERIZAÇÃO

Dorsal 10-12; anal 22-23; peitoral 8, ventral 6-7; rastros branquiais 15-19. Fotóforos: ORB 2; OP 3; SO 1; BR 8; IV 21-23; VAV 7-9; AC 18-21.

Origem da nadadeira dorsal mais próxima à base da caudal que da ponta do focinho. Ventral adiante da dorsal. Base da nadadeira anal medindo mais que o dobro da base da nadadeira dorsal. Origem da nadadeira anal sob ou anterior ao ponto médio da base da nadadeira dorsal. Fotóforos presentes no istmo.

DADOS BIOLÓGICOS

Cresce até 60 mm de comprimento padrão.

Jovens e adultos vivem entre 300 e 600 m de profundidade, durante o dia, migrando para os 200 m mais superficiais à noite. Alimentam-se de pequenos crustáceos.

DISTRIBUIÇÃO

Espécie de distribuição circuntropical.

MATERIAL COLETADO

299 exemplares; amplitude de comprimento padrão 18-60 mm.

LITERATURA

Badcock, 1989c; Séret & Andreata, 1992.

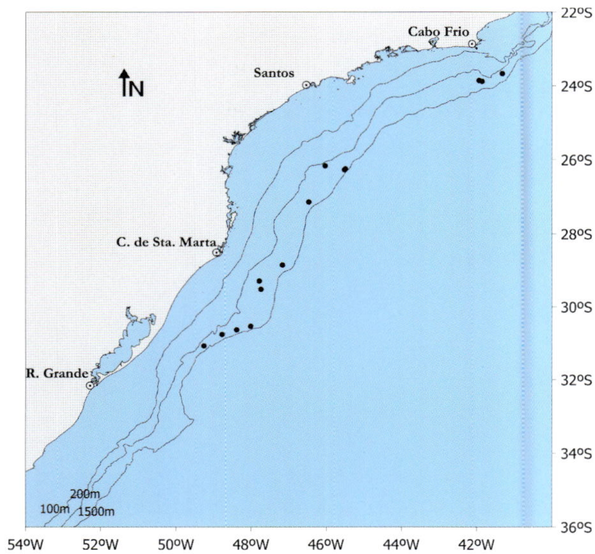

43 mm CP; MZUSP 78227

Vinciguerria nimbaria (Jordan & Williams, 1895) PHOSICHTHYIDAE

CARACTERIZAÇÃO

Dorsal 13-15; anal 13-16; rastros branquiais 5-7 + 13-17. Fotóforos: SO presente; BR 8; IV 21-24; VAV 8-11; AC 13-14; OA 23-24; IC 45-46.

Origem da nadadeira dorsal mais próxima à base da nadadeira caudal que da ponta do focinho. Base da nadadeira anal aproximadamente igual à base da dorsal. Origem da anal sob a metade posterior da base da dorsal. Base das pélvicas ligeiramente adiante da origem da dorsal. Último fotóforo da série AO próximo à origem da anal. Comprimento da cabeça menor do que o comprimento da série AC de fotóforos. Região lateral da ponta da mandíbula sem estria curta escura.

DADOS BIOLÓGICOS

Cresce até 48 mm de comprimento.

Adultos vivem entre 200 e 400 m de profundidade, durante o dia, e nos 100 m superiores à noite.

DISTRIBUIÇÃO

Habita a faixa tropical dos oceanos.

MATERIAL COLETADO

185 exemplares; amplitude de comprimento padrão 32-44 mm.

LITERATURA

Badcock, 1989c; Grey, 1964; Johnson & Feltes, 1984; McEachran & Fechhelm, 1998; Schaefer *et al.*, 1986a.

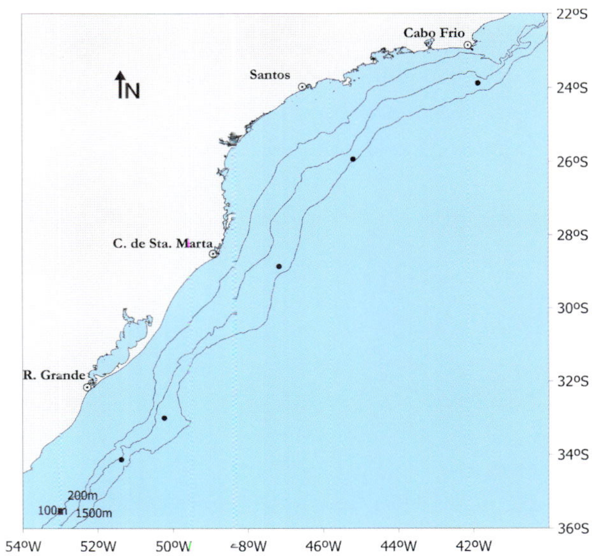

34 mm CP; MZUSP 78236

Vinciguerria poweriae (Cocco, 1838)

PHOSICHTHYIDAE

CARACTERIZAÇÃO

Dorsal 13-15; anal 12-14; rastros branquiais 4-5 + 13-15. Fotóforos: SO ausente; VAV 8-10; Ac 12-14; OA 22-24; IC 43-47.

Origem da nadadeira dorsal mais próxima à base da nadadeira caudal que da ponta do focinho. Base da nadadeira anal aproximadamente igual à base da dorsal. Origem da anal sob a metade posterior da base da dorsal. Base das pélvicas ligeiramente adiante da origem da dorsal. Último fotóforo da série AO próximo à origem da anal. Comprimento da cabeça igual ou maior que o comprimento da série AC de fotóforos. Estria escura curta presente na região lateral da ponta da mandíbula.

DADOS BIOLÓGICOS

Atinge 43 mm de comprimento padrão.

Jovens e adultos vivem entre 300 e 600 m de profundidade durante o dia, e de 50 a 350 m, à noite. Comem pequenos crustáceos.

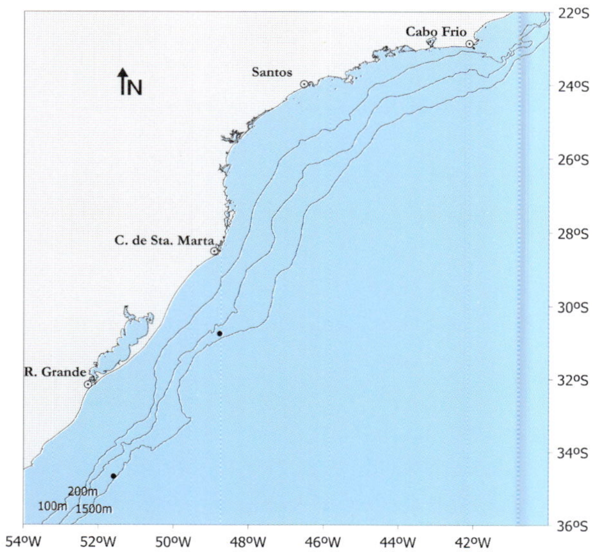

DISTRIBUIÇÃO

É uma espécie circunglobal, de águas subtropicais.

MATERIAL COLETADO

24 exemplares; amplitude de comprimento total 32-45 mm.

LITERATURA

Badcock, 1989c; Grey, 1964; Johnson & Feltes, 1984; McEachran & Fechhelm, 1998; Schaefer *et al.*, 1986a.

105 mm CP; MZUSP 78247

Astronesthes macropogon Goodyear & Gibbs, 1970 ASTRONESTHIDAE

CARACTERIZAÇÃO

Dorsal 18-21; anal 13-15; peitoral 7-9. Fotóforos: OA 32-35; VAL 19-22; IC 51-55

Parte posterior da maxila superior com dentes pequenos, justapostos e inclinados para trás, formando um pente. Origem da nadadeira dorsal ligeiramente posterior à inserção das pélvicas. Nadadeira dorsal adiposa presente. Os adultos e às vezes os jovens possuem uma mancha clara de tecido luminoso cobrindo a maior parte do opérculo. Fotóforos da série AC alinhados, sem fotóforos intermediários mais elevados. Fotóforos da série ventral formando uma curva em U, na altura da base da nadadeira peitoral. Comprimento do barbilhão aproximadamente metade do comprimento da cabeça. Cabeça e corpo negros.

DADOS BIOLÓGICOS

Cresce até 14 cm de comprimento padrão.

Está geralmente associada a massas continentais, ocorrendo da superfície até 2.000 m de profundidade, mas mais freqüentemente até 500 m. Alimenta-se de eufausiídeos e de peixes.

DISTRIBUIÇÃO

Ocorre no Atlântico, entre 40°N e 30°S de latitude. Na costa brasileira foi assinalada de 20° a 30°S.

MATERIAL COLETADO

Cinco exemplares; amplitude de comprimento padrão 80-139 mm.

LITERATURA

Gibbs, 1964, 1989; Goodyear & Gibbs, 1970; McEachran & Fechhelm, 1998.

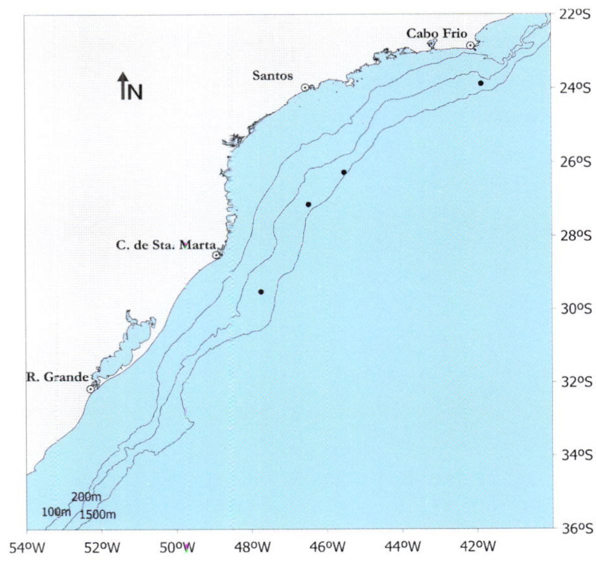

204 mm CP; MZUSP 78405

Chauliodus sloani (Schneider, 1801) CHAULIODONTIDAE

CARACTRERIZAÇÃO

Dorsal 5-8; anal 10-13; peitoral 9-14; ventral 7. Fotóforos: IC 62-72; OA 41-49.

Corpo muito alongado, com áreas hexagonais, coberto por membrana gelatinosa em vida. Barbilhão mental presente em exemplares de até 10-14 cm de comprimento. Dorsal de posição anterior no corpo, com o primeiro raio prolongado. Origem da dorsal sobre o quarto ao oitavo fotóforo OV. Distância pré-dorsal 19-26% do comprimento padrão. Anal sob a dorsal adiposa, antecedida por uma anal adiposa. Pélvica adiante da metade do corpo.

DADOS BIOLÓGICOS

Alcança mais de 30 cm de comprimento padrão. Durante o dia chega a 1.800 m de profundidade, migrando à noite em direção à superfície. Alimenta-se principalmente de mictofídeos.

DISTRIBUIÇÃO

Ocorre em todos os oceanos, entre 50°N e 50°S.

MATERIAL COLETADO

29 exemplares; amplitude de comprimento total 67-279 mm.

LITERATURA

Gibbs, 1986b; McEachran & Fechhelm, 1998.

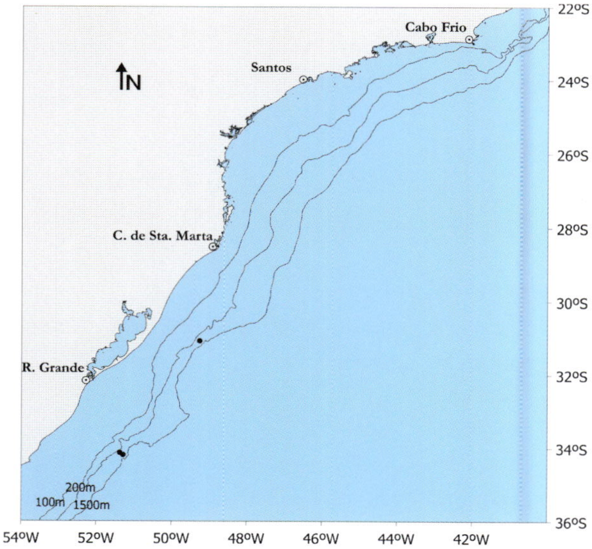

400 mm CT; MZUSP 78406

Idiacanthus atlanticus Brauer, 1906 — IDIACANTHIDAE

CARACTERIZAÇÃO

Dorsal 55-63; anal 37-42. Fotóforos: IV 36-38; VAV 19-23; OV 24-27; VAL 32-36.
Corpo muito alongado. Dorsal e anal muito longas. Origem da dorsal atrás da origem da ventral.
Anal cerca de metade da dorsal. Peitoral presente nas larvas, ausente nos adultos.

DADOS BIOLÓGICOS

Alcança 43 cm de comprimento. Ocorre dimorfismo sexual acentuado. As fêmeas são de cor negra, com dentes muito desenvolvidos, em forma de presas. Apresentam barbilhão mental e nadadeiras pélvicas, com seis raios.

Os machos são de cor marrom escuro. Não apresentam dentes nas maxilas, barbilhão mental e nadadeiras pélvicas.

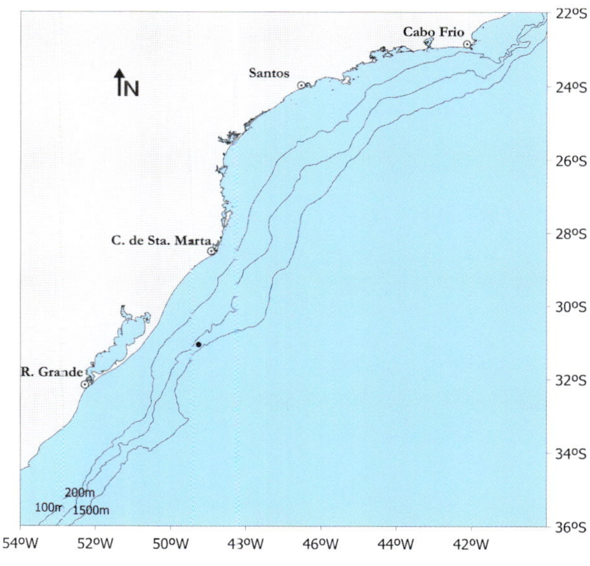

DISTRIBUIÇÃO

Espécie circunglobal, ocorrendo entre 26ºS e a Convergência Subtropical.

MATERIAL COLETADO

29 exemplares; amplitude de comprimento padrão 58-430 mm.

LITERATURA

Hulley, 1986a.

203 mm CP; MZUSP 78250

Melanostomias niger Gilchrist & von Bonde, 1924

MELANOSTOMIIDAE

CARACTERIZAÇÃO

Dorsal 15-17; anal 17-20; peitoral 5. Fotóforos: IP 8 + 2-3; PV 26-28; VAV 14-16; AC 9-11. Série ventral total 59-64; OV 26-27; VAL 13-15; série lateral total 40-42.

Corpo alongado, sem escamas. Nadadeira dorsal e anal contrapostas, localizadas perto da caudal. Ventrais situadas posteriormente à metade do corpo. Barbilhão com bulbo ovóide terminal; um tentáculo afilado ao lado do bulbo, escuro e mais curto que o bulbo. Comprimento do barbilhão, até a extremidade do bulbo, de 20 a 32% do comprimento padrão.

DADOS BIOLÓGICOS

Atinge 26 cm de comprimento.

DISTRIBUIÇÃO

Ocorre no Atlântico Sul, entre 20° e 50°S, e no Pacífico.

MATERIAL COLETADO

Quatro exemplares; amplitude de comprimento padrão 130-203 mm.

LITERATURA

Gibbs, 1986c; Haimovici *et al.*, 1994; Parin & Pokhil'skaya, 1978.

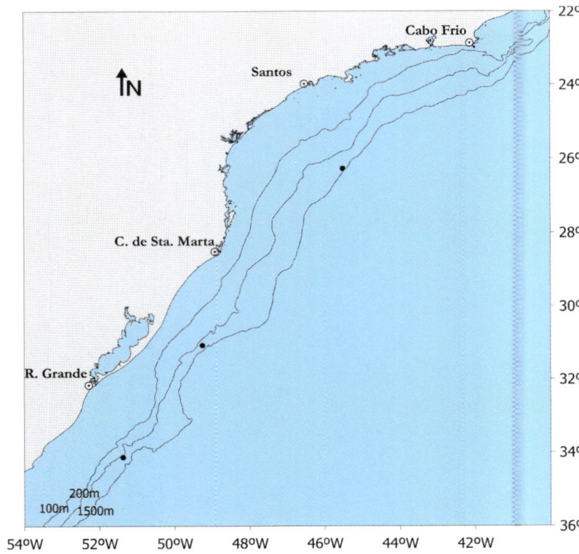

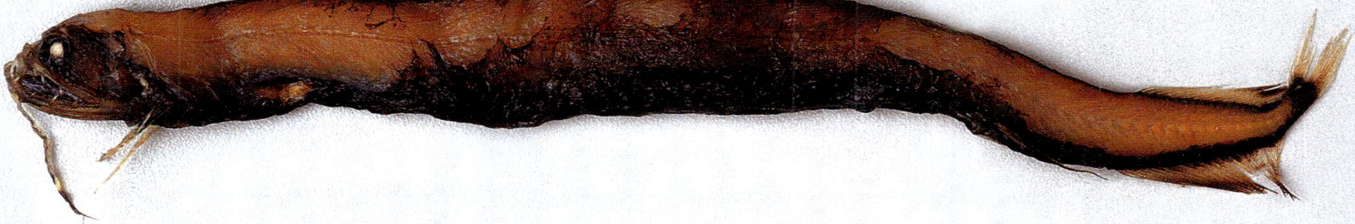

135 mm CP; MZUSP 78239

Stomias affinis Günther, 1887 — STOMIIDAE

CARACTERIZAÇÃO

Dorsal 16-21; anal 18-25; peitoral 6. Fotóforos: IC 73-82; OA 48-53; PV 41-46; OV 40-46; VAV 5-9; VAL 4-9. Corpo muito alongado, coberto em vida por uma membrana gelatinosa. Dorsal e anal opostas, junto à cauda. Ventrais posteriores ao meio do corpo. Barbilhão mental aproximadamente do comprimento da cabeça, com um bulbo e filamentos na extremidade. Maxilas curvadas para cima. Região anterior de cada palatino com dois dentes. Seis fileiras de áreas hexagonais acima da série lateral de fotóforos.

DADOS BIOLÓGICOS

Alcança 20 cm de comprimento padrão.

DISTRIBUIÇÃO

Espécie de distribuição circunglobal em águas quentes. Seu alimento principal são os mictofídeos.

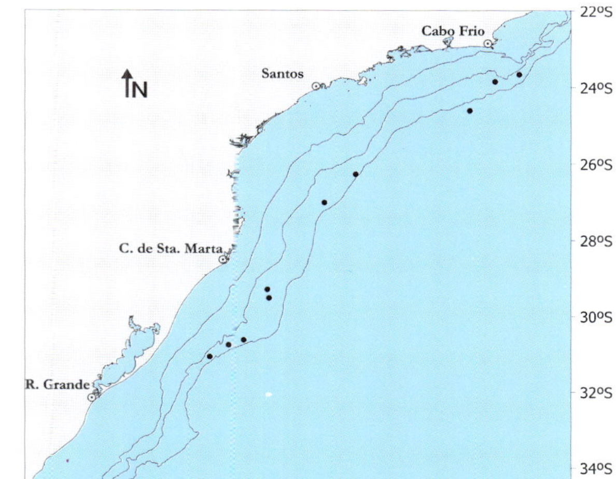

MATERIAL COLETADO

31 exemplares; amplitude de comprimento padrão 26-195 mm.

LITERATURA

Gibbs, 1969, 1986a; Morrow, 1964; Shcherbachev & Novikova, 1976.

67 mm CP; MZUSP 78269

Chlorophthalmus agassizi Bonaparte, 1840

CHLOROPHTHALMIDAE

CARACTERIZAÇÃO

Dorsal 10-12; anal 7-9; peitoral 15-17; ventral 8-9; rastros branquiais (em forma de lâmina) do ramo inferior 19-22; escamas da linha lateral 50-55. Nadadeira dorsal bem mais perto da ponta do focinho que da base da caudal. Nadadeira pélvica posterior à base da peitoral, sob a dorsal. Anal de posição posterior no corpo. Dorsal adiposa sobre ela. Diâmetro horizontal do olho maior que o comprimento do focinho. Ânus separado da base dos raios internos das pélvicas por duas ou três fileiras de escamas.

DADOS BIOLÓGICOS

Alcança 20 cm de comprimento padrão.

Os jovens são pelágicos, vivendo próximos à superfície, mas os adultos são demersais, habitando a plataforma e o talude, de 50 a 1.000 m de profundidade. Na costa do Estado do Rio Grande do Sul e do Uruguai, a espécie foi coletada entre 169 e 200 m. Alimenta-se de invertebrados.

DISTRIBUIÇÃO

Ocorre no Atlântico ocidental, de Nova Scotia ao Suriname, no Caribe, e no sul do Brasil e Uruguai.

MATERIAL COLETADO

Dezoito exemplares; amplitude de comprimento total 20-129 mm.

LITERATURA

Figueiredo & Menezes, 1978 (Figura 71); McEachran & Fechhelm, 1998; Sulak, 1989.

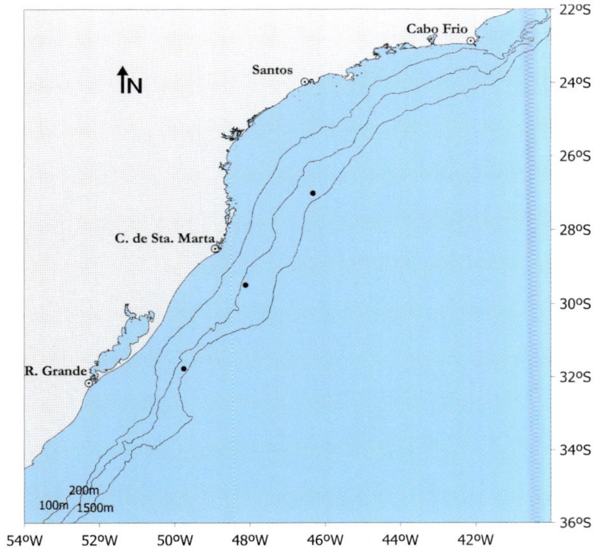

84 mm CT; MZUSP 78271

Parasudis truculenta (Goode & Bean, 1896) — CHLOROPHTHALMIDAE

CARACTERIZAÇÃO

Dorsal 10; anal 9; peitoral 16-16; rastros branquiais 1 + 11-13; série longitudinal de escamas acima da linha lateral 78-85.

Nadadeira dorsal bem mais distante da base da caudal que da ponta do focinho. Nadadeira ventral sob a dorsal, posterior à base da peitoral. Anal próxima à caudal. Comprimento do focinho igual ou maior que o diâmetro horizontal do olho. Ânus separado da base dos raios internos das nadadeiras pélvicas por oito a dez fileiras de escamas.

DADOS BIOLÓGICOS

Atinge 22,5 cm de comprimento padrão.

De águas fundas sobre a plataforma, tendo sido capturada em até 479 m de profundidade. Alimenta-se de peixes e ocasionalmente de lulas.

DISTRIBUIÇÃO

Ocorre no Atlântico ocidental, de Massachusetts ao Rio Grande do Sul.

MATERIAL COLETADO

Dois exemplares; amplitude do comprimento padrão 79-81 mm.

LITERATURA

Figueiredo & Menezes, 1978 (Figura 72); McEachran & Fechhelm, 1998; Mead, 1966.

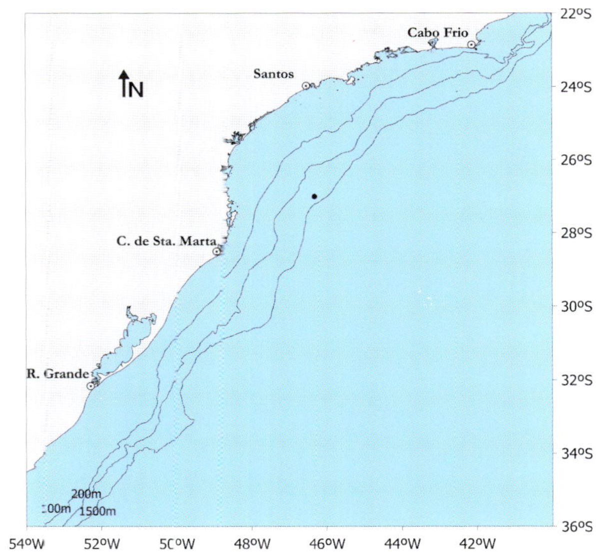

46 mm CP; MZUSP 78224

195 mm CP; MZUSP 78402

Luciosudis normani Fraser-Brunner, 1931 — NOTOSUDIDAE

CARACTERIZAÇÃO

Dorsal 10-13; anal 17-20; peitoral 12-14; ventral 9-10; rastros branquiais 0-1 + 27-31; escamas da linha lateral 56, mais cinco não perfuradas.

Corpo alongado. Sem espinhos nas nadadeiras. Dorsal mais próxima da base da caudal que da ponta do focinho. Anal no quarto posterior do corpo. Dorsal adiposa sobre a anal. Ventral abdominal, adiante da dorsal. Comprimento do focinho superior a 10% do comprimento padrão. Extremidade posterior da maxila superior sob a metade anterior do olho.

DADOS BIOLÓGICOS

Cresce pelo menos até 20,6 cm de comprimento padrão. Peixes meso a batipelágicos, vivendo entre 500 e 800 m de profundidade. Hermafroditas simultâneos, deixam a região do talude na época da reprodução, que ocorre em condições pelágicas oceânicas.

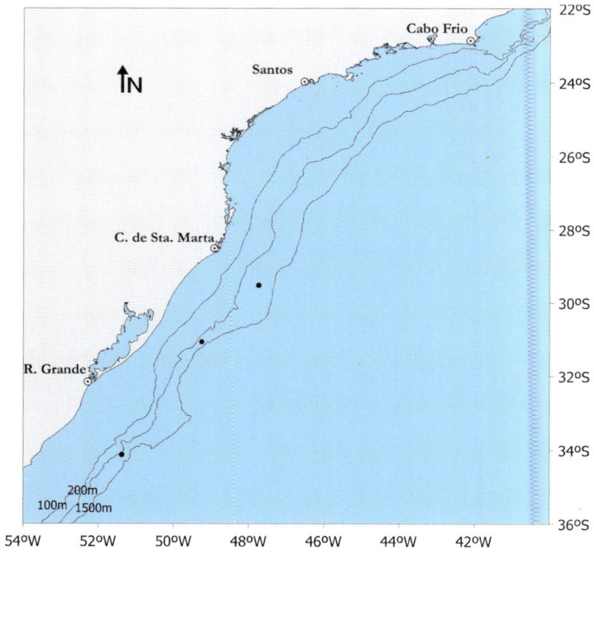

DISTRIBUIÇÃO

A espécie vive na região da Convergência Subtropical.

MATERIAL COLETADO

Quatro exemplares; amplitude do comprimento padrão 46-199 mm.

LITERATURA

Bertelsen *et al.*,1976; Krefft, 1968, 1986.

182 mm CT; MZUSP 78242

Scopelosaurus herwigi Bertelsen, Krefft & Marshal, 1976 NOTOSUDIDAE

CARACTERIZAÇÃO

Dorsal 10-12; anal 17-19; peitoral 12-14; rastros branquiais 1 + 14-15; escamas da linha lateral 60-62.

Corpo alongado. Nadadeiras sem espinhos. Dorsal aproximadamente na metade do corpo. Anal no quarto posterior. Dorsal adiposa sobre a anal. Ventral adiante da dorsal. Comprimento do focinho de 6 a 10% do comprimento padrão. Extremidade posterior da maxila superior sob ou atrás da metade posterior do olho.

DADOS BIOLÓGICOS

Cresce até 35 cm de comprimento.

Jovens são epi a mesopelágicos e os adultos, bentopelágicos, ocorrendo até 750 m de profundidade no talude.

DISTRIBUIÇÃO

Conhecida no Atlântico, Índico e na Nova Zelândia.

MATERIAL COLETADO

Um exemplar; 182 mm de comprimento total.

LITERATURA

Bertelsen *et al.*, 1976; Krefft, 1986.

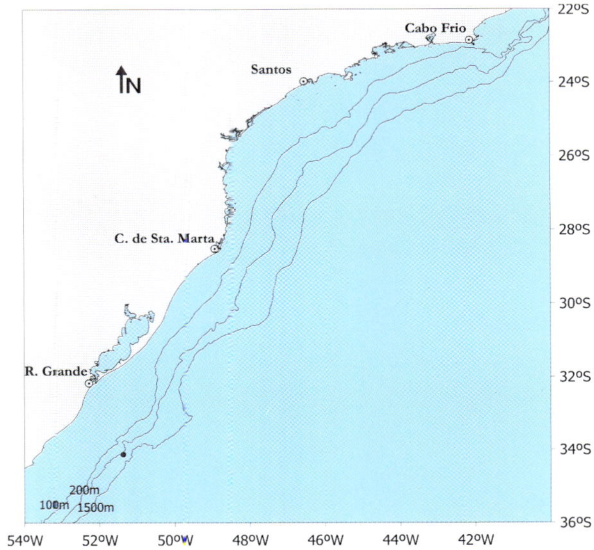

95 mm CP; MZUSP 17922

Saurida brasiliensis Norman, 1935 SYNODONTIDAE

CARACTERIZAÇÃO

Dorsal 9-12; anal 10-13; peitoral 11-13; escamas predorsais 12-19; escamas da linha lateral 43-49.
Corpo alongado, boca ampla. Nadadeiras sem espinhos. Dorsal na metade do corpo. Dorsal adiposa presente, de posição posterior. Anal sob a dorsal adiposa. Pélvica sob a ponta da peitoral.

DADOS BIOLÓGICOS

Alcança cerca de 14 cm de comprimento.
Espécie de fundo, no sudeste do Brasil foi capturada entre 50 e 194 m de profundidade, mas em outras regiões foi registrada em até cerca de 400 m.

DISTRIBUIÇÃO

Ocorre no Atlântico ocidental, da Carolina do Norte até o Rio Grande do Sul.

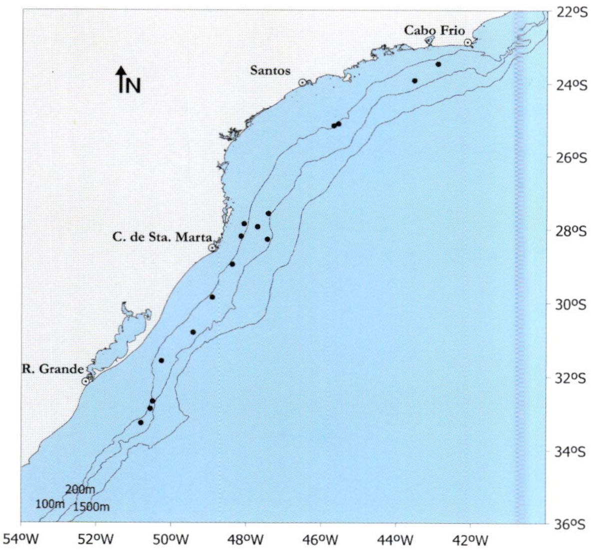

MATERIAL COLETADO

334 exemplares; amplitude de comprimento padrão 36-98 mm.

LITERATURA

Anderson *et al.*, 1966a, 1966b, 1975; Figueiredo & Menezes, 1978.

96 mm CP; MZUSP 17864

Saurida caribbaea Breder, 1927 — SYNODONTIDAE

CARACTERIZAÇÃO

Dorsal 10-12; anal 11-12; peitoral 12-13; escamas predorsais 18-21; escamas da linha lateral 54-60.
Corpo alongado, boca ampla. Nadadeiras sem espinhos. Dorsal na metade do corpo. Dorsal adiposa presente, de posição posterior. Anal sob a dorsal adiposa. Pélvica sob a ponta da peitoral.

DADOS BIOLÓGICOS

Atinge cerca de 18 cm de comprimento.
De fundo, foi capturada no sul do Brasil de 20 a 215 m de profundidade. Em outras áreas já foi pescada até em 450 m.

DISTRIBUIÇÃO

Habita a costa leste americana, da Flórida até o Uruguai.

MATERIAL COLETADO

1.184 exemplares; amplitude de comprimento padrão 19-116 mm.

LITERATURA

Anderson *et al.*, 1966a, 1966b, 1975; Figueiredo & Menezes, 1978 (Figura 67).

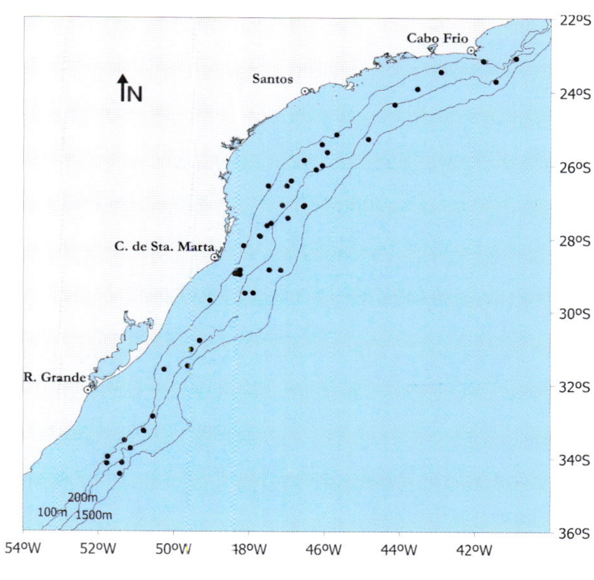

184 mm CT; MZUSP 78322

Lestidiops jayakari (Boulenger, 1889)

PARALEPIDIDAE

CARACTERIZAÇÃO

Dorsal 9-10; anal 28-33; peitoral 11-12; rastros branquiais 5-8 + 22-28.

Dorsal pouco atrás da metade do corpo. Anal de posição posterior, próximo à caudal. Ventrais distintamente adiante da origem da dorsal. Ânus sob ou atrás da origem da nadadeira dorsal. Altura do corpo cabendo 10,3-13,3 vezes no comprimento padrão. Comprimento da cabeça cabendo 4,5-5,6 vezes no comprimento padrão.

DADOS BIOLÓGICOS

Cresce até 20 cm de comprimento.

Larvas e juvenis permanecem nos 200 m de águas superficiais; jovens de maior porte e adultos entre 200 e mais de 2.000 m de profundidade.

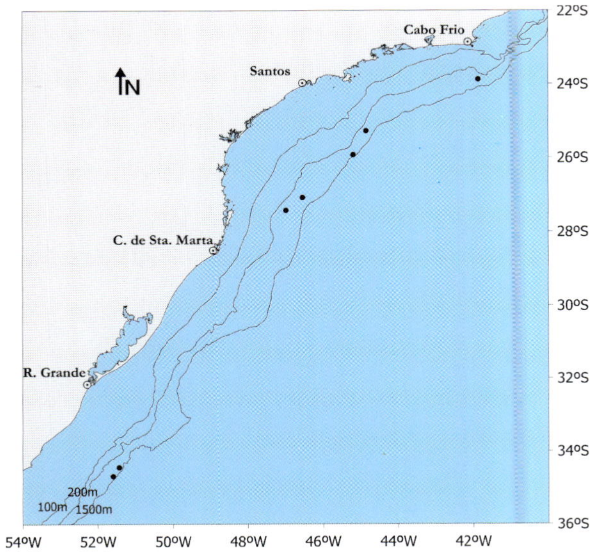

DISTRIBUIÇÃO

Cosmopolita em águas tropicais e temperadas, exceto no sudeste do Pacífico.

MATERIAL EXAMINADOS

Dezenove exemplares; amplitude de comprimento total 45-184 mm.

LITERATURA

McEachran & Fechhelm, 1998; Post, 1986a, 1989; Rofen, 1966.

142 mm CT; MZUSP 78160

Lestidium atlanticum Borodin, 1928 — PARALEPIDIDAE

CARACTERIZAÇÃO

Dorsal 9-10; anal 26-30; peitoral 12-13; rastros branquiais 10-12 + 30-36.

Nadadeira dorsal atrás do ponto médio do corpo. Anal de posição posterior, próximo à caudal. Nadadeiras pélvicas inseridas imediatamente atrás da origem da nadadeira dorsal. Altura do corpo cabendo 11-12,5 vezes no comprimento padrão. Comprimento da cabeça cabendo 4,3-5,0 vezes no comprimento padrão.

DADOS BIOLÓGICOS

Alcança 25 cm de comprimento.

Espécie epi a mesopelágica, vivendo de 50 (jovens) até 1.000 m de profundidade.

DISTRIBUIÇÃO

Habita todos os oceanos, nas regiões tropical e subtropical.

MATERIAIS COLETADOS

41 exemplares; amplitude de comprimento padrão 66-150 mm.

LITERATURA

McEachran & Fechhelm, 1998; Post, 1986a; Rofen, 1966.

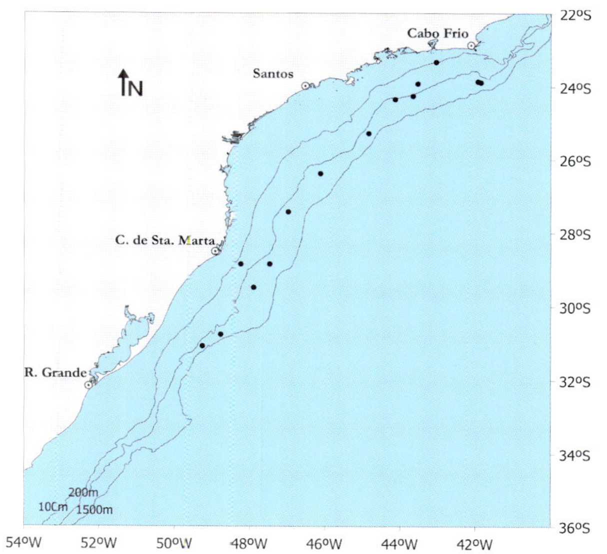

157 mm CT; MZUSP 78196

Lestrolepis intermedia (Poey, 1868)

PARALEPIDIDAE

CARACTERIZAÇÃO

Dorsal 9; anal 40-43; peitoral 11; rastros branquiais 5-8 + 27-29.

Mancha negra redonda imediatamente anterior ao olho, muito evidente. Nadadeira dorsal na metade posterior do corpo. Anal de posição posterior, próximo à caudal. Nadadeiras pélvicas muito adiante da nadadeira dorsal. Altura do corpo cabendo 14,7-17,5 vezes no comprimento padrão. Comprimento da cabeça cabendo 4,9-5,1 vezes no comprimento padrão.

DADOS BIOLÓGICOS

Alcança 25 cm de comprimento.

Ocorre desde a superfície (jovens) até a região batipelágica. Alimenta-se de peixes.

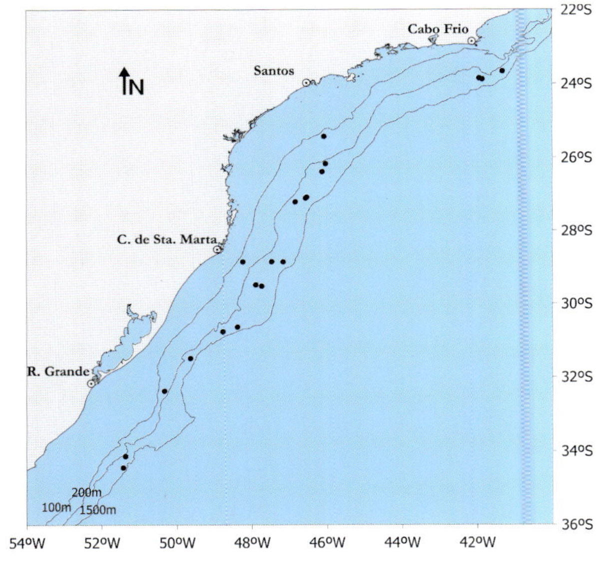

DISTRIBUIÇÃO

Ocorre na região tropical de todos os oceanos.

MATERIAIS COLETADOS

247 exemplares; amplitude de comprimento padrão 66-280 mm.

LITERATURA

McEachran & Fechhelm, 1998; Post, 1986a; Rofen, 1966.

213 mm CP; MZUSP 78198

Stemonosudis intermedia (Ege, 1933)

PARALEPIDIDAE

CARACTERIZAÇÃO

Dorsal 10; anal 42-46; peitoral 11-12; rastros branquiais 2-3 + 23-28.

Nadadeira dorsal na metade posterior do corpo. Anal de posição posterior, próximo à caudal. Nadadeiras pélvicas inseridas muito adiante da dorsal. Distância entre a extremidade posterior da base da dorsal e a origem da anal cerca de duas vezes o comprimento pós-orbital da cabeça. Manchas escuras dorsais e ventrais entre a nadadeira dorsal e a caudal. Jovens com dezesseis a dezoito manchas escuras no peritônio. Altura do corpo cabendo 20,4-43,4 vezes no comprimento padrão. Comprimento da cabeça cabendo 6,0-7,6 vezes no comprimento padrão.

DADOS BIOLÓGICOS

O maior exemplar conhecido mede 13,8 cm de comprimento padrão.

Ocorre desde a superfície até 800 m de profundidade, sendo que os jovens são mais abundantes nos 100 m superficiais. Alimenta-se de peixes.

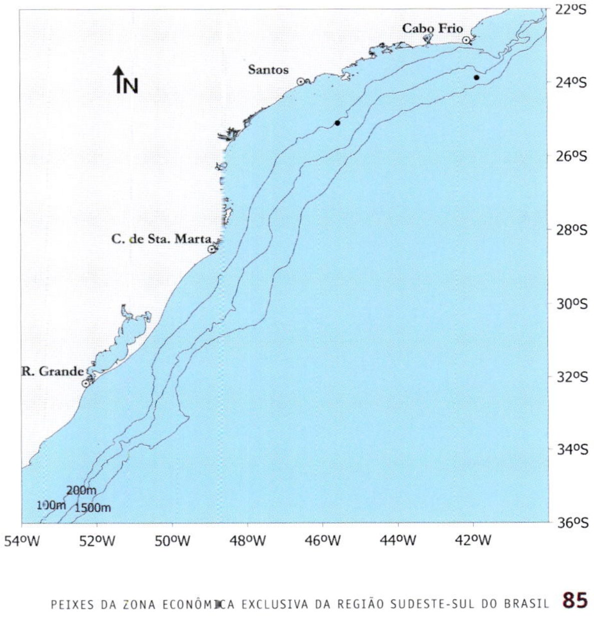

DISTRIBUIÇÃO

Conhecida no Atlântico Norte americano e no sul do Brasil.

MATERIAL COLETADO

Dois exemplares; amplitude de comprimento total 60-225mm.

LITERATURA

McEachran & Fechhelm, 1998; Rofen, 1966.

Sudis atrox Rofen, 1963

PARALEPIDIDAE

CARACTERIZAÇÃO

Dorsal 11; anal 21; peitoral 14; vértebras 53-54.

Nadadeira dorsal na metade posterior do corpo. Origem da anal muito próxima da extremidade posterior da dorsal. Ventral adiante da dorsal. Nadadeira peitoral longa, mais longa que o comprimento da base da nadadeira anal. Mandíbula com dois pequenos dentes retrorsos na parte anterior, seguidos de uma série de três ou quatro dentes longos, antrorsos, comprimidos, fixos e de outra mais interna de dentes similares, mas móveis. Seções em forma de escama da linha lateral com três poros acima e três abaixo. Larvas e jovens com seis seções escuras no peritônio. Altura do corpo cabendo 8,2-8,8 vezes no comprimento padrão. Comprimento da cabeça cabendo 3,4 vezes no comprimento padrão.

DADOS BIOLÓGICOS

Alcança pelo menos 12,8 cm de comprimento total. Espécie capturada entre 30 e 2.250 m de profundidade.

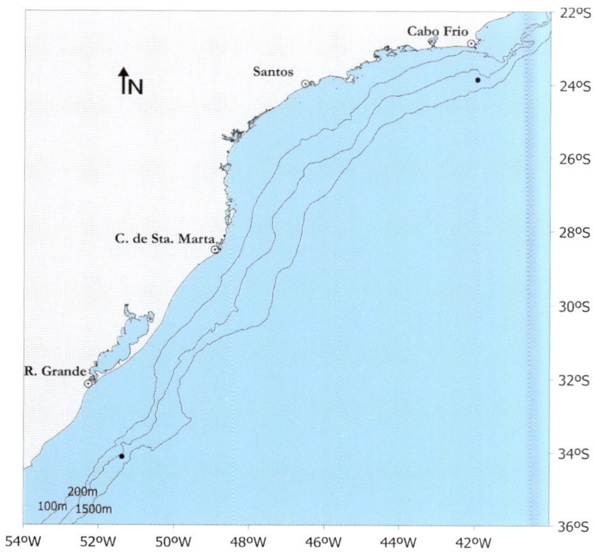

DISTRIBUIÇÃO

Ocorre no Pacífico Leste e no Atlântico. Na costa leste americana, distribui-se dos Estados Unidos ao sul do Brasil.

MATERIAL COLETADO

Três exemplares; amplitude de comprimento total 50-128 mm.

LITERATURA

McEachran & Fechhelm, 1998; Rofen, 1966; Shores 1969.

100 mm CP; MZUSP 78193

Coccorella atlantica (Parr, 1928)

EVERMANNELLIDAE

CARACTERIZAÇÃO

Dorsal 11-13; anal 26-30; peitoral 12-13.

Corpo muito comprimido na parte lateral. Altura do corpo, na origem da nadadeira anal, 14-19% do comprimento padrão. Comprimento da cabeça 19-24% do comprimento padrão. Nadadeiras sem espinhos. Dorsal pouco adiante da metade do corpo. Pélvicas abdominais, sob a dorsal. Anal longa, atrás da metade do corpo. Dorsal adiposa presente. Tecido luminoso ventral presente. Olho semitubular, ligeiramente dirigido para cima.

DADOS BIOLÓGICOS

Atinge 18,5 cm de comprimento padrão.

Peixe oceânico, capturado geralmente além dos 500 m de profundidade, mas também encontrado entre 100 e 400 m. Alimenta-se de peixes e de lulas, com aparente preferência por estas últimas.

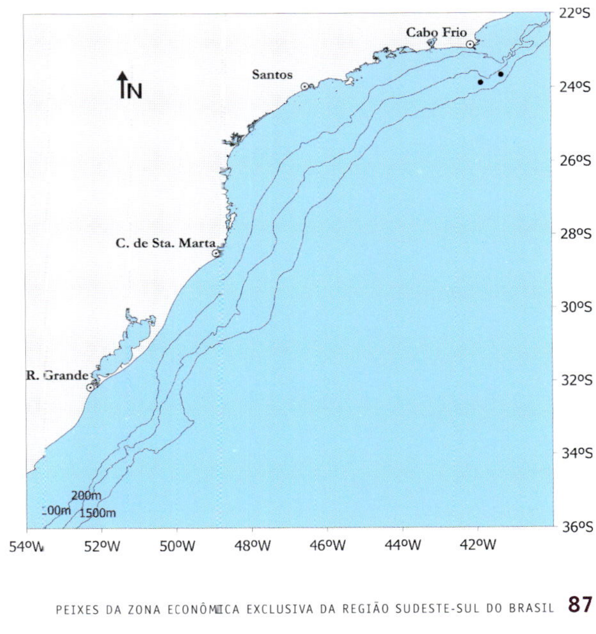

DISTRIBUIÇÃO

Distribui-se na área central dos principais oceanos.

MATERIAL COLETADO

Seis exemplares; amplitude de comprimento padrão 47-151 mm.

LITERATURA

Johnson, 1986, 1989.

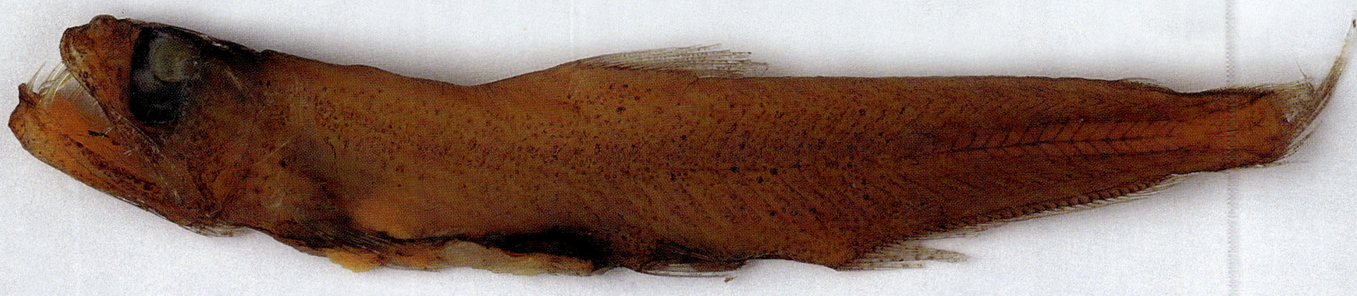

94 mm CP; MZUSP 78165

Evermannella balbo (Risso, 1820)

EVERMANNELLIDAE

CARACTERIZAÇÃO

Dorsal 12-13; anal 33-37; vértebras 52-54.

Corpo curto, lateralmente comprimido. Boca grande, com dentes muito desenvolvidos. Dente palatino mais anterior e pelo menos alguns do dentário com farpa. Olhos tubulares, dirigidos para cima. Nadadeira dorsal localizada na metade do corpo. Dorsal adiposa presente. Anal de base longa, na parte posterior do corpo. Pélvicas sob a dorsal. Peitoral inserida próximo ao perfil ventral do corpo.

DADOS BIOLÓGICOS

Cresce pelo menos até 16,8 cm de comprimento padrão. Larvas e jovens (de até 3 cm de comprimento padrão) são comumente capturados nos 100 m superiores. Os adultos podem ser encontrados entre 100 e 300 m, mas é comum além dos 400 m de profundidade.

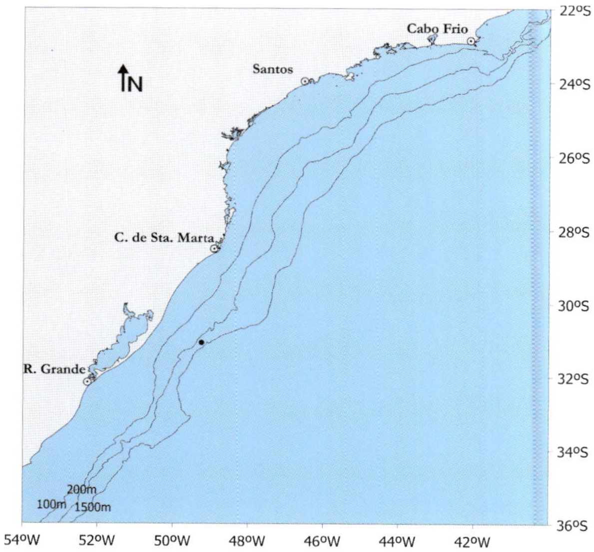

DISTRIBUICÃO

Ocorre no Atlântico e no Mediterrâneo, no Índico e no Pacífico.

MATERIAL COLETADO

Um exemplar; 94 mm de comprimento padrão.

LITERATURA

Johnson, 1982, 1986.

Neoscopelus microchir Matsubara, 1943 — NEOSCOPELIDAE

CARACTERIZAÇÃO

Dorsal 12-13; anal 10-12; peitoral 16-17; ventral 8; rastros branquiais 3-4 + 11-12.

Altura do corpo cabendo 3,9-4,5 vezes no comprimento padrão. Nadadeira dorsal originando-se adiante da metade do corpo. Anal sob a dorsal adiposa. Pélvica sob a dorsal. Uma série de órgãos luminosos na língua. Série de fotóforos LO alcançando a extremidade posterior da base da nadadeira anal.

DADOS BIOLÓGICOS

Atinge 30 cm de comprimento padrão, tornando-se sexualmente madura com 12 cm.

É espécie bentopelágica, vivendo na região do talude, de 250 a 700 m de profundidade.

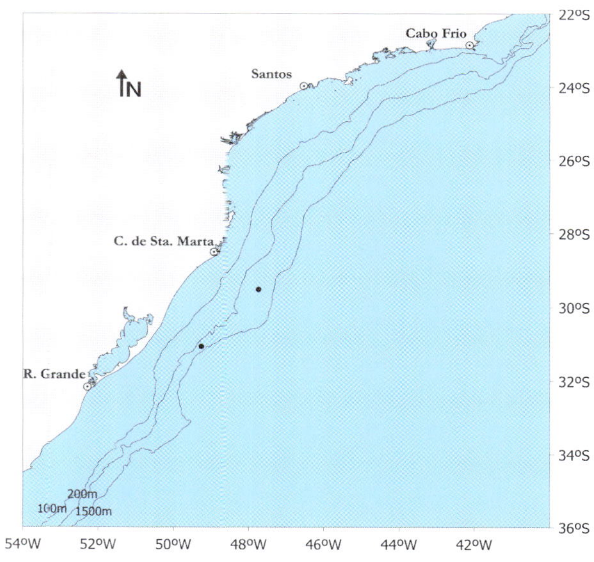

DISTRIBUIÇÃO

Ocorre no Atlântico e no oeste do Pacífico.

MATERIAL COLETADO

Nove exemplares; amplitude de comprimento padrão 53-107 mm.

LITERATURA

Hulley, 1986c; Nafpaktitis, 1977.

14 mm CP; MZUSP 78307

Benthosema suborbitale (Gilbert, 1913) MYCTOPHIDAE

CARACTERIZAÇÃO

Dorsal 12-14; anal 16-18; peitoral 13-14; AO 5-7 + 5-6 = 11-12; rastros branquiais 3-4 + 1 + 9-11 = 13-15. Fotóforo So presente; 1 Pol; VO_2 elevado; PVO_1 abaixo do PVO_2 não mais do que seu próprio diâmetro; 2 Prc; Prc_2 muito elevado; fotóforos da série SAO em curva; SAO_1 sobre ou posterior ao VO_3; SAO_2 atrás do VO_5; VLO acima da linha que liga PLO e SAO_1; baixo número de rastros branquiais (13-15).

DADOS BIOLÓGICOS

A espécie atinge 38 mm de comprimento padrão. Machos e fêmeas adultas (a partir de 20-25 mm CP) desenvolvem glândulas supra e infracaudal, respectivamente.

DISTRIBUIÇÃO

Está presente nas regiões tropical-subtropical dos três maiores oceanos.

No Atlântico Sul ocidental ocorre ao largo do Ceará até a Paraíba e ao largo de Alagoas.

MATERIAL COLETADO

Dois exemplares; amplitude de comprimento padrão 14-18 mm.

LITERATURA

Hulley, 1981, 1986b; McEachran & Fechhelm, 1998; Nafpaktitis *et al.*, 1977.

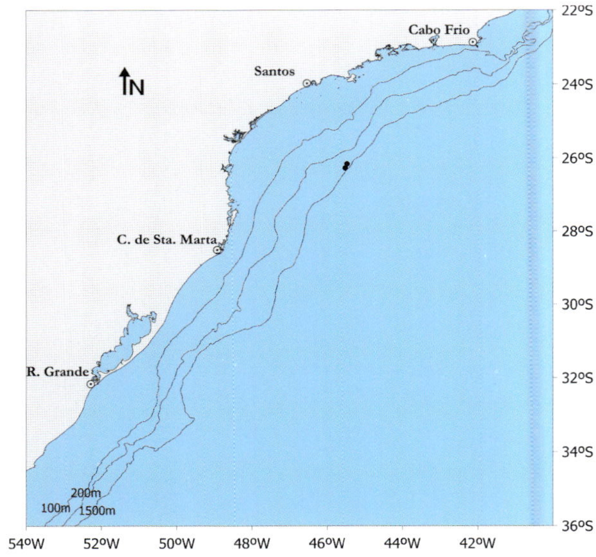

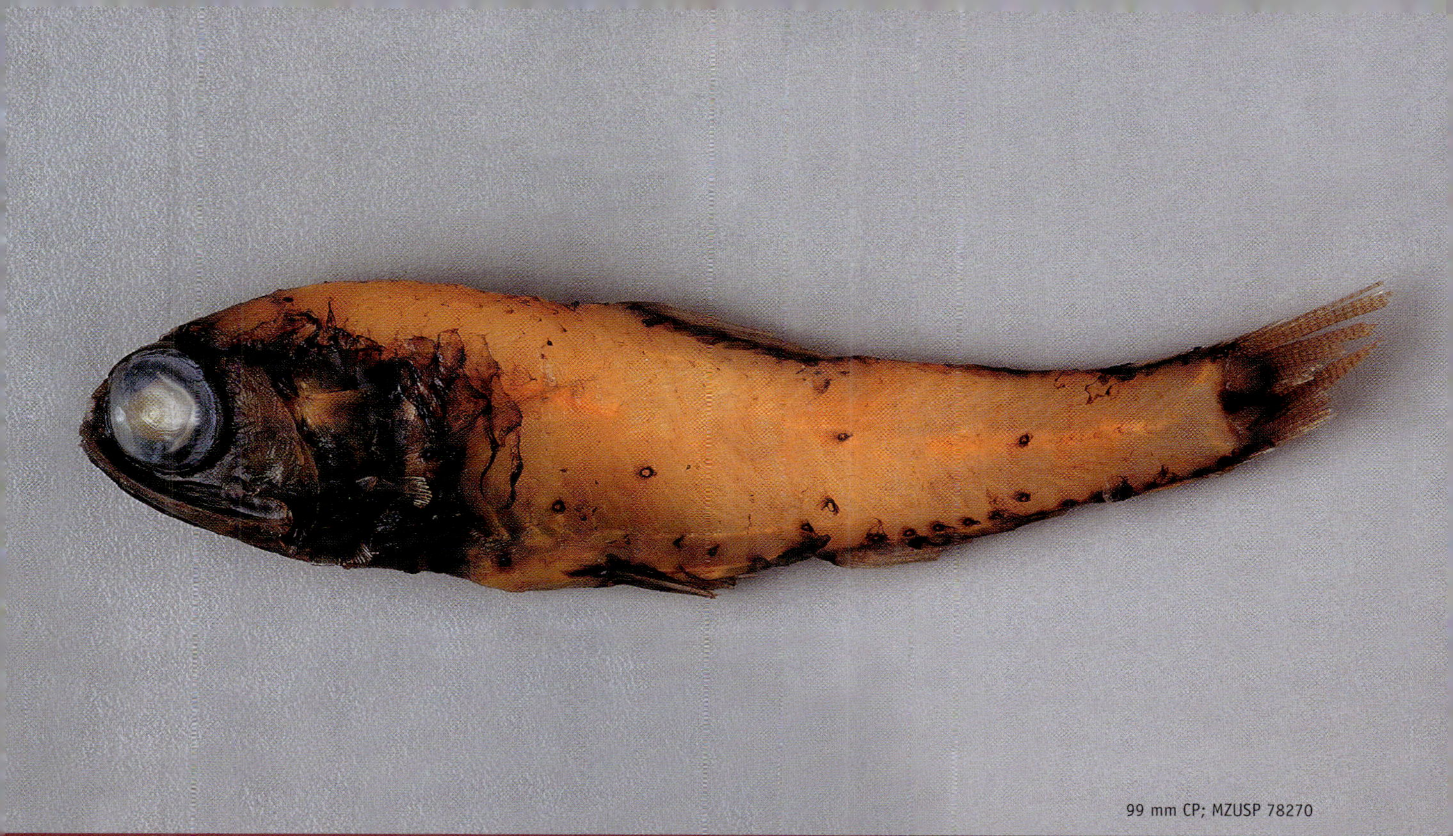

99 mm CP; MZUSP 78270

Bolinichthys distofax Johnson, 1975

MYCTOPHIDAE

CARACTERIZAÇÃO

Dorsal 12-14; anal 13-15; peitoral 11-13 AO 5-7 + 3-5 = 9-11; rastros branquiais 5-6 + 1 + 10-12 = 16-19. Três fotóforos Prc; tecido branco na metade posterior da íris; VLO mais próximo da linha lateral do que da base da peitoral; baixo número de rastros branquiais (16-19); 1 Pol; Vn na região anteroventral do olho, sobre ou posterior à margem anterior da pupila; último AOa não muito elevado em relação aos demais fotóforos da série.

DADOS BIOLÓGICOS

Pode atingir cerca de 90 mm CP e pode estar sexualmente madura com 75 mm.

Ocorre de 490 a 690 m de profundidade durante o dia. Juvenis (menores do que 20 mm) foram encontrados entre 100-200 m à noite, sendo que exemplares maiores que 30 mm CP podem não migrar.

DISTRIBUIÇÃO

Esta espécie é encontrada nos três oceanos. Ao largo da costa brasileira foi assinalada entre Rio Grande do Norte e Paraná (6°S e 25°58'S).

MATERIAL COLETADO

Um exemplar; 99 mm de comprimento padrão.

LITERATURA

Hulley, 1981; Nafpaktitis *et al.*, 1977; Wisner, 1976.

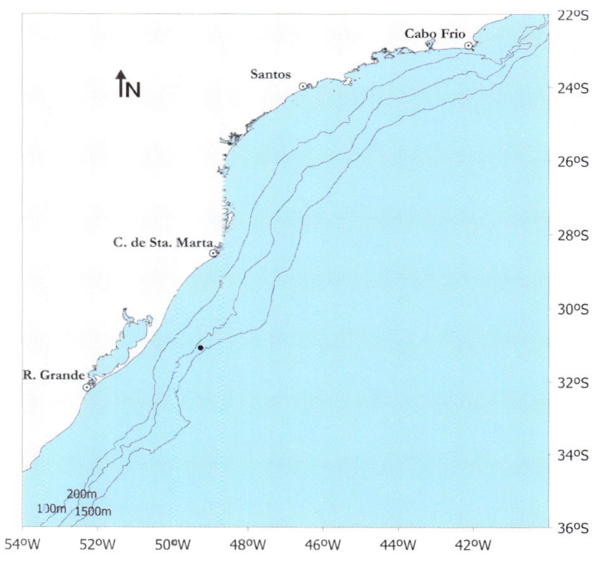

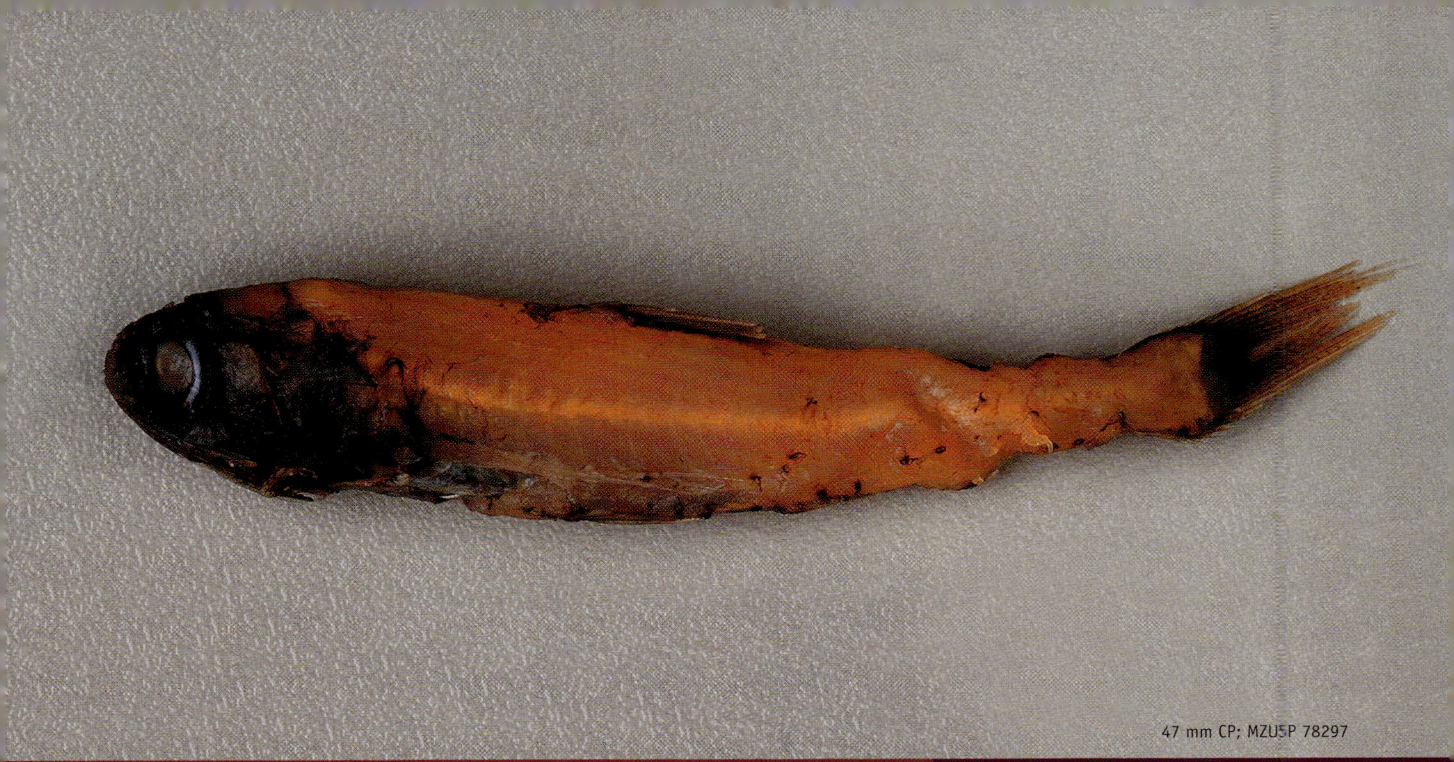

47 mm CP; MZUSP 78297

Bolinichthys photothorax (Parr, 1928)

MYCTOPHIDAE

CARACTERIZAÇÃO

Dorsal 12-14; anal 13-15; peitoral 12-14; AO 6-8 + 3-6 = 10-12; rastros branquiais 5-7 + 1 + 12-16 = 18-23.

Três fotóforos Prc; tecido branco na metade posterior da íris; VLO na linha lateral; Vn na região anterior do olho; dois Pol; tecido luminoso acima da base da peitoral e na região torácica abaixo do PVO_1; alto número de rastros branquiais (18-23). Margem posteroventral do preopérculo com um espinho desenvolvido anteriormente recurvado.

DADOS BIOLÓGICOS

Pode atingir 73 mm de comprimento padrão, tornando-se matura a partir de 54 mm.

É encontrada em profundidade de 500-900 m durante o dia e migra para 25-300 m à noite, os maiores exemplares ocupando as camadas mais fundas.

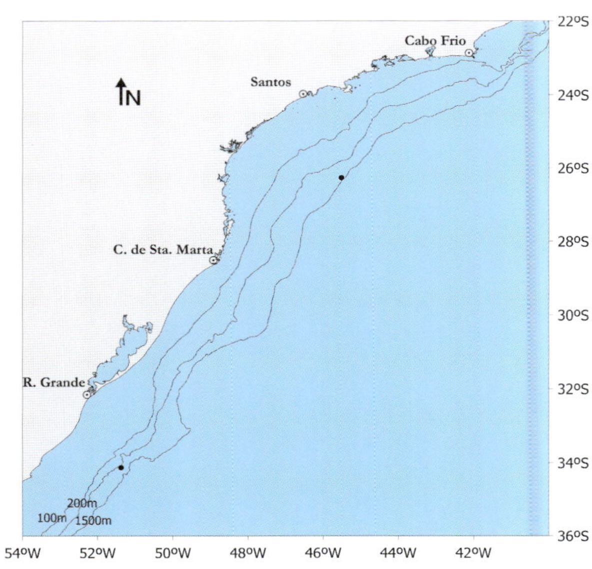

DISTRIBUIÇÃO

Ocorre nos três oceanos. É comumente capturada no Oceano Atlântico, preferindo águas tropicais e subtropicais. Distribui-se no Atlântico ocidental de aproximadamente 48°N até 27°S.

MATERIAL COLETADO

Dois exemplares; amplitude de comprimento padrão 21-47 mm.

LITERATURA

Badcock & Merrett, 1976; Hulley, 1981, 1986b; McEachran & Fechhelm, 1998; Nafpaktitis *et al.*, 1977.

48 mm CP; MZUSP 78289

Ceratoscopelus warmingii (Lütken, 1892)

MYCTOPHIDAE

CARACTERIZAÇÃO

Dorsal 13-15; anal 13-15; peitoral 12-15; AO 6-9 + 4-7 = 10-14; rastros branquiais 3-5 + 1 + 8-11 = 13-16. Baixo número de rastros branquiais (13-15); PO_4 não elevado; glândulas supra e infracaudal consistindo de uma série de estruturas luminosas, sobrepostas, sem pigmento preto na borda; Dn presente; quatro Prc; PO_1, PVO_1 e PV_2 não sobre uma linha ascendente; VO_1, VO_2 e VO_3 não sobre uma linha ascendente; espinho supra-orbital ausente; tecido luminoso presente na região ventral entre a base da nadadeira ventral e o ânus; pontas da nadadeira caudal não pigmentadas; raios procorrentes da caudal sem tecido luminoso.

DADOS BIOLÓGICOS

Atinge 81 mm de comprimento padrão. Adultos e juvenis são encontrados além dos 900 m de profundidade durante o dia. Migram à noite para 25-200 m, com abundância máxima entre 50 e 100 m. Juvenis menores (15-19 mm) aparentemente não migram.

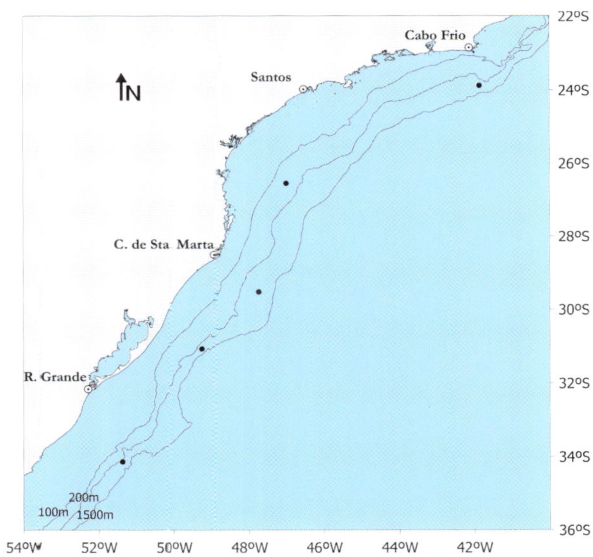

DISTRIBUIÇÃO

Ocorre nos três oceanos e apresenta distribuição tropical-subtropical. No Atlântico ocidental ocorre entre 35ºN e 45ºS.

MATERIAL COLETADO

Setenta exemplares; amplitude de comprimento total 25-80 mm.

LITERATURA

Badcock & Merrett, 1976; Hartmann & Clarke, 1975; Hulley, 1981, 1986b; McEachran & Fechhelm, 1998; Nafpaktitis *et al.*, 1977.

45 mm CP; MZUSP 78395

Diaphus anderseni Tåning, 1932

MYCTOPHIDAE

CARACTERIZAÇÃO

Dorsal 12-14; anal 11-13; peitoral 10-12; AO 3-5 + 4-6 = 8-11; rastros branquiais 4-6 + 1 + 10-14 = 15-20. PVO em linha com PO_1; PO_4 muito elevado; VO_1, VO_2 e VO_3 progressivamente elevados, em linha ascendente; um Pol, às vezes em continuação com a AOa; quatro Prc; glândulas luminosas supra e infracaudal ausentes; So arredondado ou oval, cerca do mesmo tamanho que o Vn; Dn e Vn muito separados e cerca de 1/3 a 1/2 do tamanho dos fotóforos do corpo; fotóforos do corpo de posição baixa, muito grandes e próximos entre si; escama luminosa grande no PLO.

DADOS BIOLÓGICOS

Atinge 32 mm de comprimento padrão e pode estar sexualmente madura com 27 mm.
Ocorre entre 225 e 375 m de profundidade durante o dia e entre 60 e 175 m durante a noite.

DISTRIBUIÇÃO

É conhecida nos três oceanos. No Atlântico possui distribuição tropical e ocorre somente no hemisfério sul.

MATERIAL COLETADO

26 exemplares; amplitude de comprimento padrão 32-45 mm.

LITERATURA

Hulley, 1981, 1986b; Nafpaktitis, 1968; Nafpaktitis *et al.*, 1977.

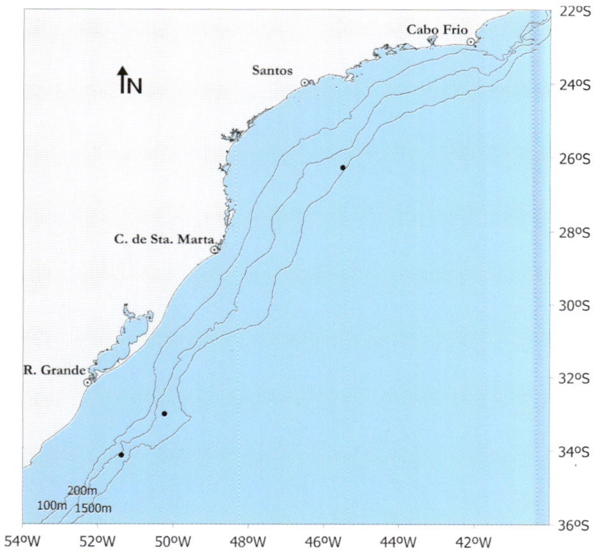

67 mm CP; MZUSP 78277

Diaphus bertelseni Nafpaktitis, 1966

MYCTOPHIDAE

CARACTERIZAÇÃO

Dorsal 14-15; anal 15; peitoral 11-12; AO 6-7 + 3-4 = 9-10; rastros branquiais 5-6 + 1 + 11-13 = 17-19.

PVO em linha com o PO_1; PO_4 muito elevado; VO_1, VO_2 e VO_3 progressivamente elevados, em linha ascendente; um Pol, às vezes em continuação com o AOa; quatro Prc; glândulas luminosas supra e infracaudal ausentes; Dn bem desenvolvido, voltado para a frente e menor que a roseta nasal; So e Ant ausentes; baixo número de rastros branquiais (17-19); fotóforos do corpo grandes; VLO mais próximo da base da nadadeira ventral do que da linha lateral; baixo número de fotóforos AOp (3-4); SAO_3 e Pol bem abaixo da linha lateral.

DADOS BIOLÓGICOS

Atinge 91 mm de comprimento padrão.

Durante o dia distribui-se entre 200-300 m de profundidade; à noite entre 60-175 m.

DISTRIBUIÇÃO

Ampla distribuição tropical, associada às águas quentes dos sistemas de giros em ambos os hemisférios. Ocorre no Oceano Pacífico ocidental e no Atlântico.

MATERIAL COLETADO

Quatro exemplares; amplitude de comprimento total 58-64 mm.

LITERATURA:

Hulley, 1981; McEachran & Fechhelm, 1998; Nafpaktitis, 1968; Nafpaktitis *et al.*, 1977.

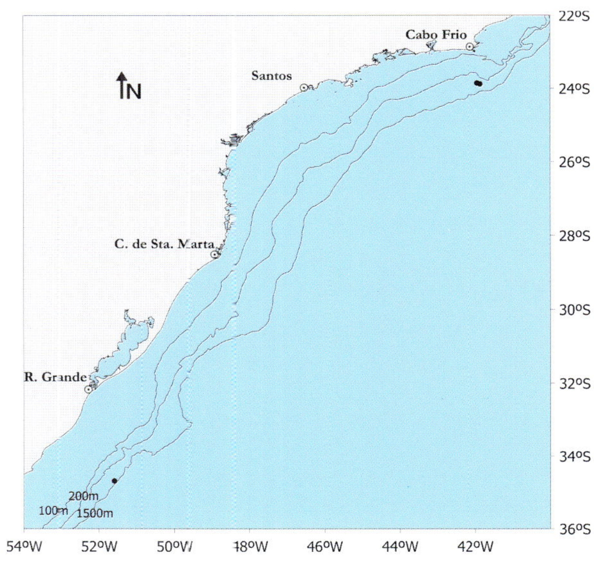

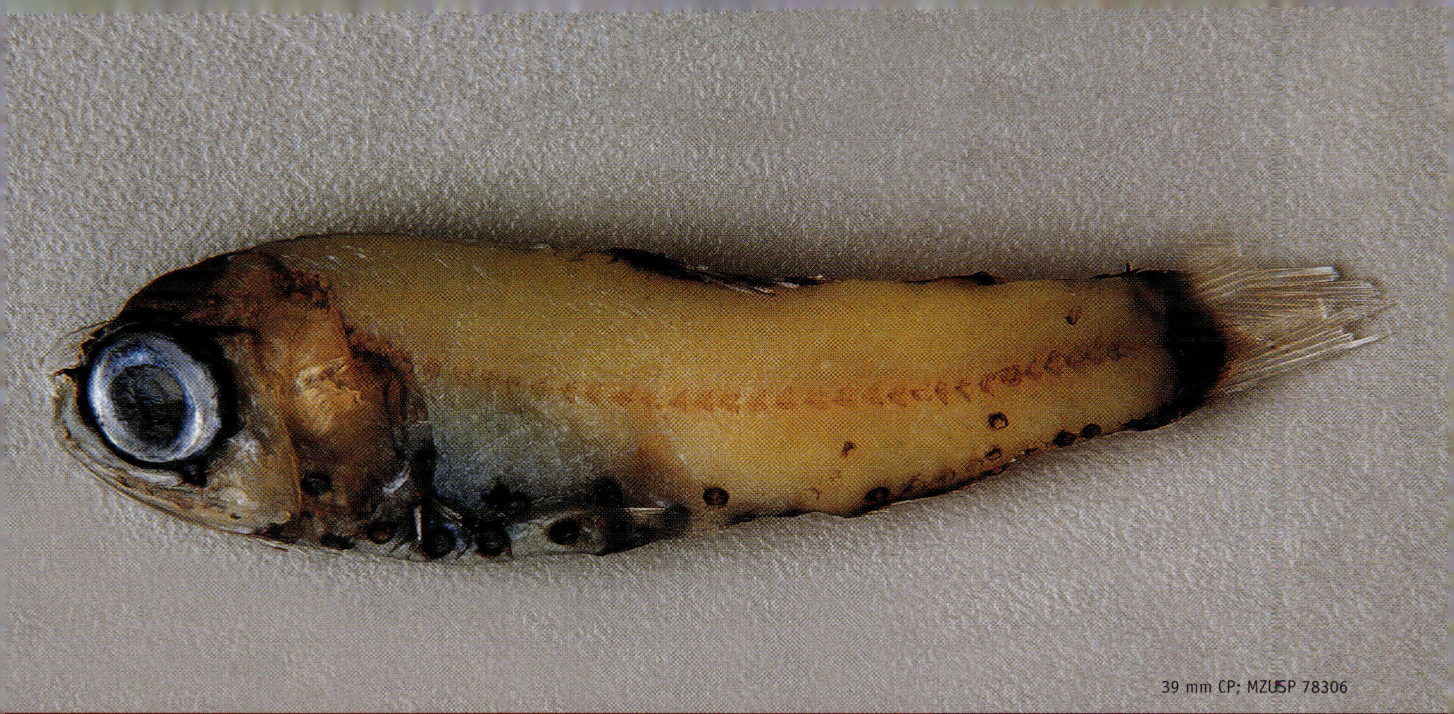

39 mm CP; MZUSP 78306

Diaphus brachycephalus Tåning, 1928

MYCTOPHIDAE

CARACTERIZAÇÃO

Dorsal 12-14; anal 12-14; peitoral 10-12; AO 4-6 + 3-5 = 8-10; rastros branquiais 5-7 + 1 + 11-14 = 17-22. PVO em linha com o PO_1; PO_4 muito elevado; VO_1, VO_2 e VO_3 progressivamente elevados, em linha ascendente; um Pol, às vezes em continuação com o AOa; quatro Prc; glândulas luminosas supra e infracaudal ausentes; So localizado atrás da linha que passa verticalmente pela margem posterior da pupila; corpo curto e cabeça alta (altura da cabeça menos do que quatro vezes no comprimento padrão); melanóforo associado ao So bem desenvolvido. Vn maior do que o diâmetro horizontal da pupila, ocupando a margem anteroventral e grande parte da margem ventral da órbita; PLO sem escama luminosa.

DADOS BIOLÓGICOS

Os machos (maiores que 25 mm) possuem o Vn grande, podendo ocupar o espaço entre a roseta nasal, o olho e a mandíbula superior. No Atlântico Sul a espécie atinge 36 mm e pode estar sexualmente madura com 27 mm. Exemplares juvenis migram de 300-600 m para 30 m de profundidade à noite, mas adultos parecem migrar somente até 150-200 m.

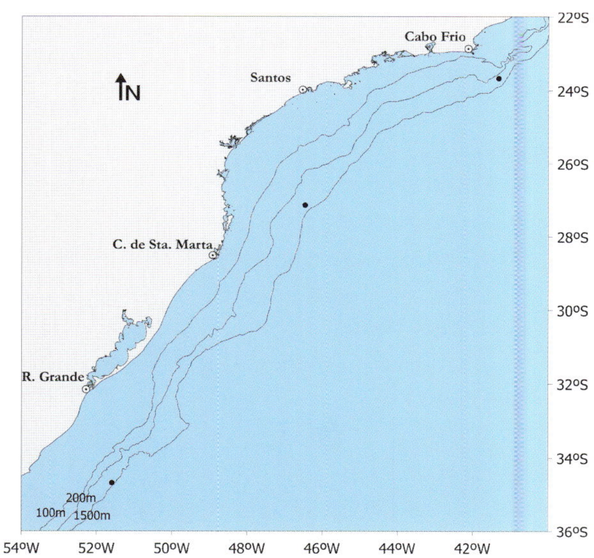

DISTRIBUIÇÃO

Ocorre nos três oceanos em águas tropicais e subtropicais. No Atlântico Sul ocidental estende-se até o Rio Grande do Sul.

MATERIAL COLETADO

Três exemplares; amplitude de comprimento padrão 39-40 mm.

LITERATURA

Gibbs *et al.*, 1971; Hulley, 1981, 1986b; McEachran & Fechhelm, 1998; Nafpaktitis, 1968; Nafpaktitis *et al.*, 1977.

82 mm CP; MZUSP 78145

Diaphus dumerilii (Bleeker, 1856)

MYCTOPHIDAE

CARACTERIZAÇÃO (Dados da população do Atlântico Sul ocidental, conforme Hulley, 1981)

Dorsal 13-15; anal 14-16; peitoral 11-13; AO 6-8 + 5-6 = 11-13; rastros branquiais 6-8 + 1 + 16-18 = 23-27. PVO em linha com o PO_1; PO_4 muito elevado; VO_1, VO_2 e VO_3 progressivamente elevados, em linha ascendente; um Pol, às vezes em continuação com o AOa; quatro Prc; glândulas luminosas supra e infracaudal ausentes; Vn pequeno e arredondado, localizado na margem ventral da órbita, sob ou ligeiramente à frente da margem anterior da pupila; So ausente; PLO, SAO_3 e Pol elevados; SAO em curva; SAC_1, SAO_2 e VO_5 em linha ascendente; AOa um em nível com os demais fotóforos da série, porém, o último AOa às vezes é elevado; tecido escuro estendendo-se da margem anterodorsal da órbita até o Vn.

DADOS BIOLÓGICOS

Nos machos maduros (a partir de 34 mm CP) o Dn é grande, cerca do tamanho da roseta nasal. Exemplares coletados na região oeste do Atlântico Sul atingem aproximadamente 87 mm de comprimento padrão.

DISTRIBUIÇÃO

Habita o Índico e o Atlântico tropical. Ocorre em toda a costa leste da América do Sul.

MATERIAL COLETADO

2.160 exemplares; amplitude de comprimento total 21-111 mm.

LITERATURA

Hulley, 1981, 1986b; McEachran & Fechhelm, 1998; Nafpaktitis, 1968; Nafpaktitis *et al.*, 1977.

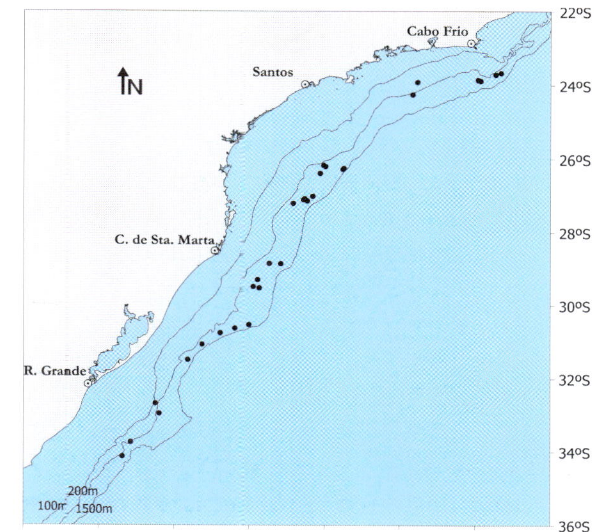

80 mm CP; MZUSP 78288

Diaphus fragilis Tåning, 1928

MYCTOPHIDAE

CARACTERIZAÇÃO

Dorsal 17-19; anal 16-18; peitoral 11-12; AO 5-7 + 4-6 = 10-12; rastros branquiais 4-5 + 1 + 11-12 = 16-18. PVO em linha com o PO_1; PO_4 muito elevado; VO_1, VO_2 e VO_3 progressivamente elevados, em linha ascendente; um Pol, às vezes em continuação com o AOa; quatro Prc; glândulas luminosas supra e infracaudal ausentes; Vn contínuo com o Dn, do mesmo tamanho que a roseta nasal ou maior; So ausente; Ant presente; baixo número de rastros branquiais (17-18); opérculo prolongado em ponta entre o PLO e a base da peitoral; AOa_1 elevado e anterior ao AOa_2; em alguns exemplares, AOa_1 localizado diretamente acima do AOa_2.

DADOS BIOLÓGICOS

A espécie atinge 99 mm de comprimento padrão e pode estar sexualmente madura com 73 mm. Durante a noite, ocupa estratos de 15-125 m de profundidade, descendo para 520-600 m durante o dia.

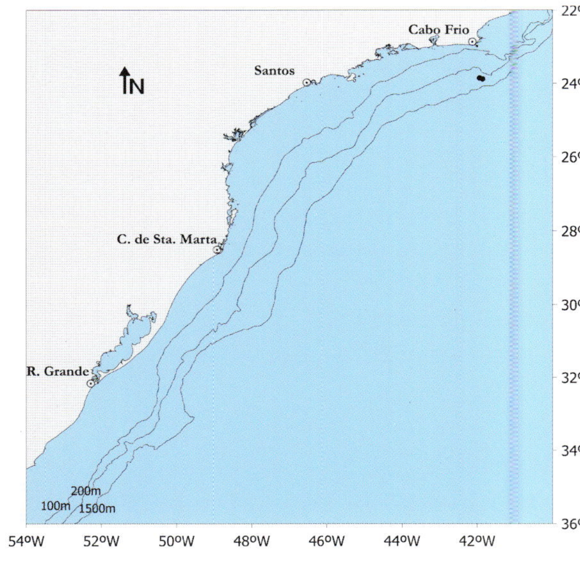

DISTRIBUIÇÃO

Ocorre nos três maiores oceanos. É comum no Índico e no Pacífico equatorial. No Atlântico é conhecida entre 6°40'N e a costa do Paraná.

MATERIAL COLETADO

Sete exemplares; amplitude de comprimento padrão 29,2-80,4 mm.

LITERATURA

Hulley, 1981, 1986b; McEachran & Fechhelm, 1998; Nafpaktitis, 1968; Nafpaktitis *et al.*, 1977.

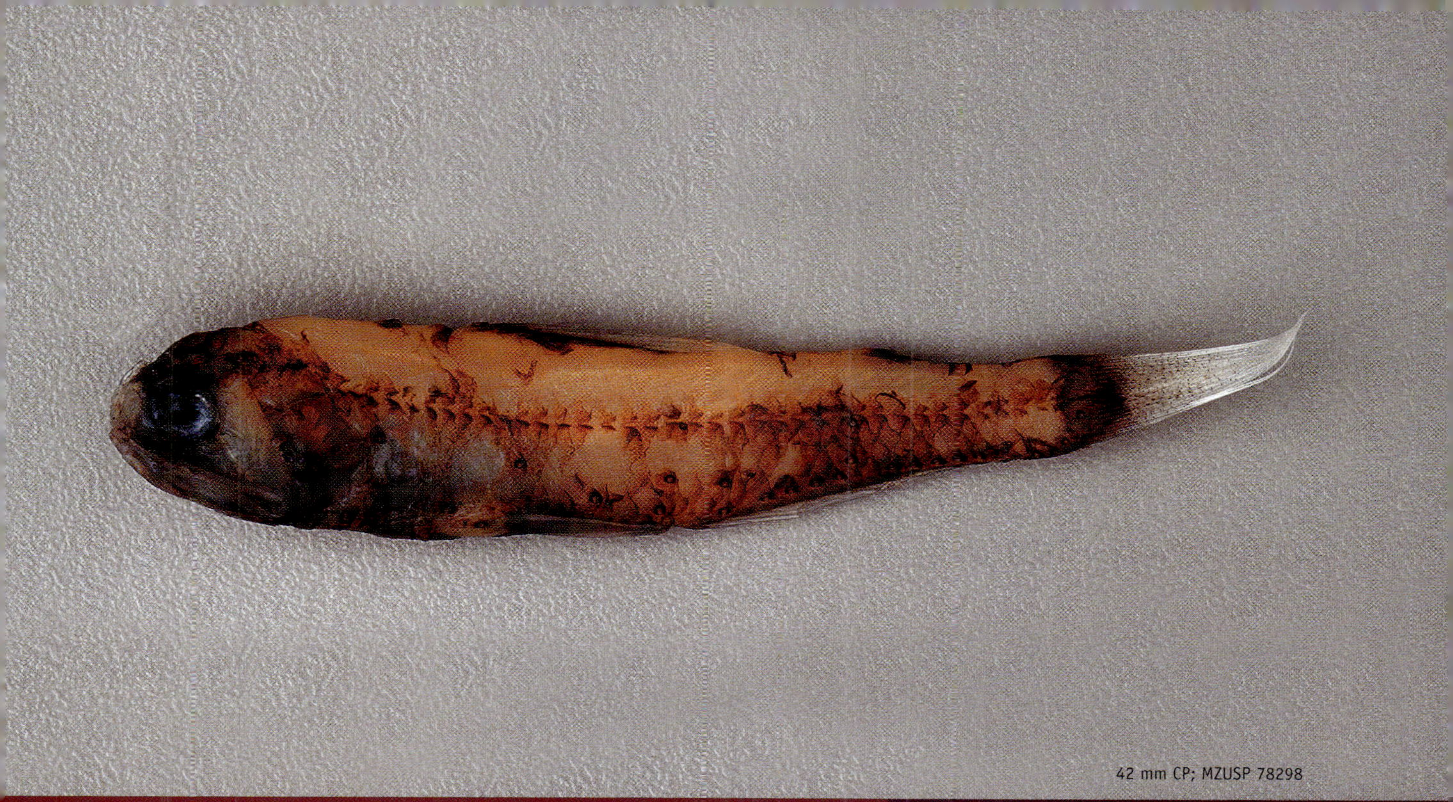

42 mm CP; MZUSP 78298

Diaphus garmani Gilbert, 1906

MYCTOPHIDAE

CARACTERIZAÇÃO

Dorsal 15-16; anal 16-17; peitoral 11-12; AO 6-8 + 4-6 = 11-13; rastros branquiais 6-8 + 1 + 13-14 = 21-23. PVO em linha com o PO_1; PO_4 muito elevado; VO_1, VO_2 e VO_3 progressivamente elevados, em linha ascendente; um Pol, às vezes em continuação com o AOa; quatro Prc; glândulas luminosas supra e infracaudal ausentes; Dn localizado anterolateralmente; So ausente; PLO em posição elevada; alto número de rastros branquiais (20-23).

DADOS BIOLÓGICOS

Atinge 60 mm de comprimento padrão e pode estar sexualmente madura com 40 mm. Dn pequeno e menos definido nas fêmeas, muito maior e bem demarcado nos machos maduros (a partir de 30 mm de comprimento padrão). Ocorre em grande número na superfície do mar durante a noite.

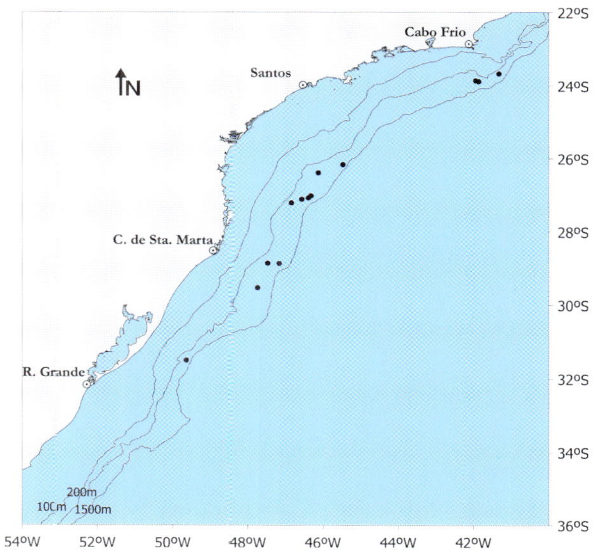

DISTRIBUIÇÃO

Ocorre nos três oceanos. No Atlântico a espécie é tropical com distribuição restrita no lado oeste do oceano, ocorrendo entre 5°25'N até o sul do Brasil.

MATERIAL COLETADO

Quarenta exemplares; amplitude de comprimento total 20-83 mm.

LITERATURA

Hulley, 1981, 1986b; McEachran & Fechhelm, 1998; Nafpaktitis, 1968; Nafpaktitis *et al.*, 1977; Nakamura, 1970.

76 mm CP; MZUSP 78326

Diaphus hudsoni Zubbrigg & Scott, 1976

MYCTOPHIDAE

CARACTERIZAÇÃO

Dorsal 13-15; anal 12-14; peitoral 10-12; AO 4-6 + 4-6 = 9-11; rastros branquiais 7-9 + 1 + 14-18 = 22-28. PVO em linha com o PO_1; PO_4 muito elevado; VO_1, VO_2 e VO_3 progressivamente elevados, em linha ascendente; um Pol, às vezes em continuação com o AOa; quatro Prc; glândulas luminosas supra e infracaudal ausentes; estrutura da escama do PLO granulada; alto número de rastros branquiais (22-28); So presente; SAO_3 sobre ou anterior à origem da anal.

DADOS BIOLÓGICOS

Atinge 84 mm de comprimento padrão e inicia a maturação sexual com 54 mm. Os machos maduros possuem Vn maior do que as fêmeas maduras. A espécie ocorre principalmente além de 250 m de profundidade em águas entre 5°C e 15°C.

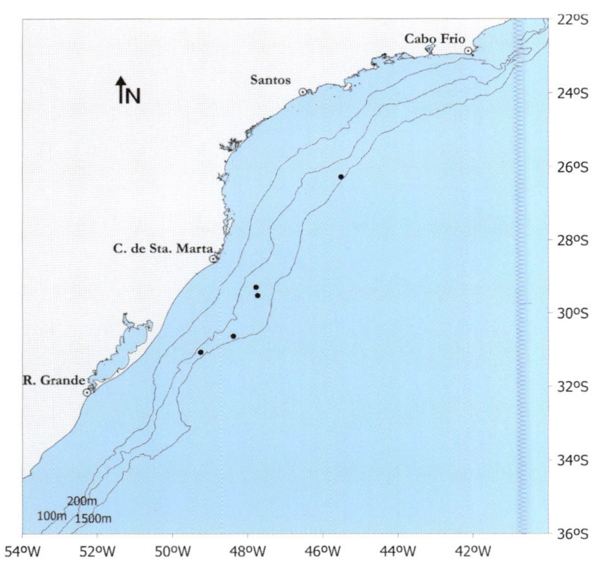

DISTRIBUIÇÃO

Ocorre no Atlântico Sul, entre 30°S e 52°S, no Pacífico e parte do Índico.

MATERIAL COLETADO

446 exemplares; amplitude de comprimento padrão 33-81 mm.

LITERATURA

Hulley, 1981, 1986b; Nafpaktitis, 1978.

40 mm CP; MZUSP 78299

Diaphus meadi Nafpaktitis, 1978

MYCTOPHIDAE

CARACTERIZAÇÃO

Dorsal 13-15; anal 12-14; peitoral 10-12; AO 4-6 + 4-6 = 9-11; rastros branquiais 4-6 + 1 + 10-13 = 16-20. PVO em linha com o PO_1; PO_4 muito elevado; VO_1, VO_2 e VO_3 progressivamente elevados, em linha ascendente; um Pol, às vezes em continuação com o AOa; quatro Prc; glândulas luminosas supra e infracaudal ausentes; escama do PLO estriada posteroventralmente; So presente; SAO_3 atrás da origem da anal.

DADOS BIOLÓGICOS

A espécie atinge 47 mm de comprimento padrão e pode estar sexualmente madura com 36 mm. A escama luminosa no PLO é consideravelmente maior em machos adultos do que em fêmeas.

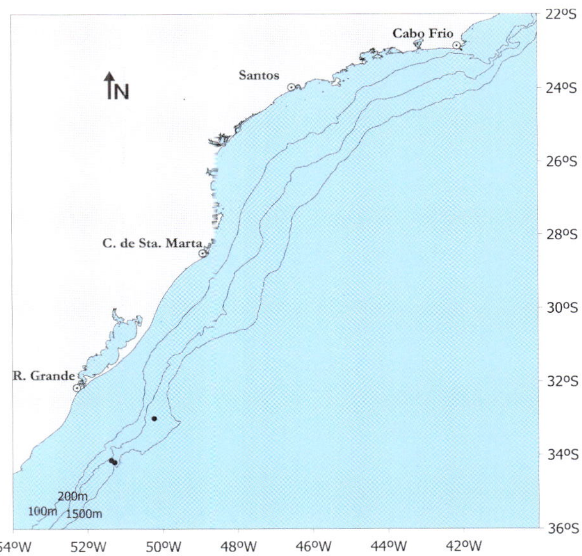

DISTRIBUIÇÃO

Habita a região da Convergência Subtropical. No Atlântico Sul ocidental distribui-se entre 32°05'S e 46°34'S.

MATERIAL COLETADO

Setenta exemplares; amplitude de comprimento total 21-60 mm.

LITERATURA

Hulley, 1981, 1986b; Nafpaktitis, 1978.

53 mm CP; MZUSP 78308

Diaphus metopoclampus (Cocco, 1829) MYCTOPHIDAE

CARACTERIZAÇÃO

Dorsal 14-16; anal 14-16; peitoral 10-11; AO 6 + 5-7 = 11-13; rastros branquiais 7-9 + 1 + 14-15 = 22-25. PVO em linha com o PO_1; PO_4 muito elevado; VO_1, VO_2 e VO_3 progressivamente elevados, em linha ascendente; um Pol, às vezes em continuação com o AOa; quatro Prc; glândulas luminosas supra e infracaudal ausentes; So ausente; Ant presente; PLO e VLO mais próximos da linha lateral do que da base da peitoral e ventral, respectivamente; cabeça curta e alta, sua altura é quase igual ao seu comprimento; fotóforos do corpo muito pequenos; os dois últimos AOa não são elevados; AOa_1 um pouco elevado ou na mesma linha que os demais da série; opérculo com lobo proeminente na região superior; lobo do opérculo serrilhado em indivíduos adultos; Vn em contato com Dn e Ant, estendendo-se à margem anterior e ventral da órbita, até o meio do olho.

DADOS BIOLÓGICOS

Atinge 73 mm de comprimento padrão e pode estar sexualmente madura com 48 mm.

DISTRIBUIÇÃO

Ocorre nos três oceanos. No Atlântico Sul ocidental é geralmente capturada entre 27°S e 40°S.

MATERIAL COLETADO

Três exemplares; amplitude de comprimento padrão 39-42 mm.

LITERATURA

Hulley, 1981, 1986b; Nafpaktitis, 1968; Nafpaktitis *et al.*, 1977.

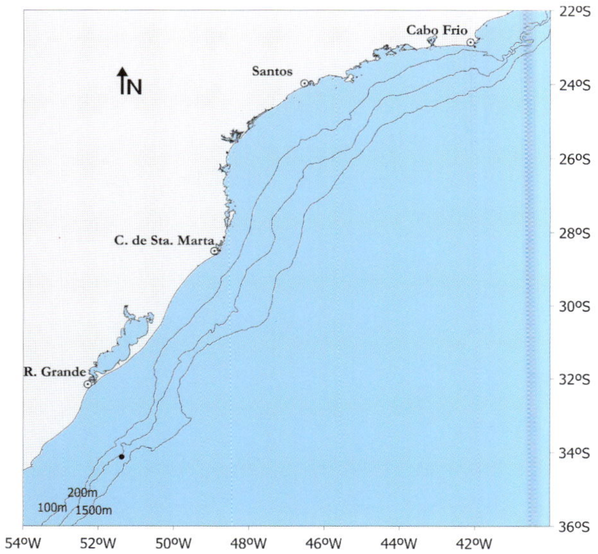

29 mm CP; MZUSP 78293

Diaphus mollis Tåning, 1928

MYCTOPHIDAE

CARACTERIZAÇÃO

Dorsal 12-14; anal 12-14; peitoral 9-12; AO 4-7 + 3-5 = 8-10; rastros branquiais 4-6 + 1 + 10-13 = 16-19. PVO em linha com o PO_1; PO_4 muito elevado; VO_1, VO_2 e VO_3 progressivamente elevados, em linha ascendente; um Pol, às vezes em continuação com o AOa; quatro Prc; glândulas luminosas supra e infracaudal ausentes; escama do PLO pequena e granulada; margem opercular truncada posterodorsalmente e arredondada posteriormente; So presente; série SAO em ângulo obtuso; SAO_1 localizado acima e atrás do VO_5; AOa_1 elevado e próximo do nível do SAO_2; rastros branquiais curtos e largos.

DADOS BIOLÓGICOS

Atinge 66 mm de comprimento padrão e pode estar sexualmente madura com 30 mm. Vn nos machos adultos (maiores que 24 mm) é maior do que nas fêmeas. Durante o dia, é encontrada entre 300-600 m de profundidade; à noite migra para 50-300 m.

DISTRIBUIÇÃO

Habita os três oceanos. No Atlântico a espécie ocorre entre 35°N e 36°S.

MATERIAL COLETADO

Dois exemplares; amplitude de comprimento padrão 29-60 mm.

LITERATURA

Badcock & Merrett, 1976; Hulley, 1981, 1986b; McEachran & Fechhelm, 1998; Nafpaktitis, 1968; Nafpaktitis *et al.*, 1977.

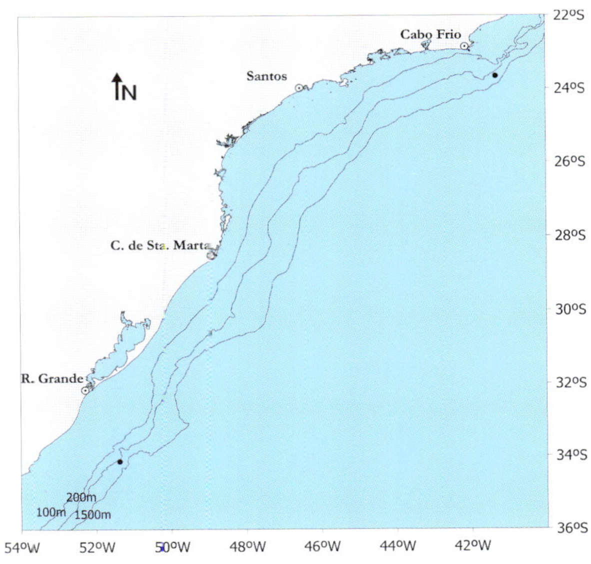

89 mm CP; MZUSP 78260

Diaphus ostenfeldi Tåning, 1932

MYCTOPHIDAE

CARACTERIZAÇÃO

Dorsal 15-17; anal 14-16; peitoral 10-12; AO 6-7 + 4-7 = 11-13; rastros branquiais 8-10 + 1 + 14-17 = 23-27. PVO em linha com o PO_1; PO_4 muito elevado; VO_1, VO_2 e VO_3 progressivamente elevados, em linha ascendente; um Pol, às vezes em continuação com o AOa; quatro Prc; glândulas luminosas supra e infracaudal ausentes; PLO entre a linha lateral e a região superior da inserção da peitoral; margem opercular posterodorsal côncava; região posterior do opérculo serrilhada em indivíduos adultos; So ausente; Ant presente; Vn estendendo-se ao longo da margem anterior e anteroventral da órbita; AOa_1 muito elevado; dois últimos AOa não elevados; penúltimo AOa normalmente anterior ao arco formado pelos últimos AOa e pelo Pol.

DADOS BIOLÓGICOS

A espécie pode ultrapassar 120 mm de comprimento padrão. Juvenis (menores do que 35 mm) foram capturados em profundidades menores do que 100 m à noite, enquanto espécimes maiores são encontradas abaixo dos 160 m.

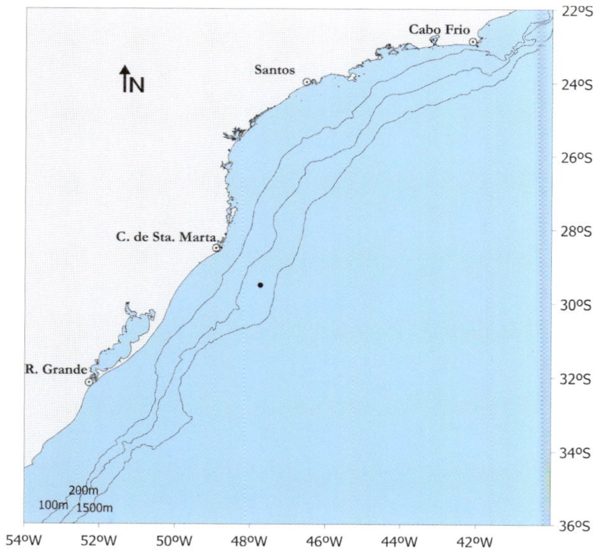

DISTRIBUIÇÃO

É circunglobal no hemisfério sul, na faixa dos 30°S.

MATERIAL COLETADO

Um exemplar; 89 mm de comprimento padrão.

LITERATURA

Hulley, 1981, 1986b; Nafpaktitis, 1978.

60 mm CP; MZUSP 78295

Diaphus perspicillatus (Ogilby, 1898) MYCTOPHIDAE

CARACTERIZAÇÃO

Dorsal 15-17; anal 14-16; peitoral 10-12; AO 5-7 + 4-7 = 10-13; rastros branquiais 8-10 + 1 + 15-18 = 25-29. PVO em linha com o PO_1; PO_4 muito elevado; VO_1, VO_2 e VO_3 progressivamente elevados, em linha ascendente; um Pol, às vezes em continuação com o AOa; quatro Prc; glândulas luminosas supra e infracaudal ausentes; alto número de rastros branquiais (25-29); PLO na região mediana entre a base da peitoral e a linha lateral ou ligeiramente mais alto; baixo número de raios da dorsal (15-17) e anal (14-16); diâmetro do olho ultrapassa 10% do comprimento padrão; So ausente; Ant presente.

DADOS BIOLÓGICOS

A espécie não cresce além de 70 mm de comprimento padrão e aparentemente atinge a maturidade sexual entre 50 e 55 mm. Nos machos adultos (26-28 mm) o Ant é maior e mais definido do que nas fêmeas. A menor profundidade de captura da espécie, à noite, foi de 40 a 60 m.

DISTRIBUIÇÃO

Habita o Pacífico e Atlântico tropical. No Atlântico oeste, a espécie ocorre entre 27°30'N e 35°56'S.

MATERIAL COLETADO

145 exemplares; amplitude de comprimento padrão 32-92 mm.

LITERATURA

Hulley, 1981, 1986b; McEachran & Fechhelm, 1998; Nafpaktitis *et al.*, 1977.

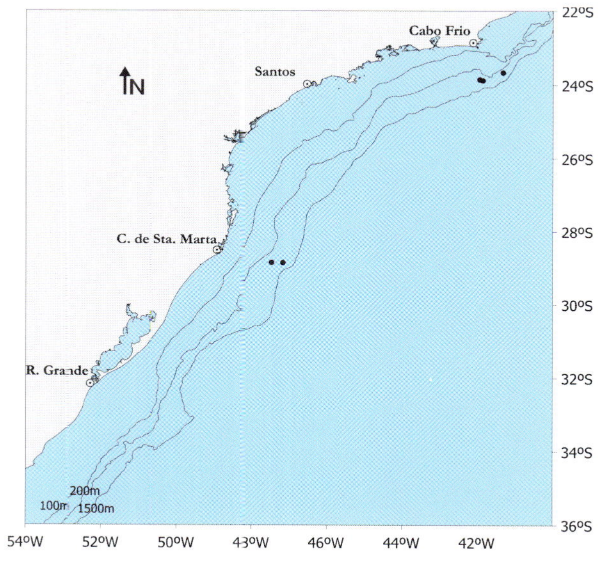

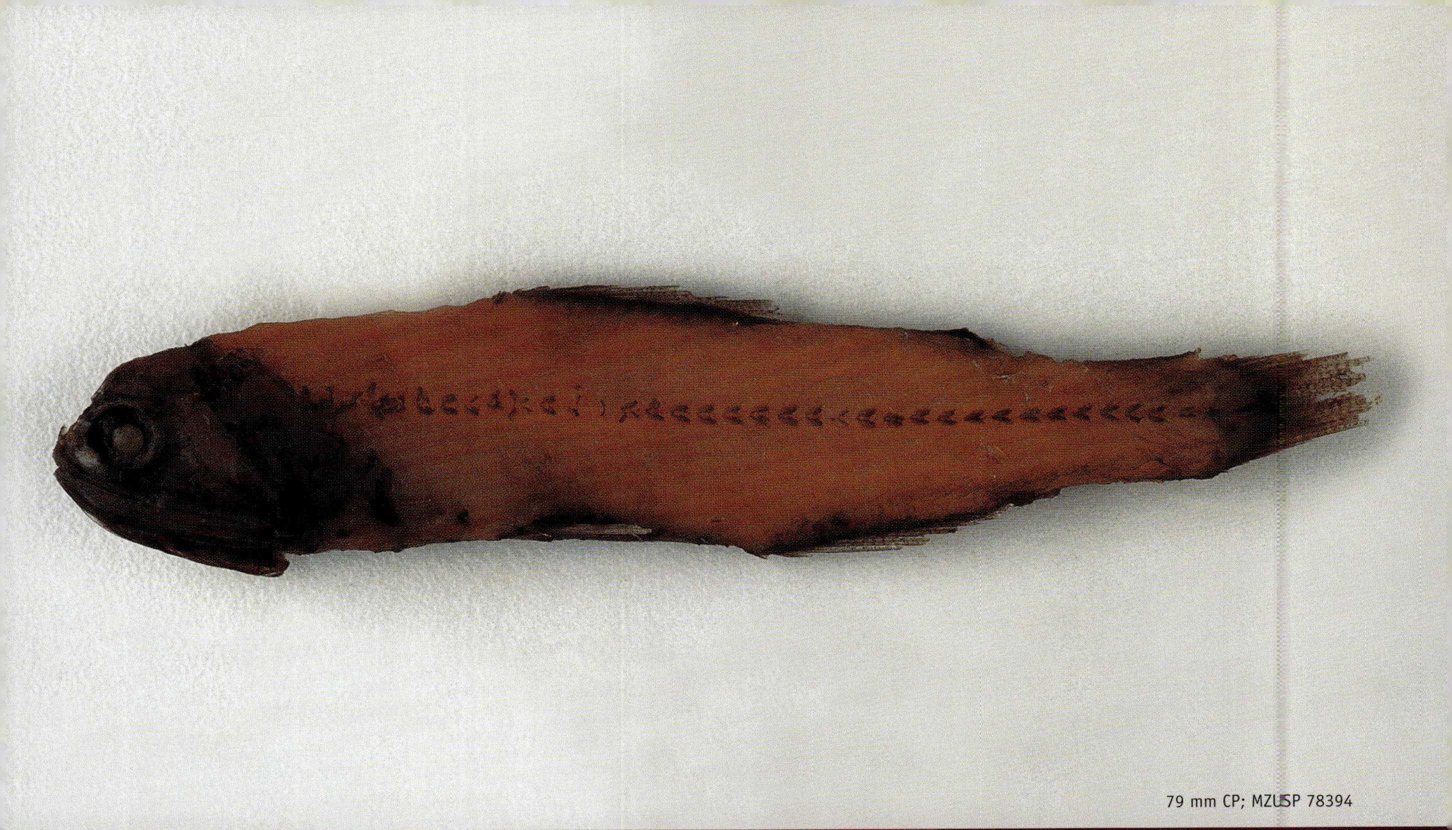

79 mm CP; MZUSP 78394

Diaphus problematicus Parr, 1928

MYCTOPHIDAE

CARACTERIZAÇÃO

Dorsal 15-16; anal 16-19; peitoral 11-12; AO 5-7 + 4-6 = 10-12; rastros branquiais 3-4 + 1 + 8-9 = 13-14. PVO em linha com o PO_1; PO_4 muito elevado; VO_1, VO_2 e VO_3 progressivamente elevados, em linha ascendente; um Pol, às vezes em continuação com o AOa; quatro Prc; glândulas luminosas supra e infracaudal ausentes; baixo número de rastros branquiais (13-14); PLO mais próximo da base da peitoral do que da linha lateral; SAO_3 localizado 1-1,5 vez seu próprio diâmetro abaixo da linha lateral; So ausente.

DADOS BIOLÓGICOS

A espécie atinge 96 mm e pode estar sexualmente madura com 76 mm. Nos machos adultos (maiores que 65 mm) o Dn, e especialmente o Vn, são maiores do que nas fêmeas.

DISTRIBUIÇÃO

É considerada uma espécie tropical circunglobal. Não é considerada comum no Atlântico. Na costa leste americana ocorre entre 38°N e 38°38'S.

MATERIAL COLETADO

23 exemplares; amplitude de comprimento padrão 66-89 mm.

LITERATURA

Hulley, 1981, 1986b; McEachran & Fechhelm, 1998; Nafpaktitis, 1968; Nafpaktitis *et al.*, 1977.

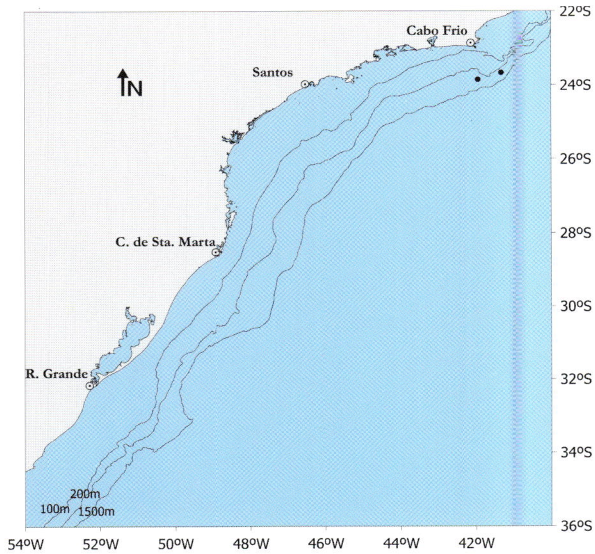

100 mm CP; MZUSP 78261

Gymnoscopelus nicholsi (Gilbert, 1911)

MYCTOPHIDAE

CARACTERIZAÇÃO

Dorsal 17-19; anal 19-21; peitoral 13-15; AO 9-12 + 6-9 = 16-20; rastros branquiais 9-12 + 1 + 20-23 = 30-36. Fotóforos da série Prc igualmente espaçados; origem da dorsal anterior à inserção da nadadeira ventral; alto número de rastros branquiais (30-36); PLO entre a linha lateral e da base da peitoral; VLO mais próximo da base da nadadeira ventral do que da linha lateral; 5-8 Prc; 6 PO; comprimento do pedúnculo caudal um pouco maior do que o comprimento da maxila superior.

DADOS BIOLÓGICOS

A espécie atinge 161 mm de comprimento padrão.

DISTRIBUIÇÃO

De distribuição circumpolar entre a convergência Antártica e o continente Antártico. No Atlântico ocidental ocorre entre o sul do Brasil até 62°S.

MATERIAL COLETADO

Um exemplar; 100 mm de comprimento padrão.

LITERATURA

Hulley, 1981, 1986b.

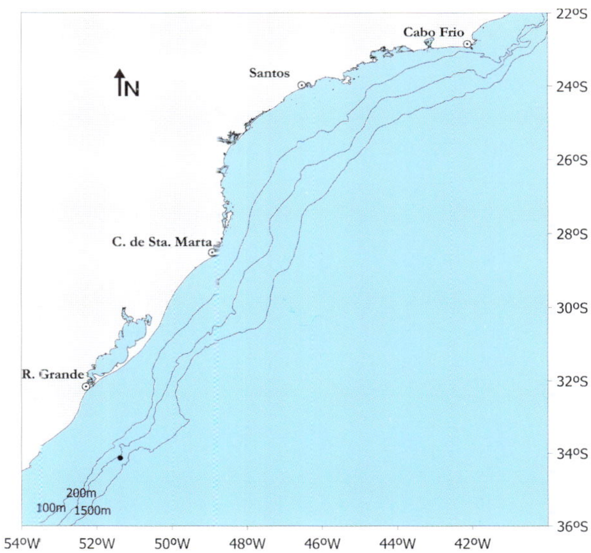

54 mm CP; MZUSP 78259

Hygophum hygomii (Lütken, 1892) — MYCTOPHIDAE

CARACTERIZAÇÃO (Dados da população do Atlântico Sul ocidental, conforme Hulley, 1981)

Dorsal 13-15; anal 20-23; peitoral 14-17; AO 6-8 + 5-7 = 12-14; rastros branquiais 5-6 + 1 + 13-16 = 19-23. Peitoral alta no corpo; Suo presente; dois Pol; PVO$_1$ abaixo do PVO$_2$ mais do que seu próprio diâmetro; fotóforos VO nivelados; série AOa curvada; Prc$_2$ e VLO junto à linha lateral; PO$_5$ não elevado; SAO$_1$ anterior ou diretamente acima do VO$_2$; origem da anal abaixo ou ligeiramente posterior à extremidade posterior da dorsal.

DADOS BIOLÓGICOS

Atinge 68 mm de comprimento padrão e pode estar sexualmente madura a partir de 58 mm. Glândulas supracaudais desenvolvem-se nos machos com 35-40 mm e glândulas infracaudais nas fêmeas com 45-50 mm.

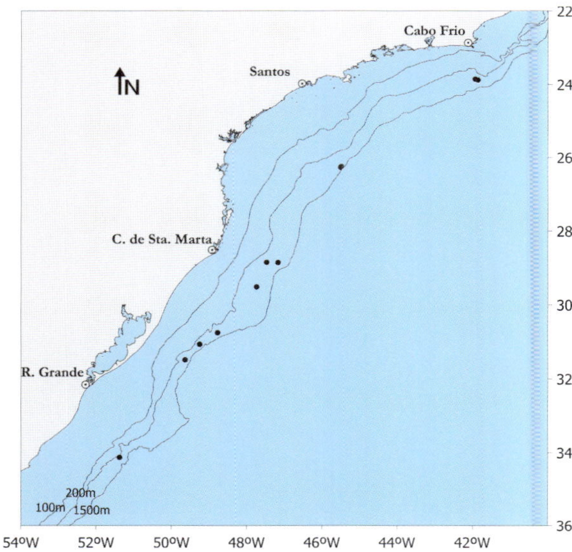

DISTRIBUIÇÃO

Espécie de distribuição circunglobal, geralmente encontrada apenas no hemisfério sul. No Atlântico Sul distribui-se de 25º54'S a 40ºS.

MATERIAL COLETADO

516 exemplares; amplitude de comprimento padrão 17-65 mm.

LITERATURA

Hulley, 1981, 1986b; McEachran & Fechhelm, 1998; Nafpaktitis *et al.*, 1977.

42 mm CP; MZUSP 78273

Hygophum reinhardtii (Lütken, 1892)

MYCTOPHIDAE

CARACTERIZAÇÃO

Dorsal 13-15; anal 21-25; peitoral 13-16; AO 5-9 + 6-8 = 13-16; rastros branquiais 3-5 + 1 + 11-15 = 16-20. Peitoral alta no corpo; Suo presente; dois Pol; PVO_1 abaixo do PVO_2 ultrapassando o seu próprio diâmetro; fotóforos VO nivelados; pedúnculo caudal longo e delgado; série AOa não curvada; alto número de raios da anal (normalmente ultrapassando 21); baixa posição do VLO; séries AO e PO niveladas; distância da extremidade posterior da base da dorsal até o Prc_2 maior do que a distância da ponta do focinho até a base da ventral; alto número da AO (13-16).

DADOS BIOLÓGICOS

Atinge 61 mm de comprimento padrão e pode estar sexualmente madura a partir de 46 mm. Machos maduros (a partir de 21 mm) possuem somente uma glândula luminosa supracaudal. Fêmeas maduras (a partir de 27 mm) apresentam manchas ovais infracaudais de tecido luminoso.

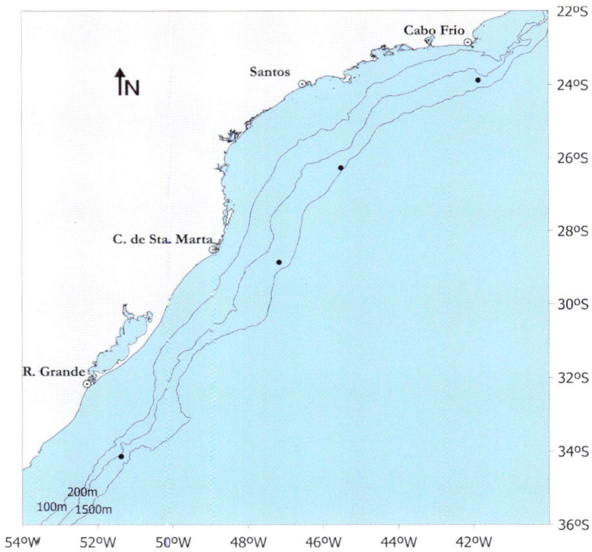

DISTRIBUIÇÃO

Habita os três oceanos. No Atlântico Sul ocidental a espécie ocorre do norte da Bahia até a Convergência Subtropical.

MATERIAL COLETADO

Seis exemplares; amplitude de comprimento padrão 18-55 mm.

LITERATURA

Hulley, 1981, 1986b; McEachran & Fechhelm, 1998; Nafpaktitis *et al.*, 1977.

42 mm CP; MZUSP 78280

Hygophum taaningi Bekker, 1965

MYCTOPHIDAE

CARACTERIZAÇÃO

Dorsal 12-14; anal 17-23; peitoral 12-15; AO 3-7 + 3-8 = 9-13; rastros branquiais 4-5 + 1 + 11-15 = 16-21. Peitoral alta no corpo; Suo presente; dois Pol; PVO_1 abaixo do PVO_2 ultrapassando o seu próprio diâmetro; fotóforos VO nivelados; SAO_1 posterior ou imediatamente acima do VO_3; VO_4 anterior à linha que passa pelo SAO_2 e SAO_3; peitoral não atinge o AOa_1; estruturas da glândula luminosa supracaudal indistintas.

DADOS BIOLÓGICOS

A espécie cresce até 61 mm de comprimento padrão. Machos adultos, a partir de 23 mm, possuem uma glândula luminosa grande. Nas fêmeas, a partir de 23 mm, a glândula infracaudal normalmente consiste de pequenas manchas alongadas de tecido luminoso.

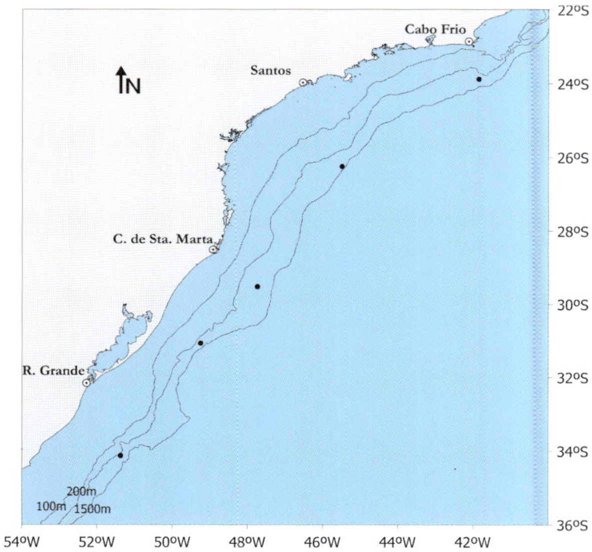

DISTRIBUIÇÃO

Ocorre no Atlântico, de 20º N até 30º S.

MATERIAL COLETADO

Nove exemplares examinados; amplitude de comprimento padrão 17-47 mm.

LITERATURA

Hulley, 1981; McEachran & Fechhelm, 1998; Nafpaktitis *et al.*, 1977.

120 mm CP; MZUSP 78325

Lampanyctus lepidolychnus Bekker, 1967

MYCTOPHIDAE

CARACTERIZAÇÃO

Dorsal 14-16; anal 18-20; peitoral 12-14; AO 7-10 + 6-8 = 16-19; rastros branquiais 3-4 + 1 + 8-11 = 13-16. Fotóforos presentes na face; Pol_1 não faz parte da série AO; VLO no meio ou ligeiramente acima entre a linha lateral e a base da nadadeira ventral; tecido luminoso presente na base da nadadeira adiposa; sem fotóforos entre os raios branquiostégios; AOa_1 e AOa_2 mais baixos em relação aos outros fotóforos da série; peitoral curta, não alcançando a origem da anal; SAO_1 mais baixo do que o SAO_2; alta posição do PLO (ultrapassando duas vezes seu o próprio diâmetro abaixo da linha lateral); altura do pedúnculo caudal maior do que a altura da cabeça e duas vezes menor do que o comprimento da maxila superior.

DADOS BIOLÓGICOS

Atinge 119 mm de comprimento e pode estar sexualmente madura a partir de 93 mm.

DISTRIBUIÇÃO

A espécie habita a Convergência Subtropical ou próximo a ela, mas não se distribui circunglobalmente. No Atlântico Sul ocidental ocorre entre 23° 24'S até 43° 30'S.

MATERIAL COLETADO

25 exemplares; amplitude de comprimento padrão 66-121 mm.

LITERATURA

Hulley, 1981, 1986b; Nafpaktitis *et al.*, 1977; Zahuranec, 2000.

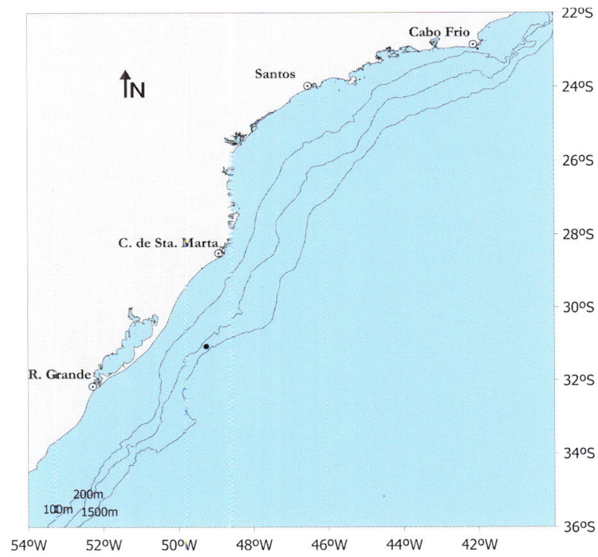

72 mm CP; MZUSP 78268

Lampichthys procerus (Brauer, 1904) MYCTOPHIDAE

CARACTERIZAÇÃO

Dorsal 16-18; anal 21-23; peitoral 13-15; AO 8 + 8 = 16; rastros branquiais 4-6 + 1 + 12-15 = 18-22. Fotóforos secundários sobre a cabeça e o tronco; tecido luminoso de várias formas e tamanhos sobre a cabeça e o tronco, facilmente perdido; 3-6 fotóforos na face; três Pol formando um ângulo; cinco VO curvados; SAO muito angulado; Dn alongado, estendendo pela margem dorsal da órbita; Vn pequeno, arredondado; PLO anterior a origem da peitoral e duas ou três vezes o seu próprio diâmetro abaixo da linha lateral.

DADOS BIOLÓGICOS

Atinge 100 mm de comprimento.

DISTRIBUIÇÃO

Ocorre nos oceanos Atlântico e Pacífico na região da Convergência Subtropical. Na costa leste americana a espécie habita entre 31° S e 44° S.

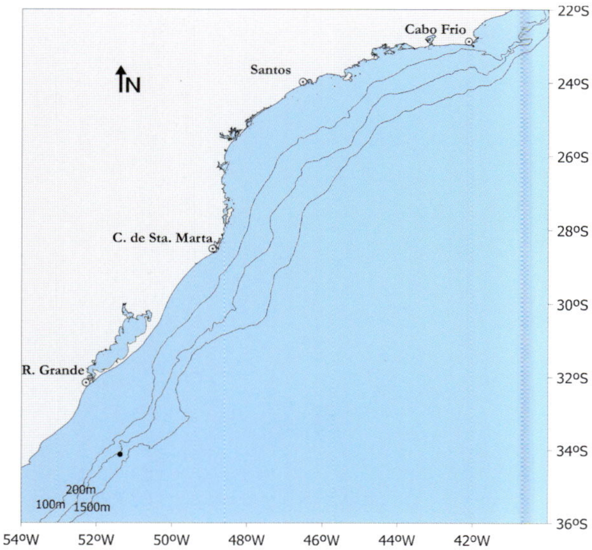

MATERIAL COLETADO

Três exemplares; amplitude de comprimento padrão 72-82 mm.

LITERATURA

Hulley, 1981, 1986b.

60 mm CP; MZUSP 78257

Lepidophanes guentheri (Goode & Bean, 1896) MYCTOPHIDAE

CARACTERIZAÇÃO

Dorsal 13-15; anal 13-16; peitoral 11-14; AO 5-7 + 4-7 = 11-14; rastros branquiais 4 + 1 + 8-10 = 13-15. Peitoral longa, estendendo-se além da origem da anal; tecido luminoso na base da dorsal, anal e sobre o tronco; alto número de rastros branquiais (13-15); ausência de fotóforos pequenos e redondos na região dorsal do corpo entre o fim da dorsal e a origem da nadadeira adiposa; série AOa curvada; ausência de escamas luminosas pequenas na origem da nadadeira ventral.

DADOS BIOLÓGICOS

Atinge 78 mm de comprimento e alcança a maturidade sexual com 47 mm.

DISTRIBUIÇÃO

Habita o Atlântico, é muito abundante na região tropical. Está presente em toda a costa brasileira.

MATERIAL COLETADO

1.771 exemplares; amplitude de comprimento padrão 20-75 mm.

LITERATURA

Hulley, 1981, 1986b; McEachran & Fechhelm, 1998; Nafpaktitis *et al.*, 1977.

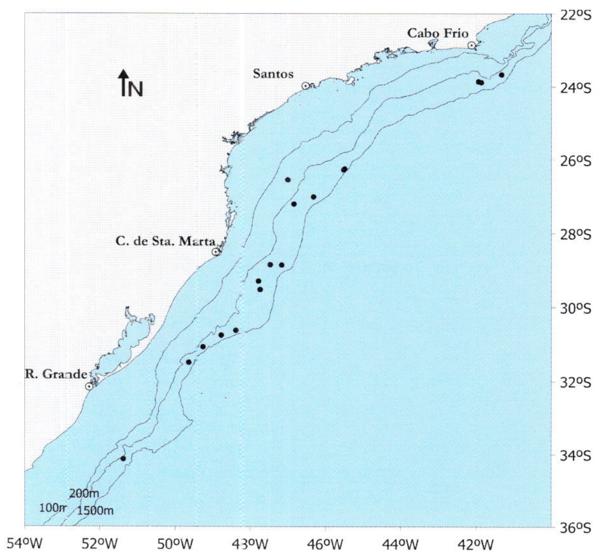

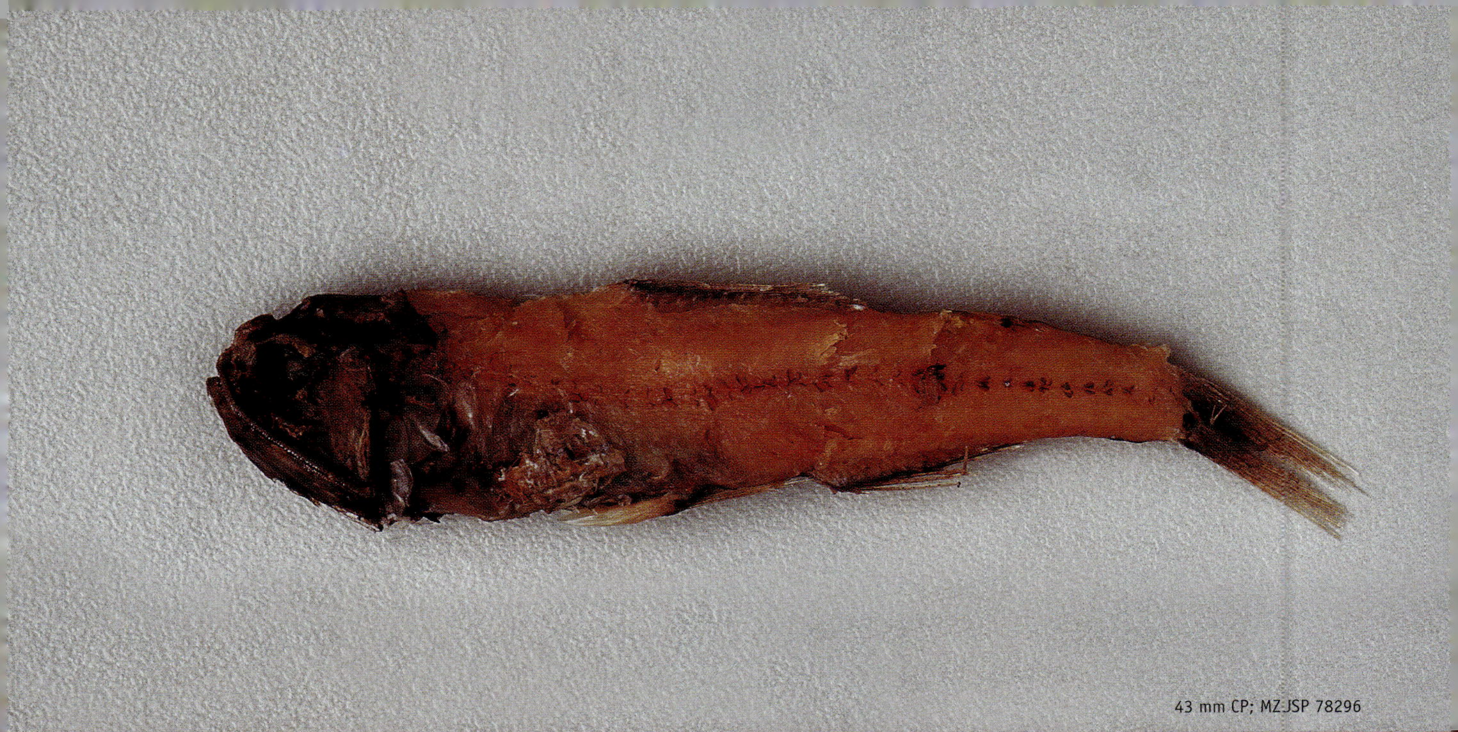

Lobianchia dofleini (Zugmayer, 1911) MYCTOPHIDAE

CARACTERIZAÇÃO (Dados da população do Atlântico Sul ocidental, conforme Hulley, 1981)

Dorsal 15-17; anal 13-15; peitoral 11-13; AO 4-6 + 4-6 = 9-11; rastros branquiais 5-6 + 1 + 13-14 = 19-21. Dn presente; Vn ausente; glândulas luminosas supra e infracaudal bem desenvolvidas nos machos e fêmeas, respectivamente; PO_4 elevado; um Pol, freqüentemente contínuo com AOa; quatro Prc; distância entre Prc_4 e Prc_3 igual ou maior do que entre Prc_1 e Prc_2; PO_1, PVO_1 e PVO_2 sobre uma linha ascendente; VO_1, VO_2 e VO_3 sobre uma linha ascendente; distância entre o Pol e a base da anal ou o perfil ventral do pedúnculo caudal 2-2,5 vezes maior do que entre o Pol e a linha lateral.

DADOS BIOLÓGICOS

No Atlântico Norte e Mediterrâneo a espécie atinge 36 mm de comprimento, mas alguns exemplares podem ter comprimento entre 45 e 50 mm. As fêmeas podem ser maiores que os machos. Machos possuem olhos notavelmente maiores do que as fêmeas.

DISTRIBUIÇÃO

Ocorre nos três oceanos. No Atlântico ocidental é encontrada entre Santa Catarina e a Convergência Subtropical.

MATERIAL COLETADO

Sete exemplares; amplitude de comprimento total 24-43 mm.

LITERATURA

Hulley, 1981, 1986b; Nafpaktitis, 1968; Nafpaktitis *et al.*, 1977.

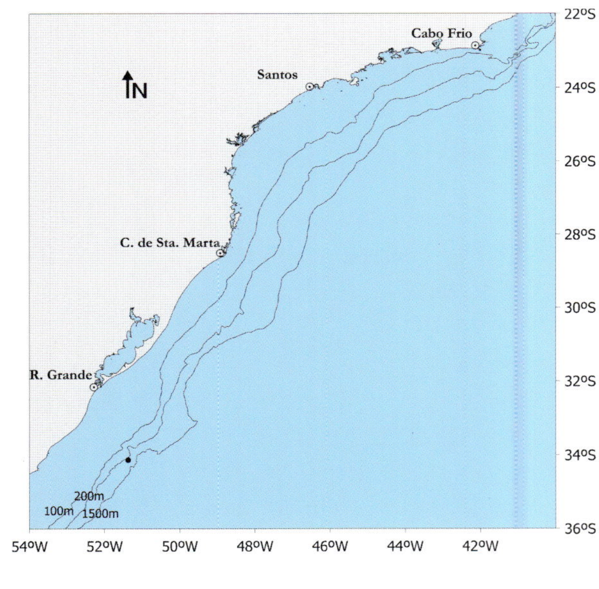

50 mm CP; MZUSP 78292

Lobianchia gemellarii (Cocco, 1838) — MYCTOPHIDAE

CARACTERIZAÇÃO (Dados da população do Atlântico Sul ocidental, conforme Hulley, 1981)

Dorsal 16-18; anal 13-15; peitoral 11-13; AO 4-6 + 5-7 = 10-12; rastros branquiais 4-5 + 1 + 10-12 = 15-18. Dn presente; Vn ausente; glândulas luminosas supra e infracaudal bem desenvolvidas nos machos e fêmeas respectivamente; PO_4 elevado; um Pol, freqüentemente contínuo com AOa; quatro Prc; distância entre Prc_4 e Prc_3 sempre menor do que entre Prc_1 e Prc_4; PO_1, PVO_1 e PVO_2 sobre uma linha ascendente; VO_1, VO_2 e VO_3 sobre uma linha ascendente; Pol anterior à extremidade posterior da base da anal e na metade da distância entre esta nadadeira e a linha lateral ou mais abaixo; AOp_1 alinhado com o resto dos órgãos da série, ou acima, posterior ao fim da base da anal ou em casos raros diretamente acima desta; SAO sobre uma linha reta ou ligeiramente curvada.

DADOS BIOLÓGICOS:

Atinge maturidade sexual entre 40 e 45 mm de comprimento e não excede 60 mm.

DISTRIBUIÇÃO

Ocorre nos três oceanos. É uma espécie comum no Atlântico, estendendo-se na costa sul-americana até 38° 39'S.

MATERIAL COLETADO

Sete exemplares; amplitude de comprimento total 41-57 mm.

LITERATURA

Hulley, 1981, 1986b; McEachran & Fechhelm, 1998; Nafpaktitis, 1968; Nafpaktitis *et al.*, 1977.

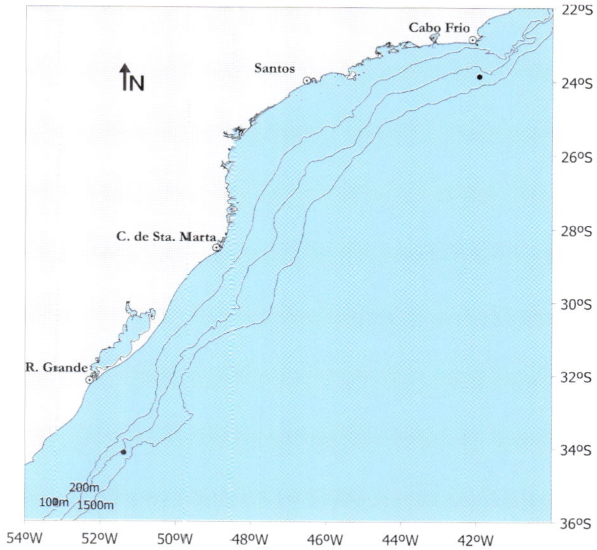

45 mm CP; MZUSP 78285

Myctophum affine Lütken, 1892

MYCTOPHIDAE

CARACTERIZAÇÃO (Dados da população do Atlântico Sul ocidental, conforme Hulley, 1981)

Dorsal 13; anal 19-20; peitoral 12-13; AO 8-10 + 5-6 = 14-16; rastros branquiais 6-7 + 1 + 15-16 = 22-24.

Corpo alongado; dois Prc; baixa posição do Prc_2; PLO ultrapassa o seu diâmetro acima da base da nadadeira peitoral; PVO_1 ultrapasssa o seu próprio diâmetro abaixo do PVO_2; VO em nível; um Pol; SAO em uma linha reta ou ligeiramente curvada; SAO_1 diretamente acima ou na frente do VO_4; escamas ctenóides; margem dorsal opercular arredondada e lisa; alto número de rastros branquiais (22-24); PLO aproximadamente na metade da distância entre a base da peitoral e a linha lateral.

DADOS BIOLÓGICOS

A espécie pode crescer mais do que 60 mm de comprimento e as fêmeas alcançam a maturidade sexual com aproximadamente 42 mm. Machos maduros possuem tecidos luminosos na região supracaudal e as fêmeas na região infracaudal.

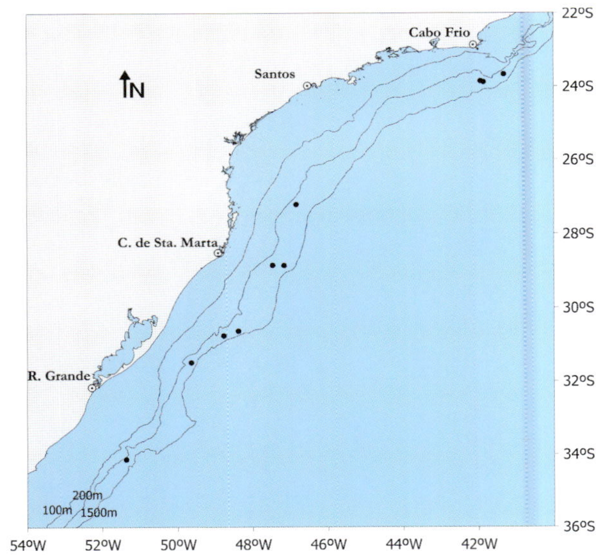

DISTRIBUIÇÃO

É considerada uma espécie cosmopolita, distribuída em águas tropicais e subtropicais.

No Atlântico Sul ocidental a espécie está presente na região da Convergência Subtropical.

MATERIAL COLETADO

154 exemplares; amplitude de comprimento total 24-84 mm.

LITERATURA

Gartner, 1993; Gibbs, 1957; Hulley, 1981; Nafpaktitis *et al.*, 1977; McEachran & Fechhelm, 1998.

48 mm CP; MZUSP 78282

Myctophum nitidulum Garman, 1899

MYCTOPHIDAE

CARACTERIZAÇÃO

Dorsal 12-14; anal 18-21; peitoral 12-14; AO 7-10 + 4-7 = 12-15; rastros branquiais 4-6 + 1 + 11-15 = 17-22. Corpo alongado; dois Prc; PLO ultrapassa o seu diâmetro acima da base da nadadeira peitoral; PVO$_1$ ultrapassa o seu próprio diâmetro abaixo do PVO$_2$; VO em nível; um Pol; SAO em uma linha reta passando atrás do VO$_3$; SAO$_1$ ligeiramente atrás, às vezes diretamente acima do VO$_4$; escamas ciclóides; baixo número de rastros branquiais (17-21); margem posterodorsal do opérculo angulada, guarnecida de serrilha em indivíduos maiores do que 50 mm de comprimento.

DADOS BIOLÓGICOS

A espécie ultrapassa 80 mm de comprimento. Machos maiores do que 35 mm possuem de 6-7 estruturas luminosas sobrepostas na região supracaudal; quando está glândula esta completamente desenvolvida ela ocupa 80% do perfil dorsal do pedúnculo caudal. Fêmeas maiores do que 48 mm normalmente possuem de 3-4 tecidos luminosos na região infracaudal.

DISTRIBUIÇÃO:

Habita águas tropicais e subtropicais dos três oceanos. No Atlântico ocidental, ocorre entre 27°N e 34°26'S.

MATERIAL COLETADO

Sete exemplares; amplitude de comprimento padrão 23-48 mm.

LITERATURA

Gibbs, 1957; Hulley, 1981, 1986b; McEachran & Fechhelm, 1998; Nafpaktitis *et al.*, 1977.

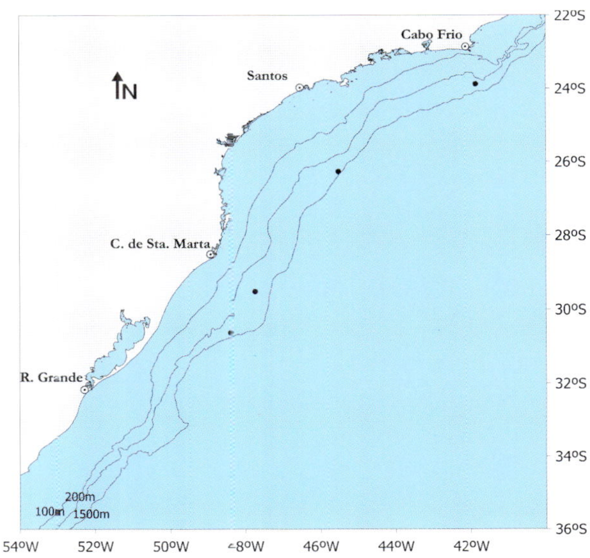

68 mm CP; MZUSP 78267

Myctophum obtusirostre Tåning, 1928

MYCTOPHIDAE

CARACTERIZAÇÃO

Dorsal 12-14; anal 18-19; peitoral 17-20; AO 7-8 + 2-5 = 10-12; rastros branquiais 6-7 + 1 + 15-18 = 22-26. Corpo alongado; dois Prc; Prc_2 ultrapassando o seu próprio diâmetro e situado abaixo da linha lateral; PLO ultrapassando o seu próprio diâmetro e situado acima da base da nadadeira peitoral; PVO_1 ultrapassando o seu próprio diâmetro e localizado abaixo do PVO_2; VO em nível; um Pol; SAO em uma linha reta ou curvada; SAO_1 sempre atrás do VO_3; alto número de rastros branquiais (22-26); baixo número de AO (11-12); alto número de raios da peitoral (17-20); margem posterodorsal arredondada e serrilhada (em exemplares maiores do que 30 mm); escamas ciclóides; escamas fracamente ctenóides podem estar presentes nas regiões torácicas e abdominal de exemplares maiores do que 50 mm.

DADOS BIOLÓGICOS

Fêmeas atingem a maturidade sexual com 75 mm. Machos, às vezes, em comprimentos menores. A espécie atinge 90 mm de comprimento.

DISTRIBUIÇÃO

Ocorre em águas tropicais nos três oceanos. No Atlântico a espécie é mais abundante na região entre a Flórida e o norte da América do Sul.

MATERIAL COLETADO

62 exemplares; amplitude de comprimento padrão 31-78 mm.

LITERATURA

Kawaguchi e Aioi, 1972; Hulley, 1981, 1986b; McE-

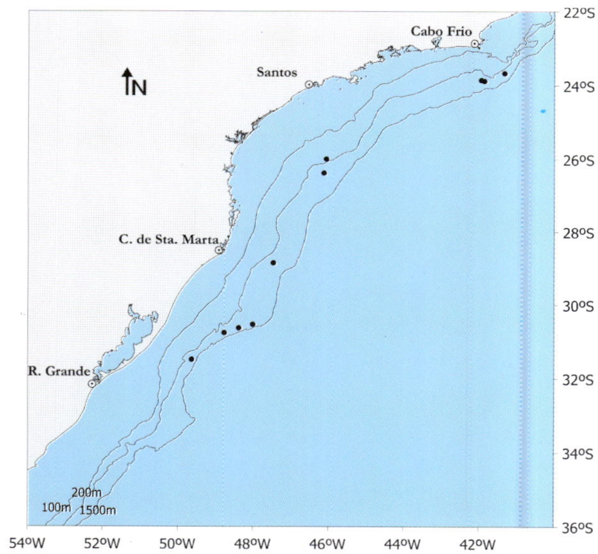

91 mm CP; MZUSP 78264

Myctophum phengodes Lütken, 1892

MYCTOPHIDAE

CARACTERIZAÇÃO

Dorsal 12-14; anal 20-22; peitoral 15-17; AO 6-8 + 7-9 = 14-17; rastros branquiais 7-8 + 1 + 16-18 = 24-27. Corpo alongado; dois Prc; PLO ultrapassa o seu próprio diâmetro e localiza-se acima da base da nadadeira peitoral; PVO_1 ultrapassa o seu próprio diâmetro e está situado abaixo do PVO_2; VO em nível; um Pol; SAO ligeiramente curvada; SAO_1 entre VO_3 e VO_4; alta posição do Prc_2, em contato com a linha lateral ou imediatamente abaixo; distância do Prc_1-Prc_2 igual à distância do AOp-Prc_1 (em todas as outras espécies a distância é a metade ou menos); presença de escamas ctenóides.

DADOS BIOLÓGICOS

A espécie atinge 93 mm de comprimento e pode estar sexualmente madura com 74 mm. Glândula supra e infracaudal em machos e fêmeas, respectivamente, desenvolvem-se a partir de 40 mm de comprimento.

DISTRIBUIÇÃO

Habita os três oceanos. No Atlântico Sul ocidental a espécie ocorre entre Santa Catarina e a Convergência Subtropical.

MATERIAL COLETADO

Cinco exemplares; amplitude de comprimento padrão 26-90 mm.

LITERATURA

Hulley, 1981, 1986b.

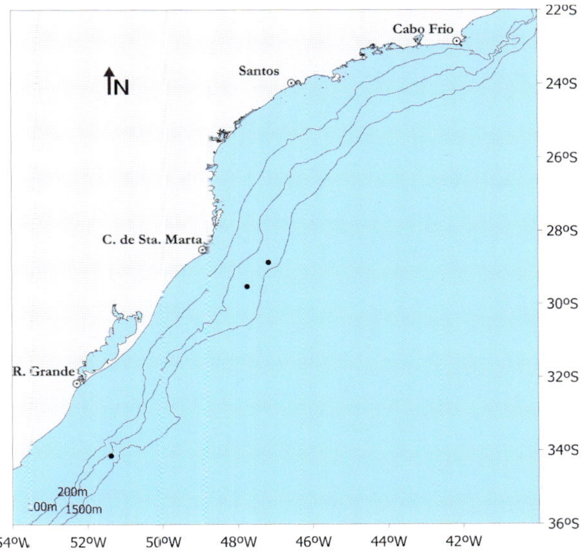

63 mm CP; MZUSP 78278

Myctophum selenops Tåning, 1928

MYCTOPHIDAE

CARACTERIZAÇÃO

Dorsal 13; anal 17-19; peitoral 15-18; AO 6-8 + 2-4 = 9-11; rastros branquiais 6-7 + 1 + 14-16 = 21-24. Corpo curto e cabeça alta; altura do corpo cabendo 3,0-3,3 vezes no comprimento padrão (quatro ou mais nas outras espécies); dois Prc; PLO ultrapassa o seu diâmetro acima da base da nadadeira peitoral; PVO_1 ultrapassa o próprio diâmetro abaixo do PVO_2; VO em nível, um Pol; SAO em uma linha reta; SAO_1 ligeiramente atrás do VO_4.

DADOS BIOLÓGICOS

A espécie aparentemente não atinge comprimento maior do que 75 mm e pode estar sexualmente madura a partir de 50 mm de comprimento. Machos e fêmeas possuem glândulas supra e infracaudal.

DISTRIBUIÇÃO

Ocorre nos três oceanos. No Atlântico a espécie distribui-se na região tropical, ocorrendo até aproximadamente 38°S.

MATERIAL COLETADO

45 exemplares; amplitude de comprimento total 49-96 mm.

LITERATURA

Hulley, 1981, 1986b; McEachran & Fechhelm, 1998; Nafpaktitis *et al.*, 1977.

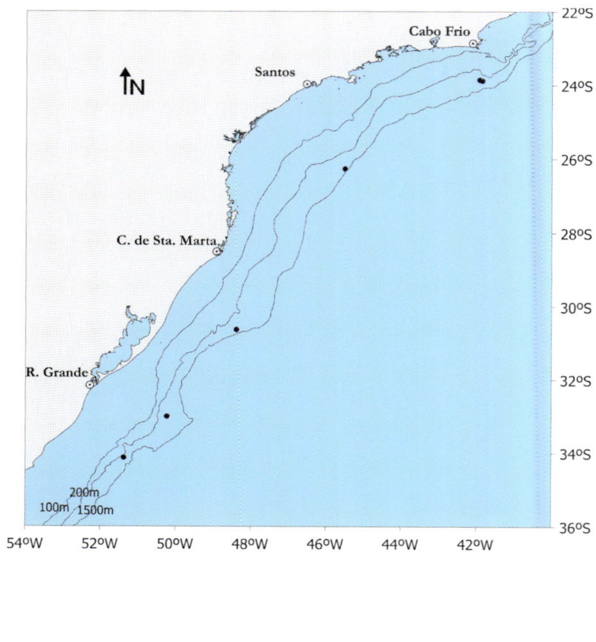

125 mm CP; MZUSP 78255

Nannobrachium atrum (Tåning, 1928)

MYCTOPHIDAE

CARACTERIZAÇÃO

Dorsal 14-16; anal 16-20; peitoral 11-12; AO 6-8 + 5-9 = 12-16; rastros branquiais 4-5 + 1 + 10-12 = 15-18. Nadadeira peitoral ausente, rudimentar ou curta, nunca atingindo além da nadadeira ventral; origem da nadadeira adiposa anterior ao último raio da anal e acima do Pol_2; SAO_2 anterior ou diretamente acima da origem da anal; 3-6 escamas na glândula luminosa infracaudal, ocupando aproximadamente metade do espaço infracaudal.

DADOS BIOLÓGICOS

A espécie atinge 140 mm de comprimento.

DISTRIBUIÇÃO

Ocorre nos três oceanos. No Atlântico Sul ocidental ocorre de Santa Catarina (27°S) até a Convergência Subtropical (40°S).

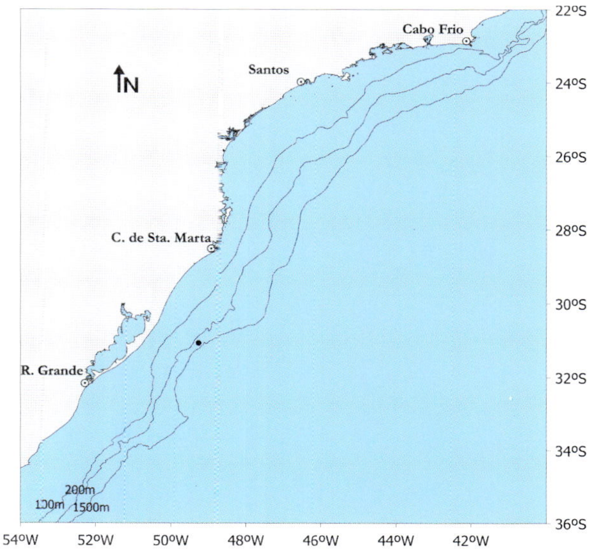

MATERIAL COLETADO

Um exemplar; 125 mm de comprimento padrão.

LITERATURA

Hulley, 1981; Nafpaktitis & Nafpaktitis, 1969; Nafpaktitis *et al.*, 1977; Zahuranec, 2000.

88 mm CP; MZUSP 78313

Notoscopelus caudispinosus (Johnson, 1863) — MYCTOPHIDAE

CARACTERIZAÇÃO

Dorsal 24-27; anal 19-21; peitoral 11-13; AO 7-8 + 4-5 = 11-12; rastros branquiais 4 + 1 + 8-10 = 13-15. Peitoral curta, não se estendendo além da base da nadadeira ventral; raios procorrentes da caudal semelhantes a espinhos; PVO_2 acima da base da peitoral; cinco PO (1+3+1); sem tecido luminoso na face e acima dos olhos; baixo número de rastros branquiais (13-15); alto número de raios da dorsal (25-27); baixo número de fotóforos AO (11-12); dentes mais desenvolvidos na metade posterior do dentário.

DADOS BIOLÓGICOS

A espécie atinge 140 mm de comprimento.

Machos adultos (65-75 mm de comprimento) possuem glândula luminosa supracaudal consistindo de 6-8 estruturas luminosas ocupando todo o perfil dorsal do pedúnculo caudal.

DISTRIBUIÇÃO

Ocorre em águas tropicais dos três oceanos. No Atlântico Sul ocidental a espécie foi registrada até 38°39'S.

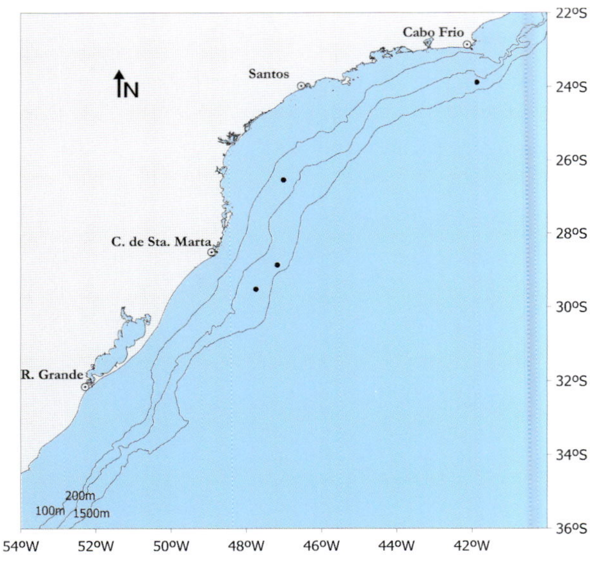

MATERIAL COLETADO

Oitenta exemplares; amplitude de comprimento padrão 65-121 mm.

LITERATURA

Hulley, 1981, 1986b; McEachran & Fechhelm, 1998; Nafpaktitis & Nafpaktitis, 1969; Nafpaktitis *et al.*, 1977.

71 mm CP; MZUSP 78262

Notoscopelus resplendens (Richardson, 1845) MYCTOPHIDAE

CARACTERIZAÇÃO

Dorsal 21-24; anal 17-20; peitoral 11-13; AO 7-9 + 4-7 = 12-14; rastros branquiais 5-7 + 1 + 12-15 = 19-23. Peitoral curta, não se estendendo além da base da nadadeira ventral; raios procorrentes da caudal parecendo com espinhos; PVO_2 acima da base da peitoral; cinco PO (1+3+1); sem tecido luminoso na face e acima dos olhos; alto número de rastros branquiais (19-23); baixo número de raios da dorsal (21-24); alto número dos fotóforos AO (12-14); sem dentes mais desenvolvidos na metade posterior do dentário.

DADOS BIOLÓGICOS:

A espécie atinge comprimento de 95 mm e pode estar sexualmente madura com 66 mm.

Machos (a partir de 38-41 mm de comprimento) possuem glândula luminosa supracaudal consistindo de 8-9 estruturas luminosas ocupando todo o perfil dorsal do pedúnculo caudal.

DISTRIBUIÇÃO

Ocorre nos três oceanos e em toda a costa brasileira.

MATERIAL COLETADO

Dezenove exemplares; amplitude de comprimento total 29-76 mm.

LITERATURA

Hulley, 1981, 1986b; McEachran & Fechhelm, 1998; Nafpaktitis *et al.*, 1977.

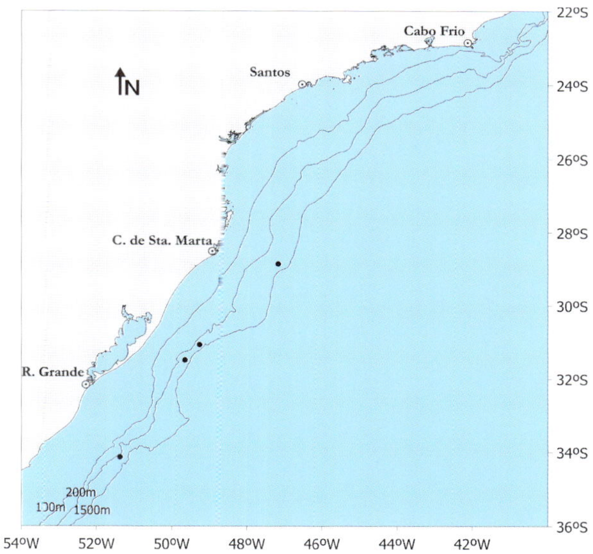

Scopelopsis multipunctatus Brauer, 1906

MYCTOPHIDAE

CARACTERIZAÇÃO

Dorsal 20-24; anal 23- 27; peitoral 10-12; rastros branquiais 7-9 + 1 + 15-17 = 23-27.

Fotóforos secundários pequenos, localizados abaixo de cada escama, distribuídos por toda a cabeça e corpo e sobre as membranas das nadadeiras. Fotóforos primários indistintos.

DADOS BIOLÓGICOS

A espécie atinge 81 mm de comprimento e pode ser sexualmente madura a partir dos 62 mm.

DISTRIBUIÇÃO

Está confinada às águas do hemisfério sul na região subtropical dos três oceanos, distribuindo-se entre 25° S e 44° S.

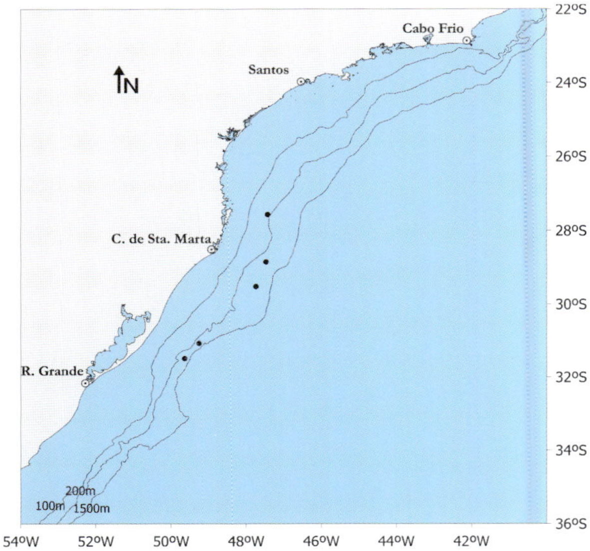

MATERIAL COLETADO

422 exemplares; amplitude de comprimento padrão 26-82 mm.

LITERATURA

Hulley, 1981, 1986b.

105 mm CP; MZUSP 78254

Symbolophorus barnardi (Tåning, 1932)

MYCTOPHIDAE

CARACTERIZAÇÃO (Dados da população do Atlântico Sul ocidental, conforme Hulley, 1981)

Dorsal 13-15; anal 20-24; peitoral 12-14; AO 7-9 + 7-10 = 15-18; rastros branquiais 5-6 + 1 + 12-15 = 18-23. SAO muito angulado; SAO_1 anterior ao VO_3, às vezes diretamente acima; VO em nível; dois Prc; um Pol, anterior a origem da base da nadadeira adiposa; PLO mais próximo da inserção superior da peitoral do que da linha lateral ou na metade da distância; rastros branquiais espatulados; fêmeas com glândulas luminosas supra e infracaudal; machos somente com glândula luminosa supracaudal; peitoral não pigmentada (em indivíduos maiores do que 65 mm); alto número de rastros branquiais (18-23); distância entre o último AOa e AOp_1 menor do que a distância do último AOa e o Pol (às vezes igual).

DADOS BIOLÓGICOS

A espécie atinge 116 mm de comprimento e pode ser sexualmente madura a partir de 95 mm. Glândulas supra e infracaudal desenvolvem-se em indivíduos com 50-60 mm de comprimento.

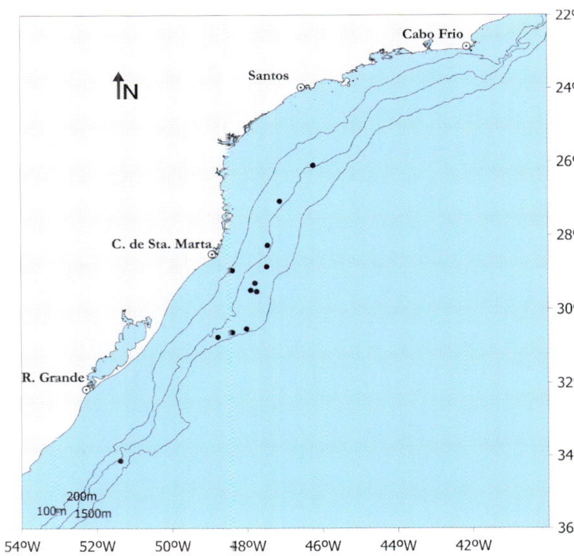

DISTRIBUIÇÃO

Habita o Indo-Pacífico e o Atlântico. Na costa leste americana a espécie ocorre entre 30º S e 40º S.

MATERIAL COLETADO

182 exemplares; amplitude de comprimento total 97-130 mm.

LITERATURA

Hulley, 1981, 1986b.

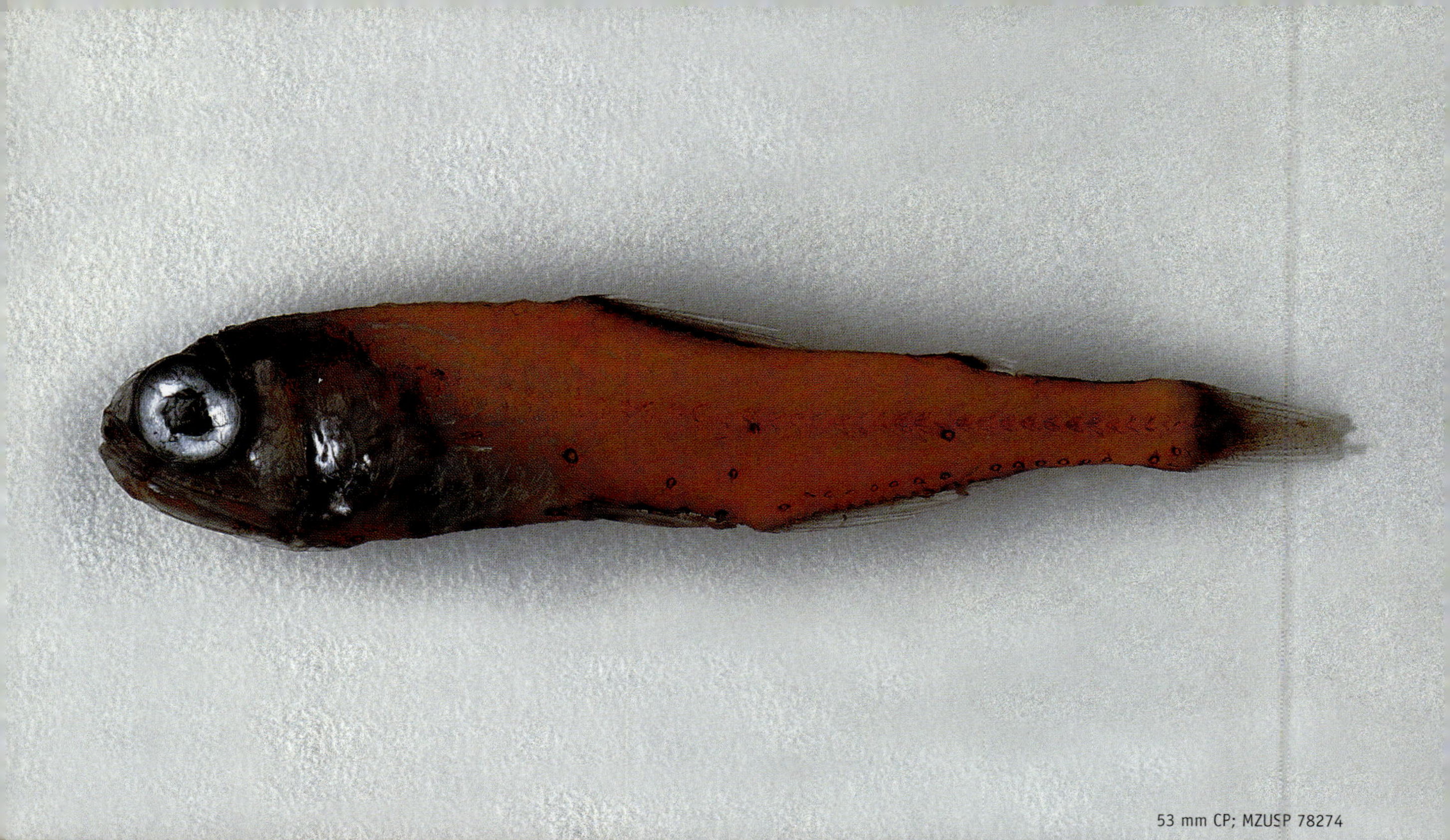

53 mm CP; MZUSP 78274

Symbolophorus rufinus (Tåning, 1928)

MYCTOPHIDAE

CARACTERIZAÇÃO

Dorsal 14-16; anal 20-22; peitoral 15-17; AO 8-9 + 5-7 = 13-15; rastros branquiais 5-6 + 1 + 13-16 = 20-23. SAO muito angulado; SAO_1 anterior ao VO_3, às vezes diretamente acima; VO em nível; dois Prc; um Pol, abaixo ou posterior à base da nadadeira adiposa; PLO mais próximo à linha lateral do que a inserção superior da peitoral; rastros branquiais alongados; alto número de raios da peitoral (15-17); sem dentes mais desenvolvidos nos palatinos e dentários.

DADOS BIOLÓGICOS

A espécie pode atingir 94 mm de comprimento.

DISTRIBUIÇÃO

Ocorre em águas tropicais dos Oceanos Índico e Atlântico. É considerada rara no Atlântico, distribuindo-se na região oeste de 27° 30'N a 27° 50'S.

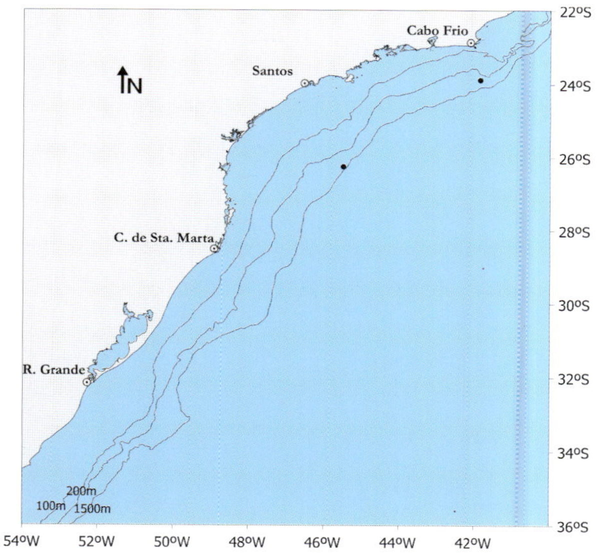

MATERIAL COLETADO

Cinco exemplares; amplitude de comprimento padrão 42-66 mm.

LITERATURA

Hulley, 1981, 1986b; McEachran & Fechhelm, 1998; Nafpaktitis *et al.*, 1977.

19 mm CP; MZUSP 78225

Lampris guttatus (Brünnich, 1788) — LAMPRIDIDAE

CARACTERIZAÇÃO

Dorsal 49-55; anal 38-41; peitoral 22-25; ventral 13-17; rastros branquiais 2 + 14.

Corpo muito alto. Maior altura do corpo 58-68% do comprimento padrão em exemplares com mais de 50 cm do comprimento padrão. Nadadeira dorsal com lobo anterior desenvolvido. Anal oposta, mais curta. Pélvicas inseridas sob a parte anterior da dorsal; pélvicas e peitorais notavelmente desenvolvidas. Corpo cor-de-rosa, com manchas claras arredondadas.

DADOS BIOLÓGICOS

Atinge 1,85 m de comprimento padrão e 100 kg de peso. Vive na região epi a mesopelágica, até 400 m de profundidade. Alimenta-se de lulas e de peixes.

DISTRIBUIÇÃO

Ocorre em todos os oceanos. No Atlântico ocidental, do Canadá até a Argentina.

MATERIAL COLETADO

Um exemplar; 19 mm de comprimento padrão.

LITERATURA

Figueiredo & Menezes, 1980 (Figura 1); Heemstra, 1986a; Palmer, 1986.

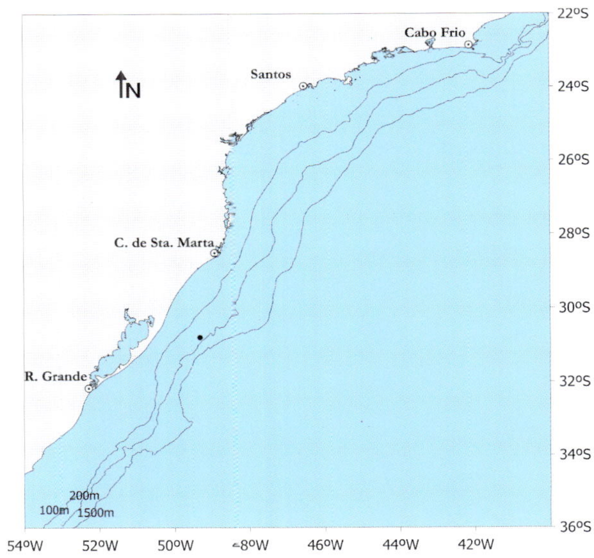

610 mm CT; MZUSP 78201

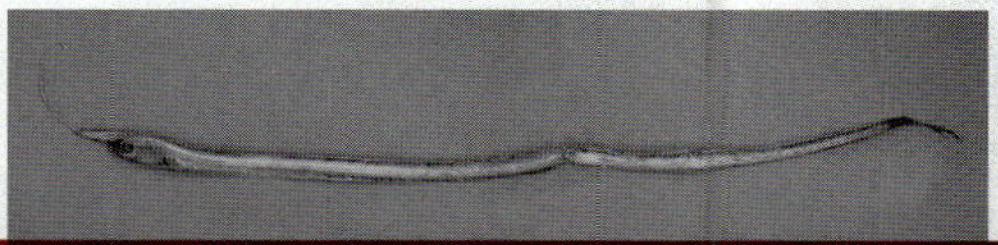

Eumecichthys fiski (Günther, 1890)

LOPHOTIDAE

CARACTERIZAÇÃO:

Dorsal 310-392; anal 5-9; peitoral 13-15; caudal 12-13.

Corpo muito alongado, em forma de fita. Região superior da cabeça prolongada como um rostro. Nadadeira dorsal estendendo-se ao longo de todo o corpo. Três ou quatro primeiros raios da nadadeira dorsal alongados, em forma de flâmula. Anal rudimentar, perto da caudal.

DADOS BIOLÓGICOS

Atinge 1,30 m de comprimento.

DISTRIBUIÇÃO

Distribui-se no Atlântico e no Pacífico.

MATERIAL COLETADO

Um exemplar; 610 mm de comprimento total.

LITERATURA

Heemstra, 1986b.

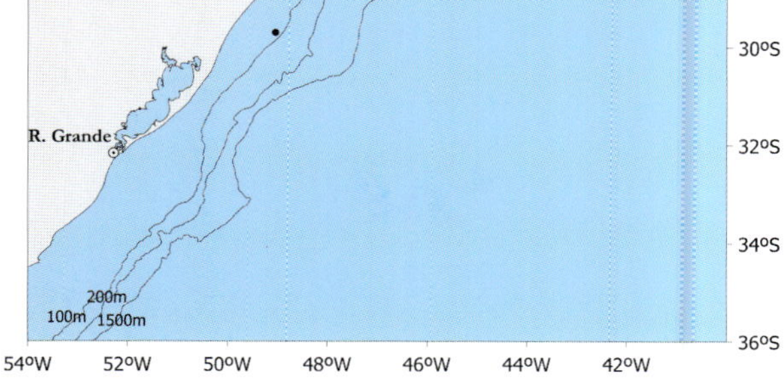

Desmodema polystictum (Ogilby, 1897) TRACHIPTERIDAE

CARACTERIZAÇÃO

Dorsal 120-128; peitoral 12-14; caudal 7-10; rastros branquiais 2-3 + 9-10.

Corpo alongado. Região caudal do corpo alongando-se com o crescimento: distância do focinho ao ânus cerca de 2/3 do comprimento padrão em prejuvenis e 1/3 em indivíduos adultos. Dorsal muito longa. Anal ausente. Ventral bem desenvolvida nos jovens, ausente nos adultos. Pele com tubérculos cartilaginosos.

DADOS BIOLÓGICOS

Cresce até pelo menos 1 m de comprimento padrão.

DISTRIBUIÇÃO

Ocorre no Atlântico e Pacífico.

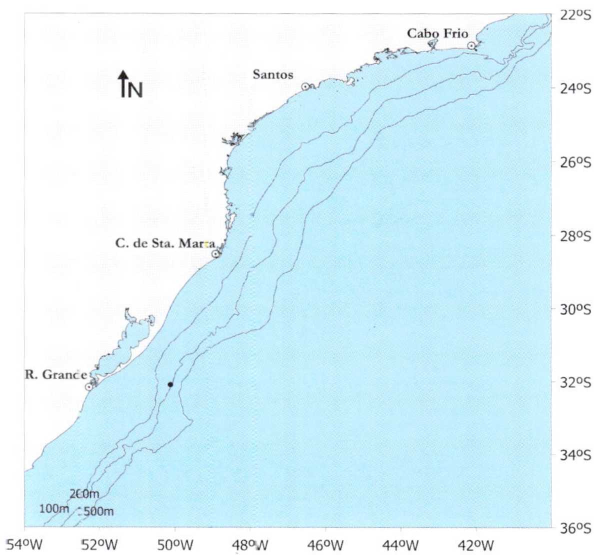

MATERIAL COLETADO

Um exemplar; 75 mm de comprimento total.

LITERATURA

Heemstra & Kannemeyer, 1986.

Trachipterus jacksonensis (Ramsay, 1881) TRACHIPTERIDAE

CARACTERIZAÇÃO

Dorsal 163-184; peitoral 13-15; rastros branquiais 10-13.

Corpo muito alongado e lateralmente comprimido, em forma de fita. Perfil anterior da cabeça acentuadamente inclinado. Nadadeiras sem espinho. Dorsal muito longa, originando-se no alto da cabeça. Nadadeira anal ausente. Peitoral em posição baixa no corpo. Ventral ausente. Caudal reduzida. Pele com tubérculos ósseos, sem escamas.

DADOS BIOLÓGICOS

Alcança pelo menos 2,2 m de comprimento.

É uma espécie da comunidade epipelágica oceânica. No Brasil é capturado acidentalmente em espinhel de meia-água, na pesca atuneira.

DISTRIBUIÇÃO

Conhecida na Austrália, África do Sul e sudeste da América do Sul.

MATERIAL COLETADO

Três exemplares; amplitude de comprimento total 44-210 mm.

LITERATURA

Figueiredo & Menezes, 1980 (Figura 3, como *Trachipterus nigrifrons*); Heemstra & Kannemeyer, 1986; Mincarone *et al.*, 2000 (como *T. arawatae*).

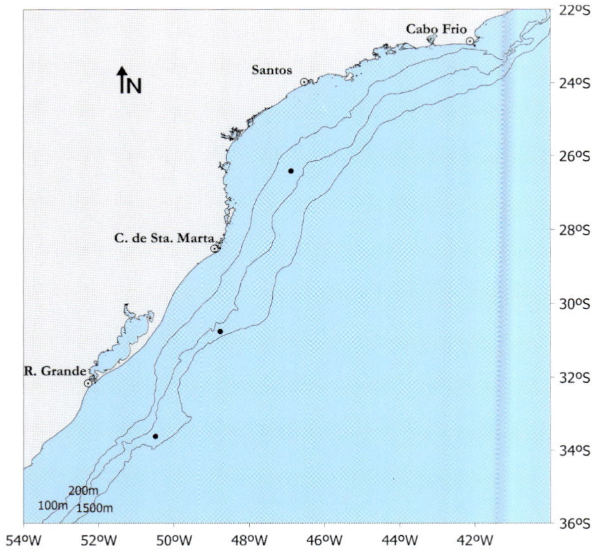

59 mm CP; MZUSP 78168

Polymixia lowei Günther, 1859

POLYMIXIIDAE

CARACTERIZAÇÃO

Dorsal V, 27-28; anal IV, 13-15; peitoral 15-17; ventral 7; rastros branquiais 7-8 + 11-13.

Nadadeira dorsal única, com espinhos na parte anterior. Ventral inserida posteriormente à base da peitoral. Um par de barbilhões alongados na região gular. Escamas fortemente ctenóides.

DADOS BIOLÓGICOS

Ultrapassa um pouco os 20 cm de comprimento.

Peixe demersal, no sudeste do Brasil foi capturado entre 160 e 520 m, mas vive entre 50 e 650 m.

DISTRIBUIÇÃO

Ocorre no Atlântico ocidental, de New Jersey ao Uruguai.

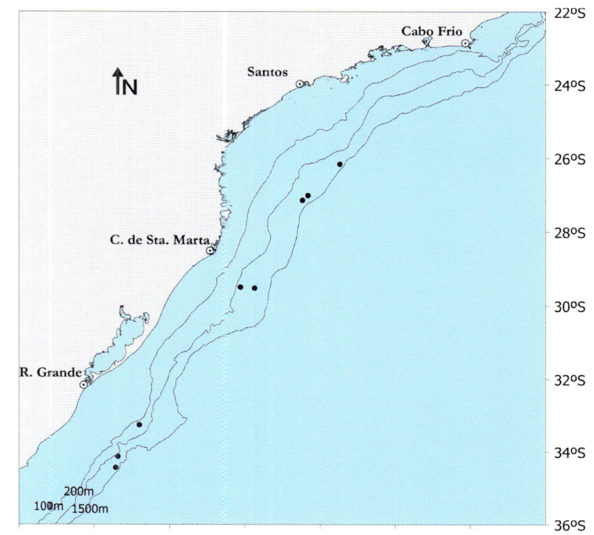

MATERIAL COLETADO

Dezessete exemplares; amplitude de comprimento total 25-73 mm.

LITERATURA

Figueiredo & Menezes, 1978 (Figura 73); Krefft, 1976.

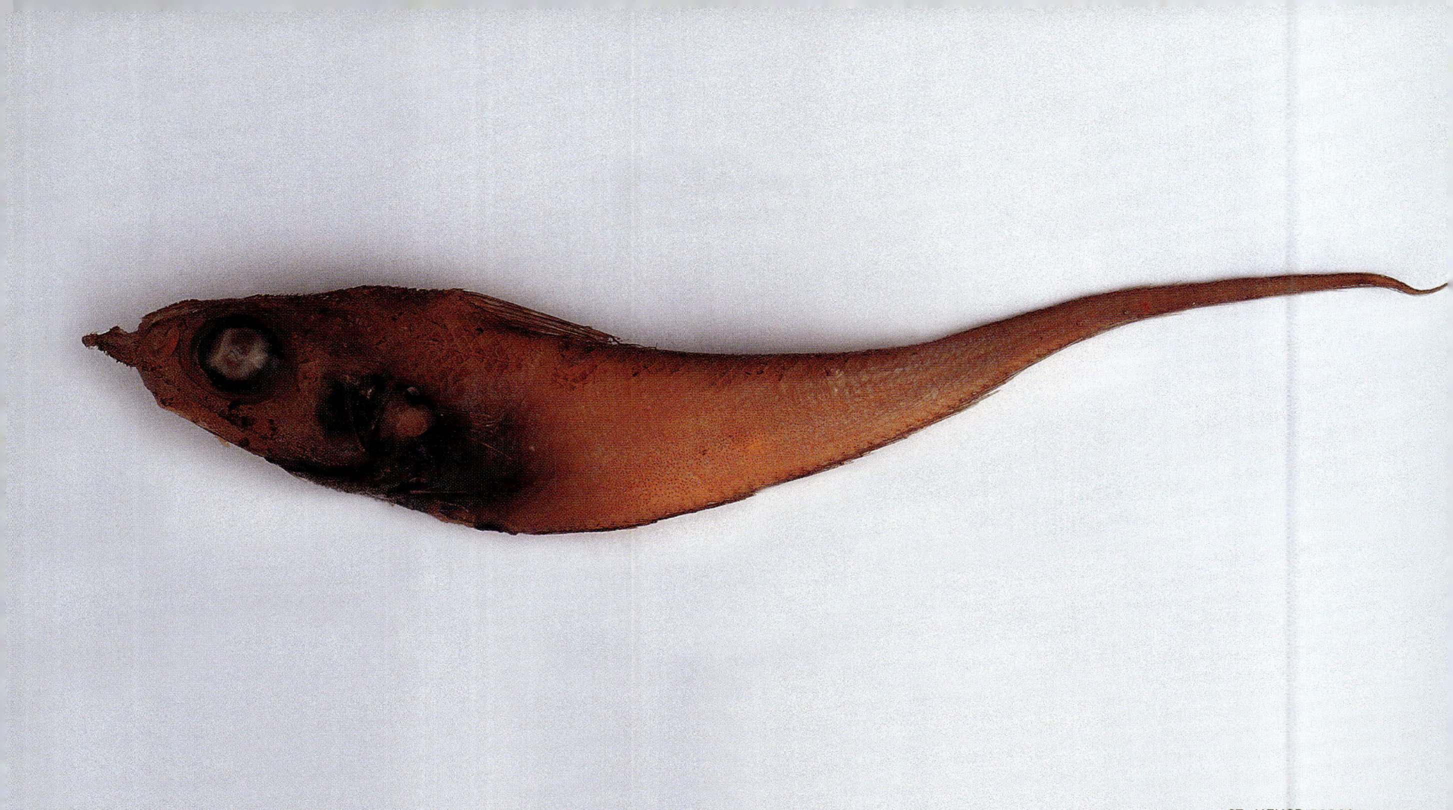

240 mm CT; MZUSP 78323

Caelorinchus marinii Hubbs, 1934

MACROURIDAE

CARACTERIZAÇÃO

Dorsal$_1$ II, 9-10; ventral 7; rastros branquiais na parte externa do primeiro arco 10-13.

Região caudal do corpo muito afilada. Focinho pontudo. Boca ventral. Barbilhão mental presente. Primeira nadadeira dorsal com dois espinhos, o segundo longo e liso. Segunda nadadeira dorsal menos desenvolvida que a anal. Anal originando-se adiante da dorsal. Nadadeira caudal ausente. Pélvica sob a peitoral.

DADOS BIOLÓGICOS

Atinge 38 cm de comprimento total.

É espécie bentopelágica, vivendo entre 200 e 600 m de profundidade.

DISTRIBUIÇÃO

Conhecida no Atlântico Sul, ocorre de 29ºS até a Geórgia do Sul e na Antártica.

MATERIAL COLETADO

Um exemplar; 240 mm de comprimento total.

LITERATURA

Cohen *et al.*, 1990; Figueiredo & Menezes, 1978 (Figura 81, como *Coelorhyncus coelorhynchus*).

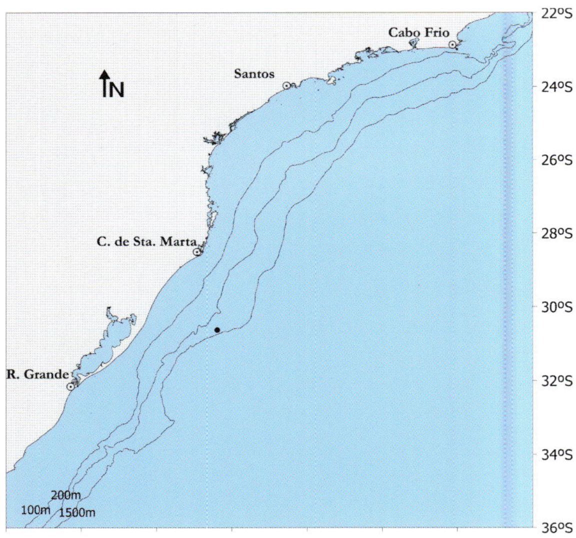

105 mm CT; MZUSP 78321

Lucigadus ori (Smith, 1968)

MACROURIDAE

CARACTERIZAÇÃO

Dorsal$_1$ II, 9-11; ventral 15-18.

Região caudal do corpo muito afilada. Focinho curto, boca subterminal. Barbilhão mental presente. Segundo espinho da primeira nadadeira dorsal longo e com serrilhas. Segunda dorsal muito menos desenvolvida do que a anal. Anal iniciando-se adiante da dorsal. Pélvicas sob peitorais. Caudal ausente. Comprimento da maxila superior 33-39% do comprimento da cabeça.

DADOS BIOLÓGICOS

Cresce até pelo menos 20 cm de comprimento.

É espécie bentopelágica, habitando fundos de 275 a 550 m.

DISTRIBUIÇÃO

Conhecida na África do Sul, Somália, Uruguai e sul do Brasil.

MATERIAL COLETADO

Três exemplares; amplitude de comprimento total 105-194 mm

LITERATURA

Cohen *et al.*, 1990; Iwamoto, 1986.

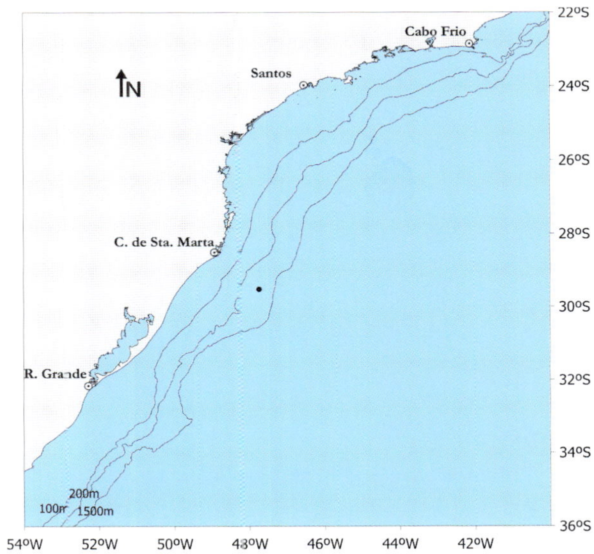

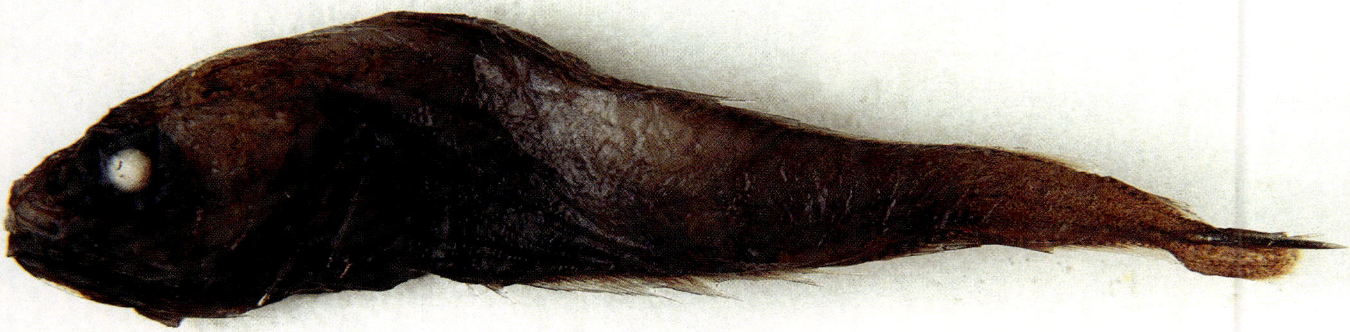

39 mm CP; MZUSP 78174

Gadella imberbis (Vaillant, 1888)

MORIDAE

CARACTERIZAÇÃO

Dorsal 9-11 + 54-61; anal 63-66; peitoral 25-26; rastros branquiais 3-4 + 4-10; séries transversais de escamas 81-87.

Corpo alongado. Nadadeiras sem espinhos. Nadadeira dorsal longa, com um lobo destacado na parte anterior, originando-se pouco atrás da base da nadadeira peitoral. Origem da anal oposta à da primeira nadadeira dorsal. Nadadeira pélvica inserida adiante da base da peitoral. Órgão luminoso ventral presente. Maxila superior com 2-3 fileiras irregulares de dentes.

DADOS BIOLÓGICOS

Alcança 23 cm de comprimento.

De hábitos bentopelágicos, vive entre 200 e 800 m, na região superior do talude.

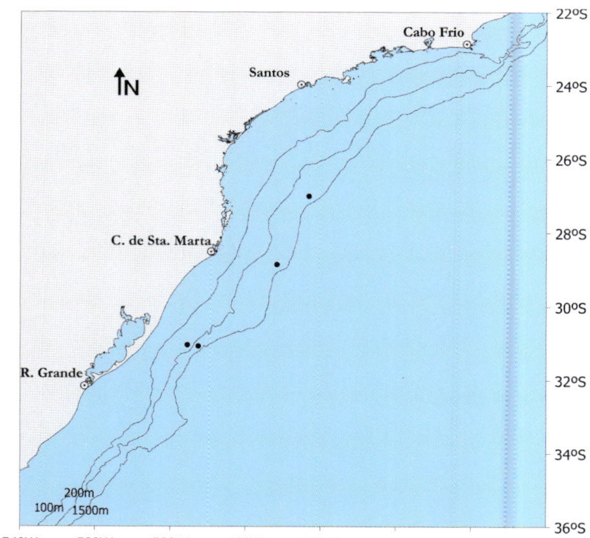

DISTRIBUIÇÃO

Ocorre no Atlântico. Na costa leste americana, distribui-se de 40ºN a 30ºS de latitude.

MATERIAL COLETADO

Sete exemplares; amplitude de comprimento padrão 16-46 mm.

LITERATURA

Cohen *et al.*, 1990; Haimovici *et al.*, 1994; McEachran & Fechhelm, 1998; Paulin, 1989.

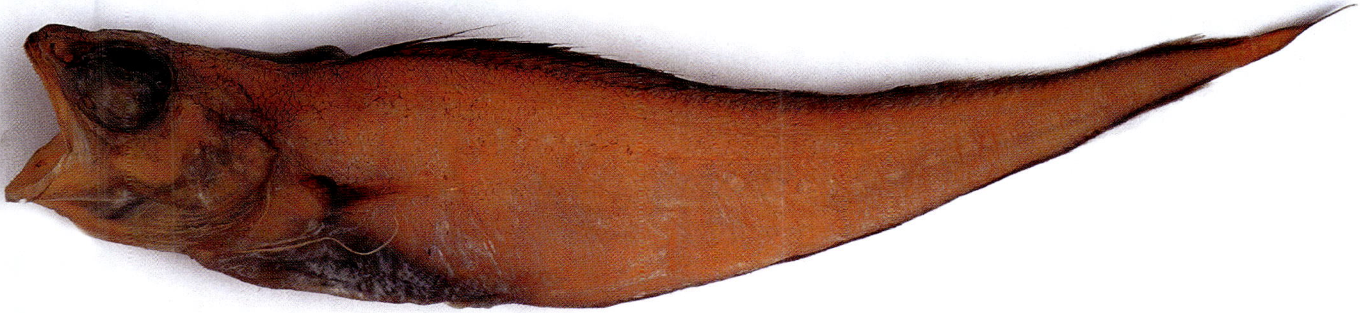

220 mm CT; MZUSP 78253

Laemonema goodebeanorum Meléndez & Markle, 1997 — MORIDAE

CARACTERIZAÇÃO

Dorsal 5-6 (o primeiro sob a pele) + 66-73; anal 65-71; peitoral 19-22; ventral 2; rastros branquiais 7-9 + 17-20; séries transversais de escamas 125-143.

Corpo alongado. Nadadeiras sem espinhos. Dorsal longa, em duas partes contíguas. Anal originando-se um pouco adiante da metade do corpo. Pélvica longa, inserida bem adiante da peitoral. Com barbilhão mental.

DADOS BIOLÓGICO

Maior exemplar conhecido com 26,2 cm de comprimento padrão.

A espécie já foi capturada entre 180 e 792 m de profundidade.

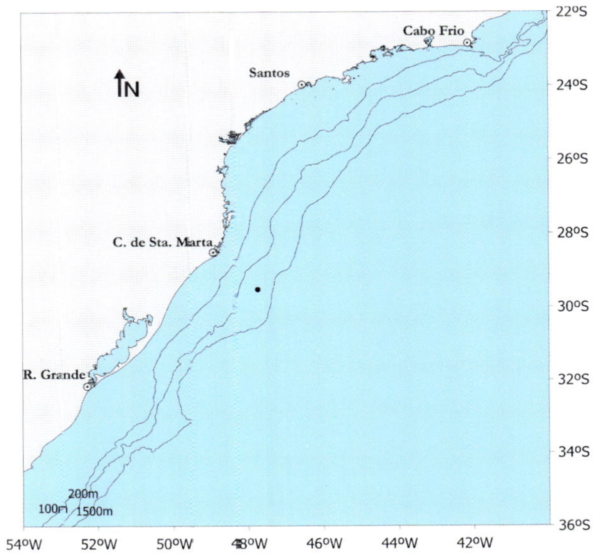

DISTRIBUIÇÃO

Ocorre no Atlântico Sul, do Canadá ao sul do Brasil.

MATERIAL COLETADO

Um exemplar; 220 mm de comprimento total.

LITERATURA

McEachran & Fechelm, 1998 (como *Laemonema sp.*); Meléndez & Markle, 1997.

26 mm CT; MZUSP 78279

Physiculus kaupi Poey, 1865

MORIDAE

CARACTERIZAÇÃO

Dorsal 11-12 + 57-63; anal 63-67; peitoral 28-31; escamas em série longitudinal 120-140.
Corpo alongado. Barbilhão mental presente. Sem dentes no vômer. Órgão luminoso ventral localizado adiante do ânus. Nadadeira dorsal dividida em duas partes, iniciando-se pouco atrás da base da peitoral. Anal longa, originando-se adiante da metade do corpo. Pélvica inserida adiante da peitoral.

DADOS BIOLÓGICOS

Atinge 22 cm de comprimento padrão. Espécie bentolpelágica, foi assinalada de 260 a 365 m de profundidade.

DISTRIBUIÇÃO

Conhecida no Caribe e ao largo do Brasil.

MATERIAL COLETADO

Um exemplar; 26 mm de comprimento total.

LITERATURA

Paulin, 1989.

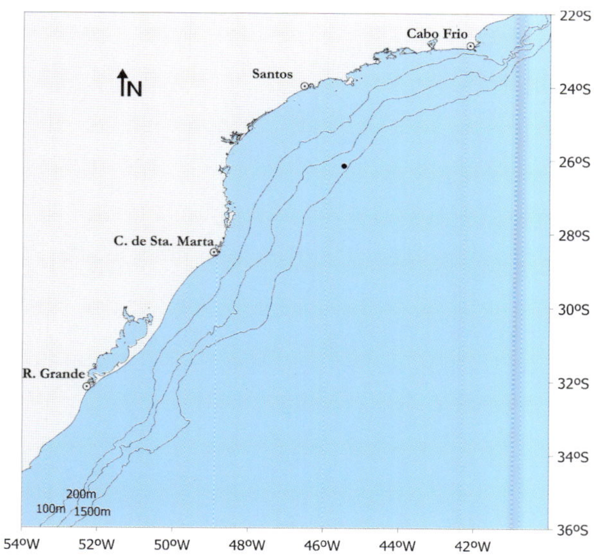

52 mm CP; MZUSP 78233

Melanonus zugmayeri Norman, 1930

MELANONIDAE

CARACTERIZAÇÃO

Dorsal 67-80; anal 52-61; peitoral 14-16.

Corpo alongado. Parte mais alta do corpo nos exemplares grandes, no nível da origem da dorsal. Dentes das maxilas desiguais, alguns longos e finos. Escamas ciclóides. Nadadeiras sem espinhos. Dorsal muito longa, os raios anteriores mais elevados que os demais. Anal longa, originando-se perto da metade do corpo. Ventrais sob as peitorais. Cabeça com numerosas cristas longitudinais escuras.

DADOS BIOLÓGICOS

Cresce até 28 cm de comprimento.

É um peixe meso a batipelágico.

DISTRIBUIÇÃO

Ocorre nos três principais oceanos.

MATERIAL COLETADO

Dois exemplares; amplitude de comprimento padrão 29-52 mm.

LITERATURA

Cohen, 1986b, 1986c.

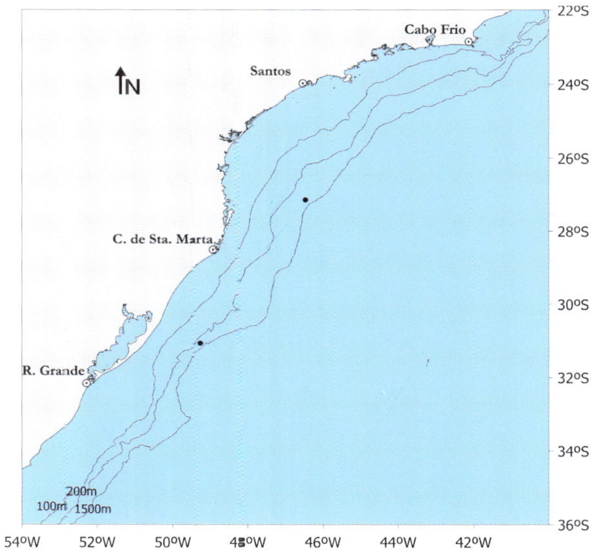

56 mm CP; MZUSP 78161

Bregmaceros atlanticus Goode & Bean, 1886 — BREGMACEROTIDAE

CARACTERIZAÇÃO

Dorsal 1 + 47-57; anal 49-60; peitoral 16-22; séries transversais de escamas 11-13.

Corpo alongado. Diâmetro do olho cabendo 0,9-1,2 no espaço interorbital. Primeira nadadeira dorsal com um único raio prolongado localizado na região superior da cabeça. Segunda nadadeira dorsal longa, com os raios medianos curtos. Anal similar, oposta à dorsal. Ventrais com raios filamentosos alongados, situadas adiante da base das peitorais. Corpo uniformemente coberto por cromatóforos marrom-acinzentado externamente.

DADOS BIOLÓGICOS

Alcança 6 cm de comprimento padrão.

É uma espécie de hábitos pelágicos. Alimenta-se de fito e zooplâncton, especialmente crustáceos.

DISTRIBUIÇÃO

Vive em águas tropicais de todos os oceanos.

MATERIAL COLETADO

79 exemplares; amplitude de comprimento total 39-78 mm.

LITERATURA

Matsuura *et al.*, 1993; McEachran & Fernhhelm, 1998.

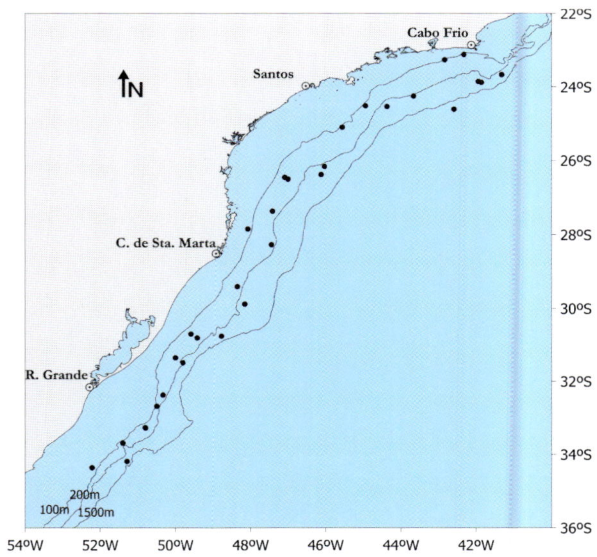

42 mm CP; MZUSP 78166

Bregmaceros cantori Milliken & Houde, 1984 — BREGMACEROTIDAE

CARACTERIZAÇÃO

Dorsal 1 + 45-49; anal 45-49; séries transversais de escamas 10-12.

Corpo alongado. Diâmetro do olho cabendo 1,2-2,1 vezes no espaço interorbital. Primeira nadadeira dorsal com um único raio prolongado localizado na região superior da cabeça. Segunda nadadeira dorsal longa, com os raios medianos curtos. Anal similar, oposta à dorsal. Ventrais com raios filamentosos alongados, situadas adiante da base das peitorais. Sem pigmentos externos nos lados do corpo, mas com cromatóforos marrons na superfície dorsal.

DADOS BIOLÓGICOS

Alcança 5,7 cm de comprimento padrão.

De hábitos pelágicos, é uma espécie comum no sudeste do Brasil.

DISTRIBUIÇÃO

Ocorre no Atlântico ocidental, do Golfo do México até o sul do Brasil.

MATERIAL COLETADO

1.483 exemplares; amplitude de comprimento total 27-76 mm.

LITERATURA

Matsuura *et al.*, 1993; McEachran & Fernhhelm, 1998; Milliken & Houde, 1984.

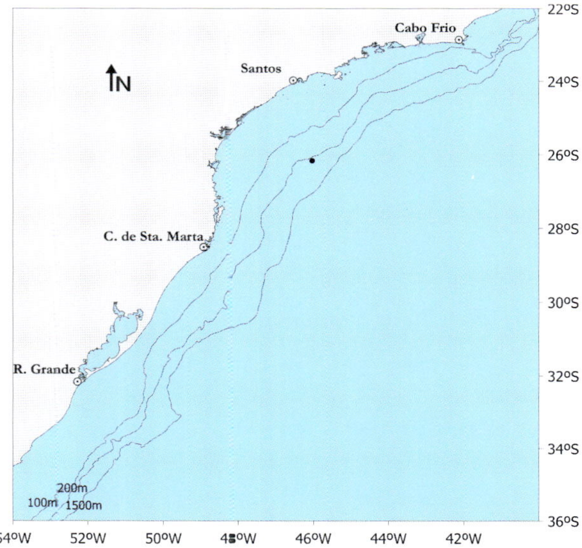

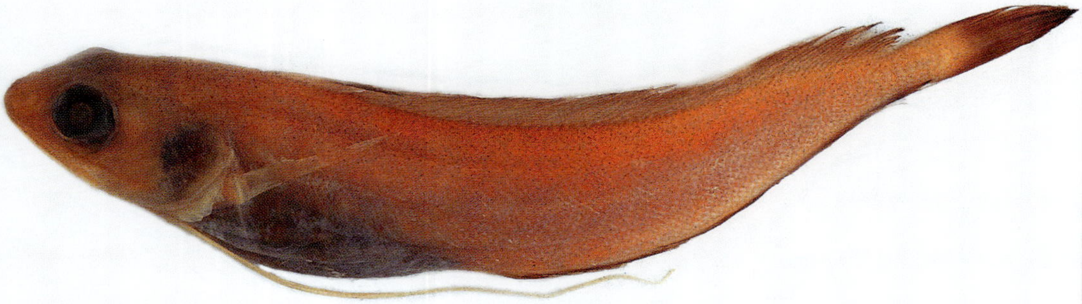

120 mm CP; MZUSP 60934

Urophycis mystacea Ribeiro, 1903

PHYCIDAE

CARACTERIZAÇÃO

Dorsal 10-11 + 62-63; anal 53; ventral 3 (um rudimentar).

Corpo alongado, boca ampla. Barbilhão curto e fino na ponta da mandíbula. Nadadeira dorsal longa, dividida em duas partes contíguas, originando-se sobre a peitoral. Primeira dorsal sem raios prolongados. Anal longa, originando-se aproximadamente na metade do corpo. Pélvica inserida adiante da peitoral, com dois raios notavelmente prolongados.

DADOS BIOLÓGICOS

Alcança pouco mais de 30 cm de comprimento. Espécie de fundo, ocorrendo além dos 200 m de profundidade e raramente capturada em menos de 60 m.

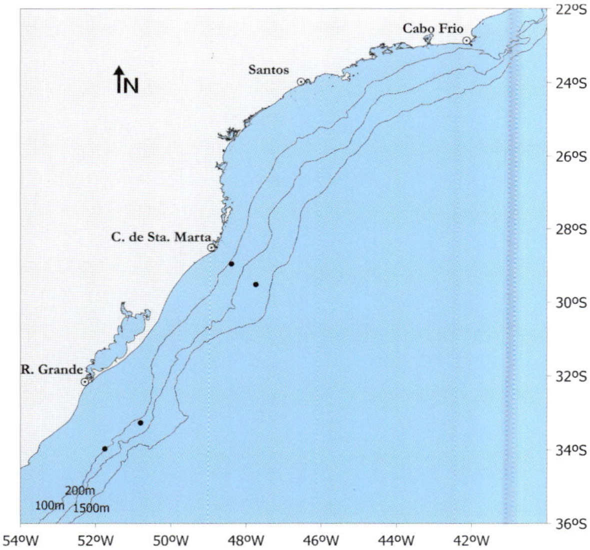

DISTRIBUIÇÃO

Ocorre na costa leste americana e do Estado do Rio de Janeiro à Argentina.

MATERIAL COLETADO

21 exemplares; amplitude de comprimento total 20-567 mm.

LITERATURA

Figueiredo & Menezes, 1978 (Figura 76, como *Urophycis mystaceus*).

82 mm CP; MZUSP 78263

Merluccius hubbsi Marini, 1933 — MERLUCCIIDAE

CARACTERIZAÇÃO

Dorsal I, 9-12 + 34-40; anal 36-41; rastros branquiais 12-16; fileiras oblíquas de escamas 120-142.

Corpo alongado. Cabeça cerca de 1/4 do comprimento padrão. Boca grande, cerca de metade do comprimento da cabeça. Duas nadadeiras dorsais, a segunda muito longa. Anal contraposta a esta. Ventral inserida adiante da peitoral.

DADOS BIOLÓGICOS:

Cresce até quase 1 m de comprimento.

É encontrada de 50 a 500 m de profundidade. Durante o dia vive nas proximidades do fundo e à noite migra para camadas mais superficiais. Adultos comem principalmente peixes e lulas e os jovens, crustáceos pelágicos.

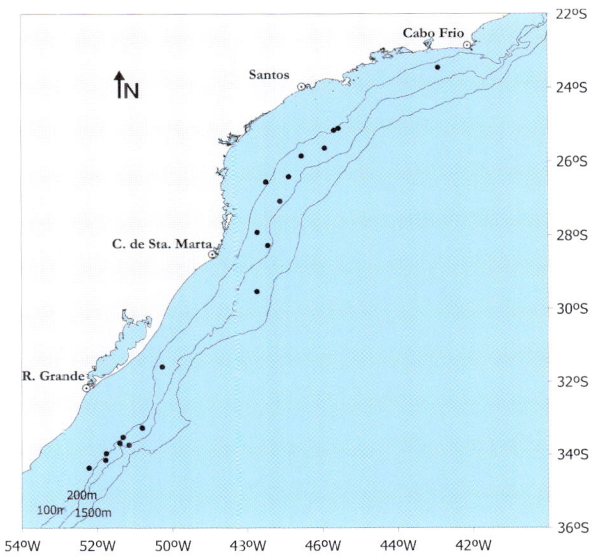

DISTRIBUIÇÃO

Ocorre no Atlântico Sul ocidental, do Estado do Rio de Janeiro até 54ºS, na Argentina.

MATERIAL COLETADO

694 exemplares; amplitude de comprimento total 24-395 mm.

LITERATURA

Figueiredo & Menezes, 1978 (Figura 77); Inada, 1981.

Porichthys porosissimus (Valenciennes, 1837) BATRACHOIDIDAE

CARACTERIZAÇÃO

Dorsal II + 34-40; anal 32-35; peitoral 18-20; rastros branquiais 15-17.

Corpo achatado, sem escamas. Boca larga; mandíbula projetando adiante da maxila superior. Nadadeira dorsal única, longa. Anal oposta à dorsal, pouco mais curta. Pélvica notavelmente adiante da peitoral. Quatro linhas laterais. Corpo com fotóforos, especialmente na região ventral.

DADOS BIOLÓGICOS

Atinge 32 cm de comprimento.

Vive em fundo de lama e areia, desde a costa até 200 m de profundidade. De hábitos noturnos, enterra-se durante o dia. Alimenta-se de pequenos peixes e crustáceos.

DISTRIBUIÇÃO

Distribui-se da costa do Espírito Santo até o leste da Argentina.

MATERIAL COLETADO

212 exemplares; amplitude de comprimento total 50-275 mm.

LITERATURA

Figueiredo & Menezes, 1978 (Figura 83); Menezes & Figueiredo, 1998.

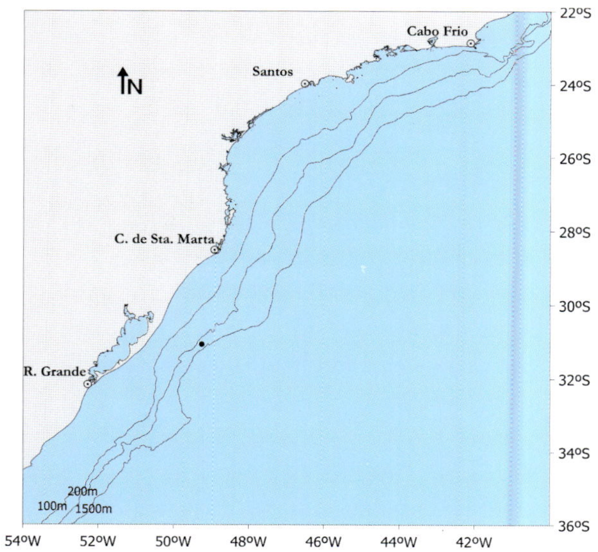

30 mm CP; MZUSP 78173

Lophius gastrophysus Ribeiro, 1915 — LOPHIIDAE

CARACTERIZAÇÃO

Dorsal VI + 9-10; anal 8-9; peitoral 22-26.

Cabeça e região anterior do corpo muito desenvolvidas, achatadas. Duas nadadeiras dorsais, a primeira constituída por espinhos isolados, o primeiro transformado em uma estrutura para atrair presas. Segunda dorsal constituída de raios. Anal oposta a ela. Ventral muito adiante da peitoral. Corpo sem escamas.

DADOS BIOLÓGICOS

Atinge 60 cm de comprimento.

É uma espécie bentônica, vivendo entre 40 e 179 m de profundidade no sul do Brasil, mas assinalada até em 662 m de profundidade em outras regiões.

DISTRIBUIÇÃO

Habita o Atlântico ocidental, entre 39ºN e 39ºS de latitude.

MATERIAL COLETADO

25 exemplares; amplitude de comprimento total 21-59 mm.

LITERATURA

Caruso, 1983; Figueiredo & Menezes, 1978 (Figura 86); Matsuura & Yoneda, 1986.

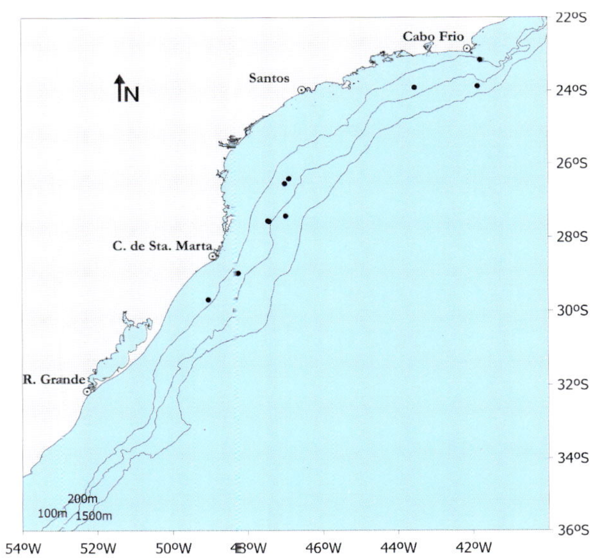

120 mm CP; MZUSP 78199

Dibranchus atlanticus Peters, 1876

OGCOCEPHALIDAE

CARACTERIZAÇÃO

Dorsal 6-7; anal 4; peitoral 13-15.

Corpo fortemente deprimido, formando um disco com a cauda destacada. Primeiro espinho da nadadeira dorsal transformado numa isca localizada sob o rostro. Nadadeira dorsal mole e anal localizadas na parte posterior do tronco. Peitoral modificada, localizada em um pedúnculo destacado do disco. Pélvicas localizadas na região ventral do disco, muito adiante das peitorais. Opérculo na axila da nadadeira peitoral. Corpo coberto por escamas em forma de cone, ásperas ou com espinho.

DADOS BIOLÓGICO

Atinge 15 cm de comprimento

Habita de preferência a região do talude, entre 180 e 910 m de profundidade.

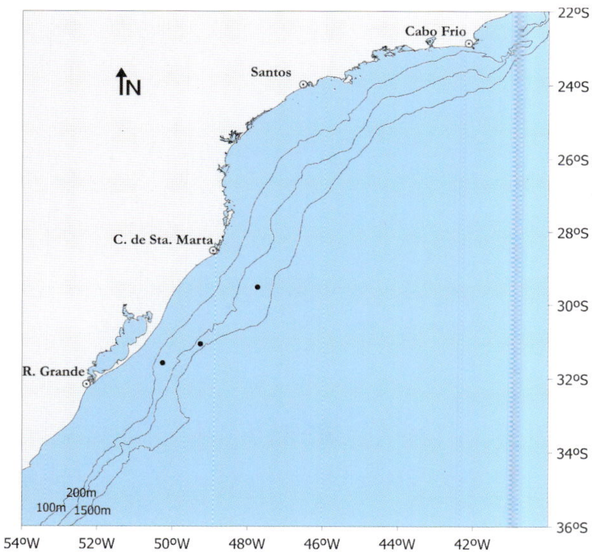

DISTRIBUIÇÃO

Distribui-se no Atlântico. Na costa americana, de Rhode Island até o sul do Brasil.

MATERIAL COLETADO

Cinco exemplares; amplitude de comprimento total 77-148 mm.

LITERATURA

Bradbury, 1967, 1978; Hoese & Moore, 1998; Uyeno & Aizawa, 1983.

30 mm CP; MZUSP 78220

Oneirodes notius Pietsch, 1974

ONEIRODIDAE

CARACTERIZAÇÃO

Dorsal 5-7; anal 4; peitoral 17-19.

Fêmeas com o corpo curto, globoso, boca oblíqua. Suporte ósseo do illicium emergindo entre os olhos. Esca globular, de estrutura diagnóstica da espécie (Figura 89 de Pietsch, 1974). Segundo espinho dorsal reduzido, coberto por pele. Sem escamas. Pele negra. Machos de tamanho reduzido, com menos de 25 mm de comprimento, aparentemente não se fixando às fêmeas como parasitas.

DADOS BIOLÓGICOS

De águas subantárticas, dos 700 a 2.000 m de profundidade. Larva epipelágica, jovens e adultos meso ou batipelágicos.

DISTRIBUIÇÃO

Ocorre nos setores correspondentes ao Atlântico e Pacífico do oceano Antártico.

MATERIAL COLETADO

Um exemplar; 30 mm de comprimento padrão.

LITERATURA

Pietsch, 1974.

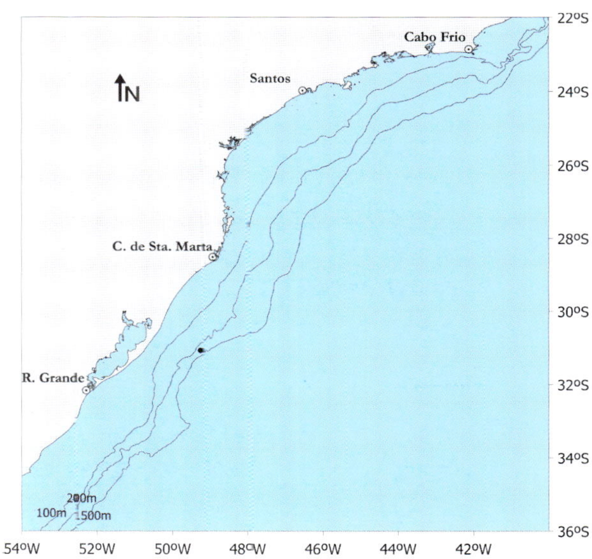

22 mm CP; MZUSP 78158
(coloração artificial)

Exocoetus obtusirostris Günther, 1866

EXOCOETIDAE

CARACTERIZAÇÃO

Dorsal 13-14; anal 13-15; peitoral 15-17; rastros branquiais 24-29; escamas pré-dorsais 18-22; escamas entre a origem da dorsal e a linha lateral usualmente 7.

Corpo roliço. Nadadeiras dorsal e anal em posição posterior no corpo, contrapostas. Peitoral muito desenvolvida, alcançando o pedúnculo caudal. Ventral curta, inserida mais perto da base da peitoral que da origem da anal. Jovens sem barbilhão mental.

DADOS BIOLÓGICOS

Alcança 20 cm de comprimento padrão.

Vive na superfície de águas oceânicas.

DISTRIBUIÇÃO

Ocorre no Atlântico tropical e subtropical e também no Pacífico e no Índico.

MATERIAL COLETADO

Um exemplar; 22 mm de comprimento padrão.

LITERATURA

Bruun, 1935; Parin, 1986.

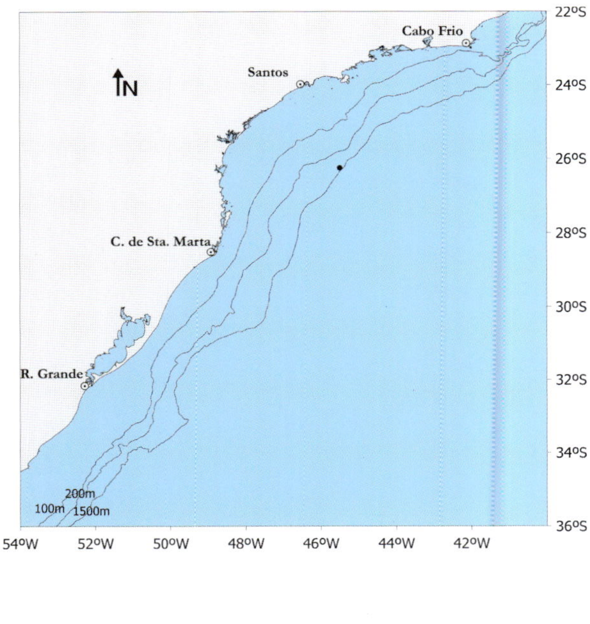

75 mm CP; MZUSP 78209

Oxyporhamphus micropterus similis Bruun, 1935 — HEMIRAMPHIDAE

CARACTERIZAÇÃO

Dorsal 13-15; anal 14-16; peitoral 11-13; rastros branquiais 29-35; escamas pré-dorsais 29-34; vértebras 50-51. Corpo alongado. Mandíbula caracteristicamente curta. Dorsal e anal posteriores no corpo, contrapostas. Peitoral longa. Ventral posterior à metade do corpo.

DADOS BIOLÓGICOS

Atinge pelo menos 15 cm de comprimento padrão.
É uma espécie de hábitos oceânicos, de superfície.

DISTRIBUIÇÃO

Ocorre no Oceano Atlântico, da Carolina do Norte até o sul do Brasil.

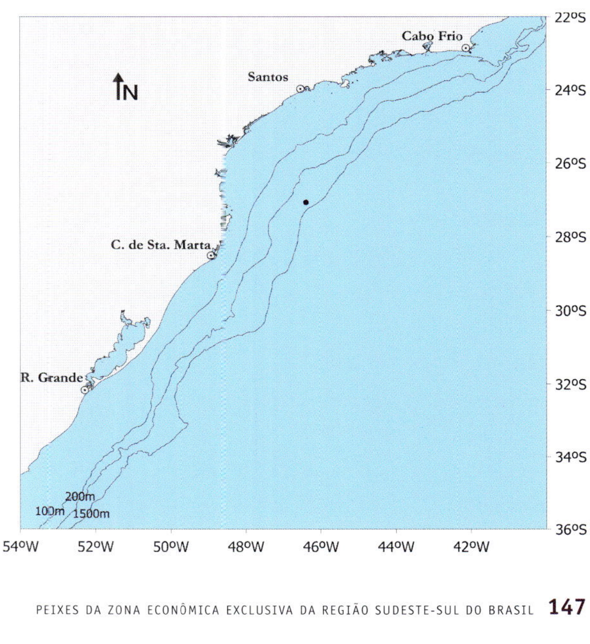

MATERIAL COLETADO

Um exemplar; 75 mm de comprimento padrão.

LITERATURA

Bruun, 1935.

11 mm CP; MZUSP 78211

56 mm CP; MZUSP 78246

75 mm CP; MZUSP 78246

Anoplogaster cornuta (Valenciennes, 1833)

ANOPLOGASTRIDAE

CARACTERIZAÇÃO

Dorsal 17-20; anal 7-9; peitoral 14-16; ventral 7.

Nadadeiras sem espinho. Dorsal única. Anal curta. Ventral inserida posteriormente à base da peitoral. Cabeça mais alta que longa. Olho proporcionalmente maior nos jovens do que nos adultos. Linha lateral é um sulco aberto. Espinhos cefálicos muito longos nas larvas e jovens, diminuindo proporcionalmente com o desenvolvimento do indivíduo. Dentes pequenos nos jovens e muito longos nos adultos. Escamas com espinhos numerosos.

DADOS BIOLÓGICOS

Atinge 15,2 cm de comprimento padrão.

Espécie de hábito meso a batipelágico, sendo que os adultos vivem em profundidade maior que os jovens. Os jovens alimentam-se de crustáceos e os adultos, de peixes.

DISTRIBUIÇÃO

Ocorre em todos os oceanos, de 46°N a 46°S de latitude.

MATERIAL COLETADO

Treze exemplares; amplitude de comprimento total 10-103 mm.

LITERATURA

Post, 1986b.

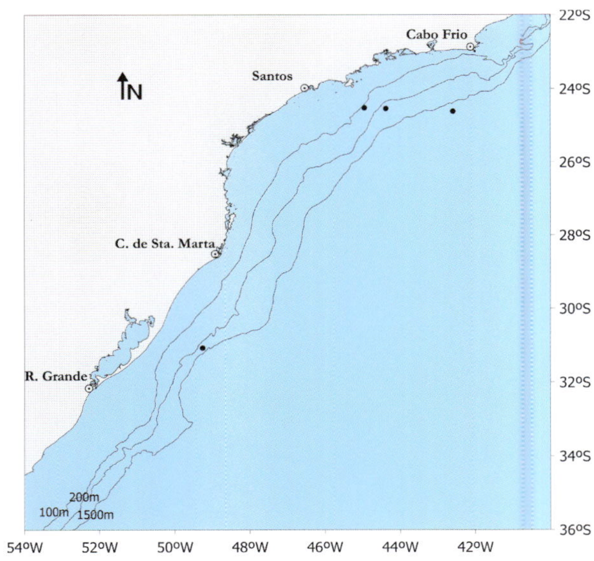

23 mm CP; MZUSP 78190

Paratrachichthys atlanticus Menezes, 1971 — TRACHICHTHYIDAE

CARACTERIZAÇÃO

Dorsal V, 13; anal III, 8-9; escudos abdominais 9-10.

Dorsal única com espinhos na parte anterior. Anal curta. Ventral sob a peitoral. Abertura anal localizada entre as nadadeiras pélvicas. 9-10 escudos medianos abdominais.

DADOS BIOLÓGICOS

O maior exemplar conhecido mede 10,3 cm de comprimento. Ocorre entre 115 e 210 m de profundidade. Os jovens são pelágicos e habitam águas afastadas da costa.

DISTRIBUIÇÃO

Ocorre no Atlântico Sul ocidental, do Estado de São Paulo ao Uruguai.

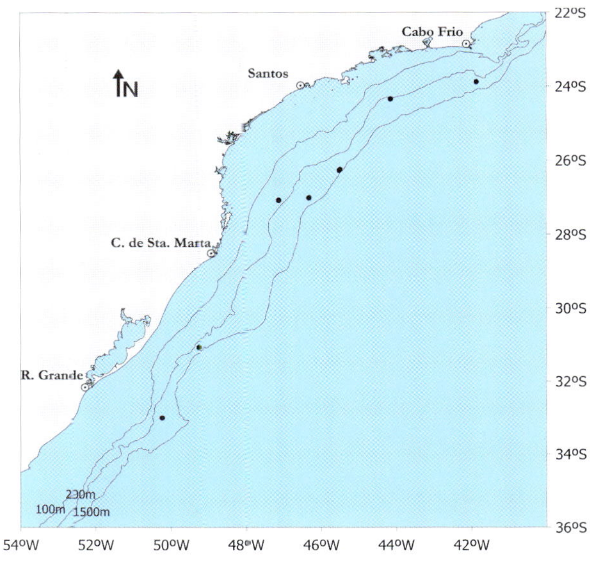

MATERIAL COLETADO

Dezenove exemplares; amplitude de comprimento padrão 12-124 mm.

LITERATURA

Figueiredo & Menezes, 1980 (Figura 5).

20 mm CP; MZUSP 78148

Sargocentron bullisi (Woods, 1955) — HOLOCENTRIDAE

CARACTERIZAÇÃO

Dorsal XI + 11-12; anal IV, 8; peitoral 13-15; ventral I, 7; rastros branquiais 6-7 + 9-10; escamas da linha lateral 39-43.

Corpo lateralmente comprimido, coberto por escamas fortemente ctenóides. Duas nadadeiras dorsais, a primeira espinhosa. Anal oposta à segunda nadadeira dorsal. Ventral inserida um pouco atrás da base da peitoral. Margem dos ossos da face com espinhos.

DADOS BIOLÓGICOS

Atinge 13 cm de comprimento padrão.

Vive em águas de 30 a 100 m de profundidade.

DISTRIBUIÇÃO

Habita o Atlântico ocidental, da Flórida ao sul do Brasil.

MATERIAL COLETADO

Três exemplares; amplitude de comprimento padrão 20-22 mm.

LITERATURA

Figueiredo & Menezes, 1980 (Figura 9, como *Adioryx bullisi*); Woods & Sonoda, 1973.

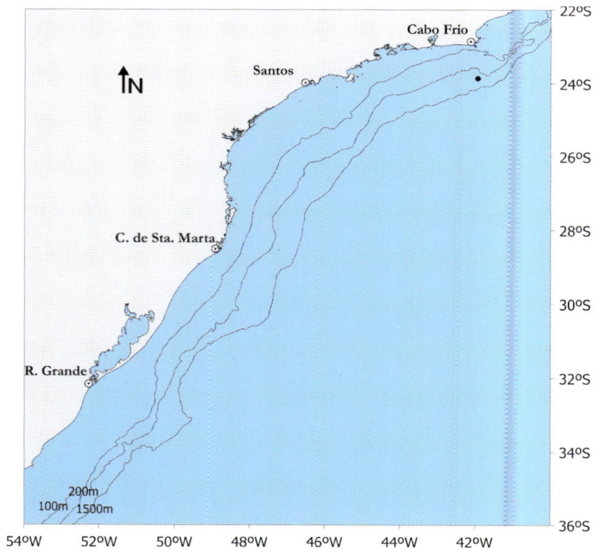

37 mm CP; MZUSP 78170

Zenopsis conchifera (Lowe, 1852)

ZEIDAE

CARACTERIZAÇÃO

Dorsal IX-X, 24-27; anal III, 24-26; peitoral 12; pélvica 6-7.

Corpo alto, sem escamas. Nadadeira dorsal com espinhos longos na parte anterior. Anal oposta à parte mole da dorsal. Ventral longa, inserida adiante da peitoral. Escudos na região ventral e tubérculos ao longo da base das nadadeiras dorsal e anal. Corpo prateado, com pequenas manchas escuras e arredondadas, mais evidentes nos exemplares jovens.

DADOS BIOLÓGICOS

Alcança 75 cm de comprimento padrão.

Vive perto do fundo ou em meia-água, de 50 a mais de 400 m de profundidade. Alimenta-se principalmente de peixes.

DISTRIBUIÇÃO

Habita as regiões tropicais dos oceanos Atlântico e Índico. No Atlântico ocidental ocorre da Nova Scotia até a Argentina.

MATERIAL COLETADO

64 exemplares; amplitude de comprimento total 16-185 mm.

LITERATURA

Figueiredo & Menezes, 1980 (Figura 10, como *Zenopsis conchifer*); Quéro, 1986a.

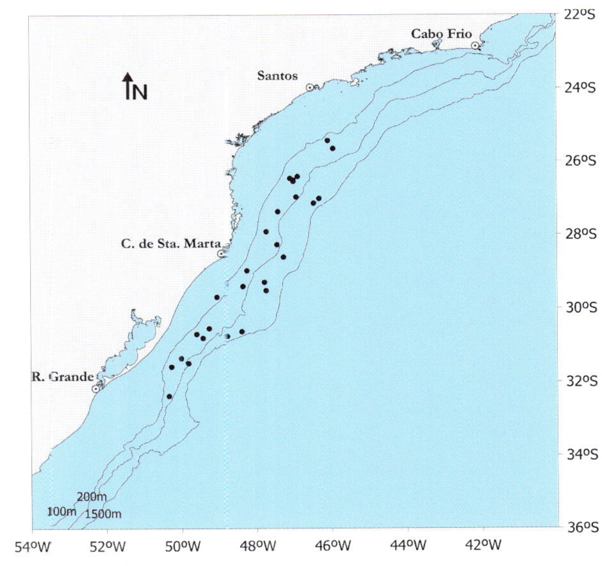

41 mm CP; MZUSP 78200

Xenolepidichthys dalgleishi Gilchrist, 1922 — GRAMMICOLEPIDIDAE

CARACTERIZAÇÃO

Dorsal V, 27-30; anal II + 27-29; peitoral 14-15.

Corpo muito alto e comprimido. Boca muito pequena. Rastros branquiais rudimentares. Nadadeiras dorsal e anal opostas. Nos exemplares jovens o segundo espinho dorsal e o primeiro anal são longos, filamentosos. Escamas extremamente alongadas no sentido vertical. Corpo prateado com manchas negras arredondadas.

DADOS BIOLÓGICOS

Cresce até 15 cm de comprimento. É uma espécie de fundo, tendo sido capturada entre 200 e 500 m de profundidade.

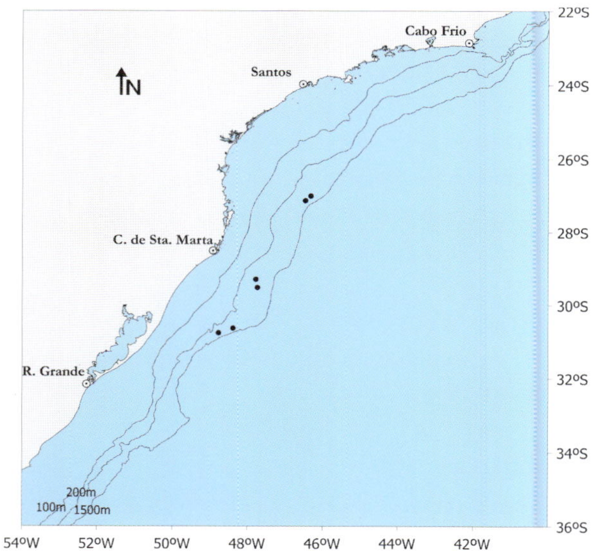

DISTRIBUIÇÃO

Ocorre no Atlântico, Índico e Pacífico.

MATERIAL COLETADO

Treze exemplares; amplitude de comprimento total 14-105 mm.

LITERATURA

Karrer & Heemstra, 1986.

22 mm CP; MZUSP 78179

Antigonia capros Lowe, 1843 — CAPROIDAE

CARACTERIZAÇÃO

Dorsal VII-IX, 31-37; anal III, 29-34; fileiras laterais de escamas 46-54.

Corpo muito alto, boca vertical. Nadadeira dorsal única, iniciando na metade do corpo. Anal oposta. Ventral posterior à peitoral. Corpo com pequenas escamas ctenóides. De cor vermelha alaranjada.

DADOS BIOLÓGICOS

Atinge 30 cm de comprimento padrão.

Vive junto ao fundo. Os jovens, em meia-água. No sul do Brasil ocorre entre 27 e 219 m , mas já foi assinalada em outras áreas em até 600 m de profundidade. Alimenta-se principalmente de moluscos.

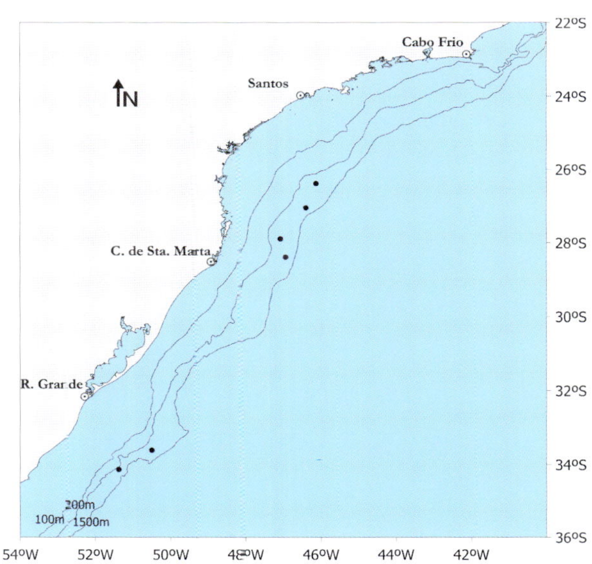

DISTRIBUIÇÃO

Ocorre no Atlântico, no Índico e no Pacífico. No Atlântico ocidental estende-se de New Jersey até o Uruguai.

MATERIAL COLETADO

118 exemplares; amplitude de comprimento total 9-113 mm.

LITERATURA

Figueiredo & Menezes, 1980 (Figura 11); Quéro, 1986b.

140 mm CP; MZUSP 78286

Fistularia petimba Lacepède, 1803

FISTULARIIDAE

CARACTERIZAÇÃO

Dorsal 14-17; anal 14-15; peitoral 15-17.

Corpo extremamente alongado. Focinho tubular. Dorsal e anal sem espinhos, em posição muito posterior no corpo. Ventrais aproximadamente na metade do corpo. Caudal com longo filamento mediano. Cristas do focinho serrilhadas. Crista pós-temporal com serrilhas fortes, antrorsas. Corpo róseo a laranja.

DADOS BIOLÓGICOS

Cresce até pelo menos 1,8 m de comprimento.

Em arrastos de fundo no sul do Brasil foi capturada entre 18 e 57 m de profundidade.

DISTRIBUIÇÃO

Conhecida no Atlântico, no Índico e no oeste do Pacífico. No Atlântico ocidental ocorre de Massachusetts até o sul do Brasil.

MATERIAL COLETADO

Dezesseis exemplares; amplitude de comprimento total 64-151 mm.

LITERATURA

Figueiredo & Menezes, 1980 (Figura 13); Heemstra, 1986c.

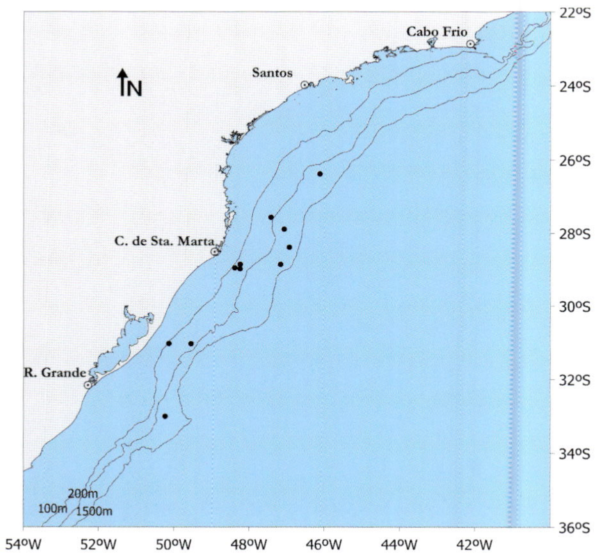

32 mm CP; MZUSP 78230

Macroramphosus scolopax (Linnaeus, 1758) — MACRORAMPHOSIDAE

CARACTERIZAÇÃO

Dorsal IV-VIII + 10-14; anal 18-20; peitoral 15-17.

Duas dorsais, a primeira espinhosa. A segunda, curta, sobre a parte posterior da anal. Pélvica abdominal. Medidas proporcionais ao comprimento padrão: altura do corpo 16,7-36%; comprimento do focinho 28,6-40%; segundo espinho dorsal 8,6-38,9%. Larvas e jovens prateados, com a região dorsal preto-azulada. Adultos róseos na parte superior.

DADOS BIOLÓGICOS

Alcança 20 cm de comprimento.

Jovens até 10 cm de comprimento são pelágicos, em águas oceânicas. Adultos vivem junto ao fundo, entre 50 e 350 m de profundidade. Alimentam-se de zooplâncton e de invertebrados bentônicos.

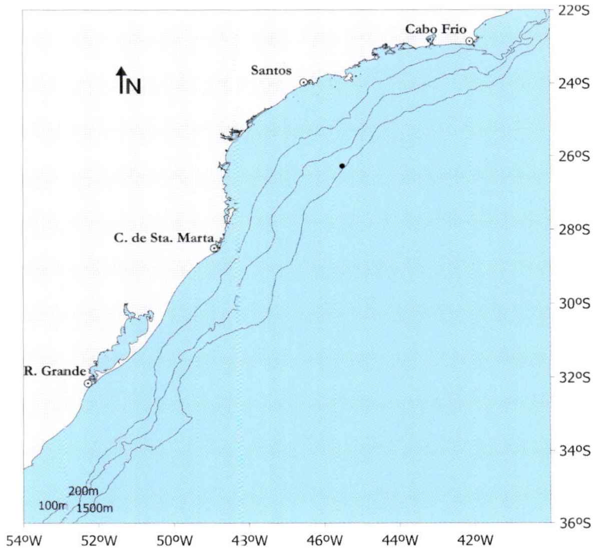

DISTRIBUIÇÃO

Ocorrem em águas tropicais e subtropicais de todos os oceanos. Na costa leste americana, do Golfo do Maine até a Argentina.

MATERIAL COLETADO

Um exemplar; 32 mm de comprimento padrão.

LITERATURA

Ehrich, 1986; Figueiredo & Menezes, 1980 (Figuras 14 e 15); Heemstra, 1986d.

20 mm CP; MZUSP 78283

Helicolenus lahillei Norman, 1937

SCORPAENIDAE

CARACTERIZAÇÃO

Dorsal XII-XIII, 11-13; anal III, 3-5; peitoral 18-19; rastros branquiais 26-28.

Cabeça volumosa com espinhos sobre as cristas ósseas. Crista óssea na região suborbital. Nadadeira dorsal contínua, com espinhos na parte anterior. Anal curta. Ventral sob a peitoral. Peitoral ampla.

DADOS BIOLÓGICOS:

Atinge 35 cm de comprimento.

De fundo, foi capturado no sul do Brasil e Uruguai entre 165 e 215 m de profundidade.

DISTRIBUIÇÃO

Ocorre no Atlântico Sul ocidental, do Rio Grande do Sul até a Argentina.

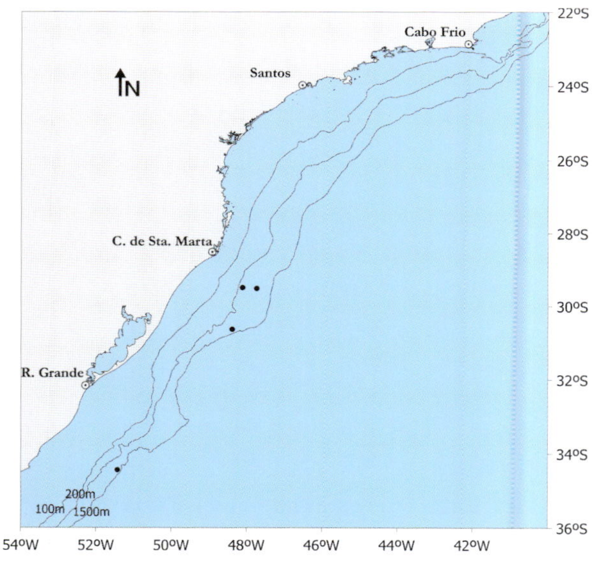

MATERIAL COLETADO

57 exemplares; amplitude de comprimento total 20-282 mm.

LITERATURA

Barsukov, 1973; Figueiredo & Menezes, 1980 (Figura 25, como *Helicolenus dactylopterus*).

31 mm CP; MZUSP 78291

Setarches guentheri Johnson, 1862 — SCORPAENIDAE

CARACTERIZAÇÃO

Dorsal XI-XIII, 9-11; anal III (às vezes duas nos jovens), 4-6; peitoral 20-25; rastros branquiais 6-7 + 12-14 = 19-21.

Cristas ósseas da cabeça com espinhos. Com crista óssea suborbital. Nadadeira dorsal contínua, com espinhos na parte anterior. Anal curta. Ventral sob a peitoral, que é muito desenvolvida. Linha lateral constituída por uma calha contínua, coberta por escamas membranosas.

DADOS BIOLÓGICOS

Cresce até 23 cm de comprimento.

De águas afastadas da costa. Vive no fundo ou nas proximidades, mas se alimenta na coluna d'água.

DISTRIBUIÇÃO

Ocorre no Atlântico e no Pacífico. Na costa americana estende-se de cerca de 40°N ao sul do Brasil.

MATERIAL COLETADO

36 exemplares; amplitude de comprimento total 21-182 mm.

LITERATURA

Eschmeyer, 1969; Eschmeyer & Collette, 1966.

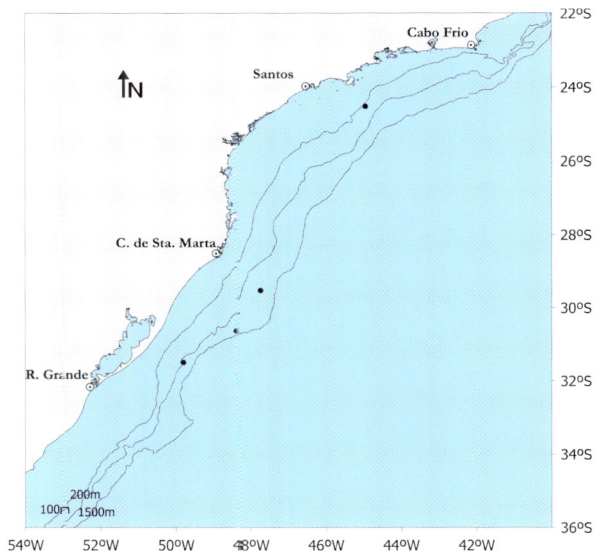

40 mm CP; MZUSP 78183

Bellator brachychir (Regan, 1914) TRIGLIDAE

CARACTERIZAÇÃO

Dorsal X-XI + 11-12; anal 11-12; peitoral 12 + 3 livres; rastros branquiais do ramo inferior 16-19.

Corpo alto, coberto por escamas. Cabeça coberta por placas ósseas. Duas nadadeiras dorsais contíguas. Nadadeira anal à segunda dorsal. Nadadeira pélvica inserida sob a base da peitoral. Alguns exemplares com o primeiro espinho da nadadeira dorsal prolongado em um longo filamento. Mancha negra situada entre o quarto e o quinto espinho da dorsal. Região superior da peitoral com uma mancha negra alongada.

DADOS BIOLÓGICOS

A espécie atinge 10 cm de comprimento.

Espécie encontrada sobre substratos de areia e cascalho. É coletada nos arrastos de fundo entre 35 e 200 m.

DISTRIBUIÇÃO

Ocorre na costa leste americana entre 2 e 3°N e do Rio de Janeiro ao Uruguai.

MATERIAL COLETADO

Dois exemplares; 40 mm de comprimento padrão.

LITERATURA

Figueiredo & Menezes, 1980 (Figura 32).

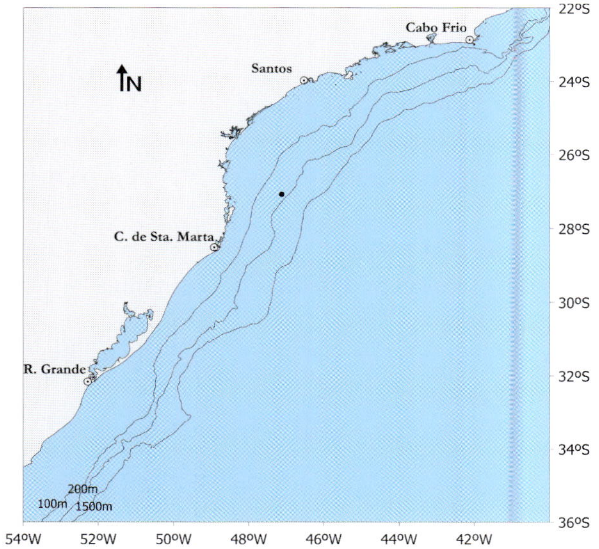

83 mm CP; MZUSP 78317

Prionotus nudigula Ginsburg, 1950 — TRIGLIDAE

CARACTERIZAÇÃO

Dorsal X + 12; anal 11; peitoral 13 + 3 livres; rastros branquiais, excluindo rudimentos, 8-10.

Corpo alto, com escamas. Nadadeira dorsal com espinhos na parte anterior. Anal oposta à dorsal mole. Ventral sob a peitoral. Placa de dentes palatinos menor do que a placa de dentes vomerianos. Escamas da superfície ventral do corpo não alcançando a parte anterior da linha que liga as bases dos raios livres mais inferiores das peitorais

DADOS BIOLÓGICOS

Maior exemplar com 22 cm de comprimento.

Vive em fundos de 15 a 200 m de profundidade.

DISTRIBUIÇÃO

Ocorre no Atlântico ocidental, do Estado do Rio de Janeiro até a Argentina.

MATERIAL COLETADO

Cinco exemplares; amplitude de comprimento total 100-185 mm.

LITERATURA

Figueiredo e Menezes, 1980.

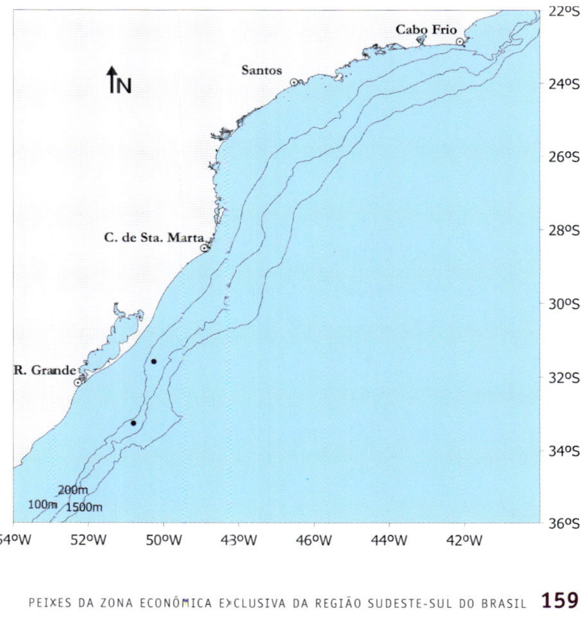

76 mm CP; MZUSP 78398

Prionotus punctatus (Bloch, 1797) — TRIGLIDAE

CARACTERIZAÇÃO

Dorsal X + 12-13: A 11; peitoral 13 + 3 livres; rastros branquiais, excluindo rudimentos, 8-11.

Corpo alto, com escamas. Nadadeira dorsal com espinhos na parte anterior. Anal oposta à dorsal mole. Ventral sob a peitoral. Placa de dentes palatinos bem desenvolvida, geralmente maior do que a placa de dentes vomerianos. Escamas da superfície ventral do corpo estendendo-se anteriormente além da linha que liga as bases dos raios livres mais inferiores das peitorais.

DADOS BIOLÓGICOS

De fundo, ocorrendo em até 190 m de profundidade no sul do Brasil. Alimenta-se de crustáceos e de pequenos peixes.

DISTRIBUIÇÃO

Estende-se da Belize e América Central, até a Argentina.

MATERIAL COLETADO

73 exemplares; amplitude de comprimento total 270-382 mm.

LITERATURA

Figueiredo & Menezes, 1980 (Figura 33).

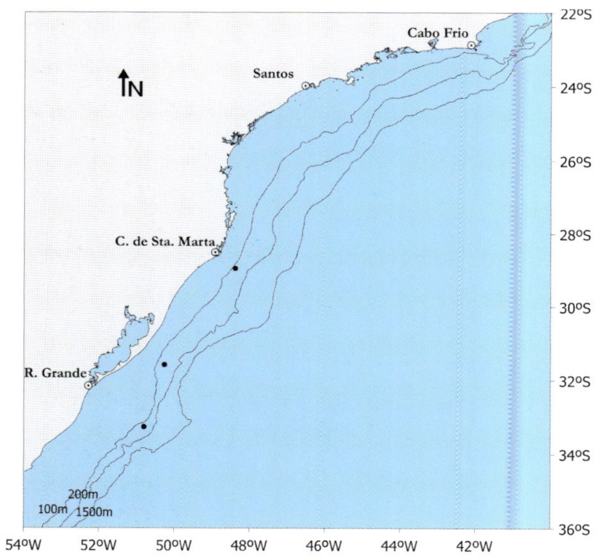

46 mm CP; MZUSP 78177

Peristedion altipinnis (Regan, 1903) — PERISTEDIIDAE

CARACTERIZAÇÃO

Dorsal VIII + 17-18; anal 16-18; peitoral 11-13 + 2 livres; rastros branquiais do ramo inferior 15-18.

Corpo alto, completamente coberto por placas com espinhos. Parte anterior do focinho com duas projeções ósseas curtas (Cinco a seis vezes no comprimento da cabeça). Nadadeiras dorsais contíguas. Anal oposta à dorsal posterior. Ventral inserida sob a base da peitoral.

DADOS BIOLÓGICOS

A espécie chega a 22,7 cm de comprimento.

É capturada nos arrastos de fundo em profundidades entre 100 e 200 m.

DISTRIBUIÇÃO

Ocorre no Atlântico Sul ocidental, do Rio de Janeiro (Cabo Frio) ao Rio Grande do Sul.

MATERIAL COLETADO

88 exemplares; amplitude de comprimento padrão 12-51 mm.

LITERATURA

Figueiredo & Menezes, 1980 (Figura 31, como *Peristedion altipinne*).

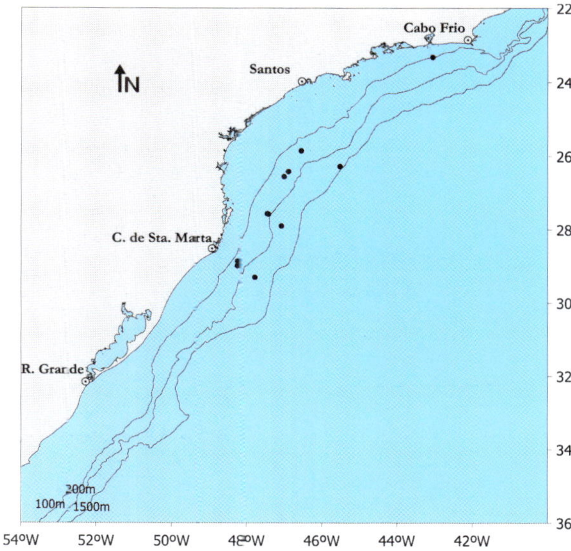

40 mm CT; MZUSP 78397

Peristedion sp.

PERISTEDIIDAE

CARACTERIZAÇÃO

Difere de *Peristedion altipinnis* por possuir as projeções ósseas da parte anterior do focinho muito mais longas (cerca de 2,5 vezes no comprimento da cabeça), mais raios na nadadeira dorsal (19-20) e mais raios na anal (20-21), além de maior número de rastros branquiais no ramo inferior (23-27).

DISTRIBUIÇÃO

Costas do Estado do Rio Grande do Sul.

MATERIAL COLETADO

Um exemplar; 40 mm de comprimento total.

LITERATURA

Figueiredo & Menezes, 1980.

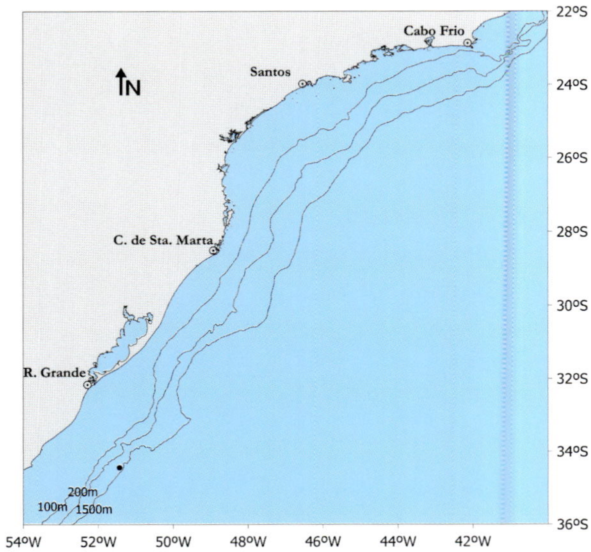

100 mm CP; MZUSP 78194

Synagrops bellus (Goode & Bean, 1895)

ACROPOMATIDAE

CARACTERIZAÇÃO

Dorsal IX + I, 9; peitoral 16-17; rastros branquiais 3-4 + 10-13; escamas da linha lateral 29-31.

Duas nadadeiras dorsais, a primeira espinhosa. Segunda nadadeira dorsal sobre a anal. Pélvica inserida sob a base da peitoral. Margem anterior do segundo espinho da primeira nadadeira dorsal, do segundo espinho da anal e do espinho da ventral, lisa.

DADOS BIOLÓGICOS

Maior exemplar com 23 cm de comprimento padrão. Capturada em arrasto de fundo no sul do Brasil, entre 107 e 179 m.

DISTRIBUIÇÃO

Ocorre na costa leste americana, da Carolina do Norte ao Rio Grande do Sul.

MATERIAL COLETADO

38 exemplares; amplitude de comprimento padrão 47-126 mm.

LITERATURA

Figueiredo & Menezes, 1980 (Figura 75, como *Synagrops bella*); Fujii, 1983.

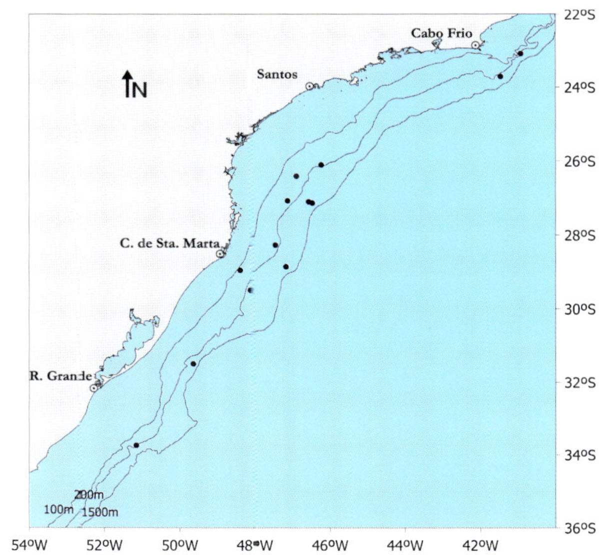

85 mm CP; MZUSP 78195

Synagrops spinosus Schultz, 1940 — ACROPOMATIDAE

CARACTERIZAÇÃO

Dorsal IX + I, 9; anal II, 7-8; peitoral 15-16; rastros branquiais 4-5 + 11-14; escamas da linha lateral 29-31. Duas nadadeiras dorsais, a primeira constituída de espinhos. Nadadeira anal sob a segunda nadadeira dorsal. Pélvica inserida sob a base da peitoral. Segundo espinho da primeira nadadeira dorsal, segundo espinho da anal e espinho com a margem anterior serrilhada.

DADOS BIOLÓGICOS

Maior exemplar com 13 cm de comprimento. Normalmente é capturada em arrastos de fundo, supondo-se que seja peixe demersal. Vive em áreas de sedimento arenoso ou de lama, entre 70 e 544 m de profundidade, preferindo a parte externa da plataforma continental.

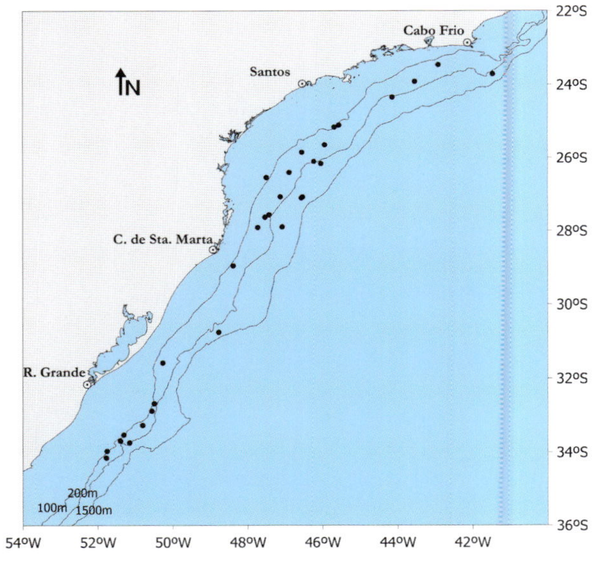

DISTRIBUIÇÃO

Ocorre no Pacífico e no Atlântico ocidental. Neste, distribui-se do Golfo do México ao Uruguai.

MATERIAL COLETADO

1.700 exemplares; amplitude de comprimento padrão 18-97 mm.

LITERATURA

Figueiredo & Menezes, 1980 (Figura 76, como *Synagrops spinosa*); Fujii, 1983; Mochizuki & Gultneh, 1989.

15 mm CP; MZUSP 78152

Anthias menezesi Anderson & Heemstra, 1980 — SERRANIDAE

CARACTERIZAÇÃO

Dorsal X,15-16; anal III, 7; rastros branquiais 12-15 + 29-33, número total 41-48; escamas da linha lateral 36-40; escamas ao redor do pedúnculo caudal 16-18.

Corpo comprimido, alto. Boca ampla. Nadadeira dorsal e anal com espinhos na parte anterior. Anal sob a parte mole da dorsal. Pélvica sob a peitoral. Escamas fortemente ctenóides.

DADOS BIOLÓGICOS

Ultrapassa 28 cm de comprimento total. É uma espécie de fundo, coletada entre 160 e 260 m de profundidade.

DISTRIBUIÇÃO

Ocorre na costa leste sul-americana, onde é conhecida ao largo da costa do Maranhão, no Rio Grande do Sul e no Uruguai.

MATERIAL COLETADO

Três exemplares; amplitude de comprimento padrão 15-18 mm.

LITERATURA

Anderson & Heemstra, 1980; Baldwin, 1990; Figueiredo & Menezes, 1980 (Figura 41, como *Anthias sp.*).

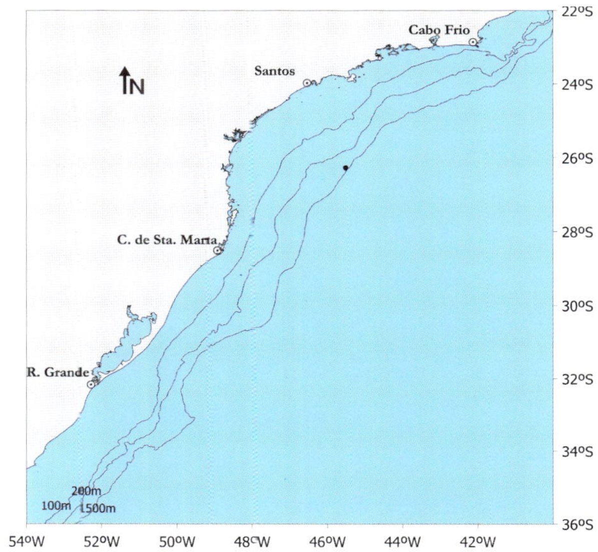

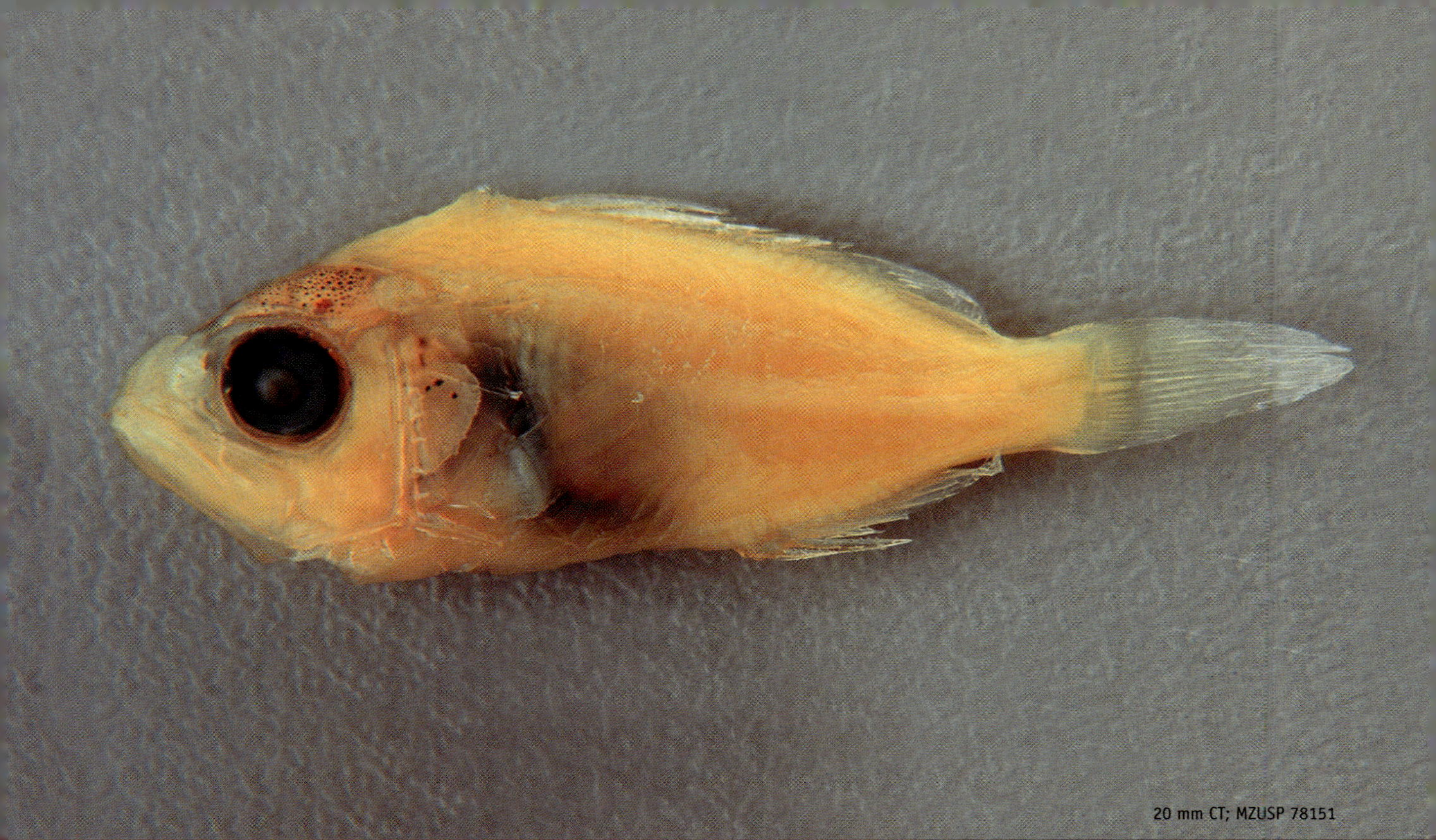

Cephalopholis fulva (Linnaeus, 1758)

SERRANIDAE

CARACTERIZAÇÃO

Dorsal IX, 14-16; anal III, 8-9; peitoral 18; rastros branquiais 23-27.

Corpo alto, boca ampla. Nadadeiras dorsal e anal com espinhos na parte anterior. Nadadeira pélvica sob a peitoral. Corpo com pequenas manchas escuras arredondadas. Duas maiores dorsalmente no pedúnculo caudal.

DADOS BIOLÓGICOS

Atinge cerca de 40 cm de comprimento.

Habita fundos rochosos, tendo sido encontrada em até 40 m de profundidade.

DISTRIBUIÇÃO

Ocorre no Atlântico, de Carolina do Sul ao sudeste do Brasil.

MATERIAL COLETADO

Um exemplar; 20 mm de comprimento total.

LITERATURA

Figueiredo & Menezes, 1980 (Figura 56); Johnson & Keener, 1984; Smith, 1971.

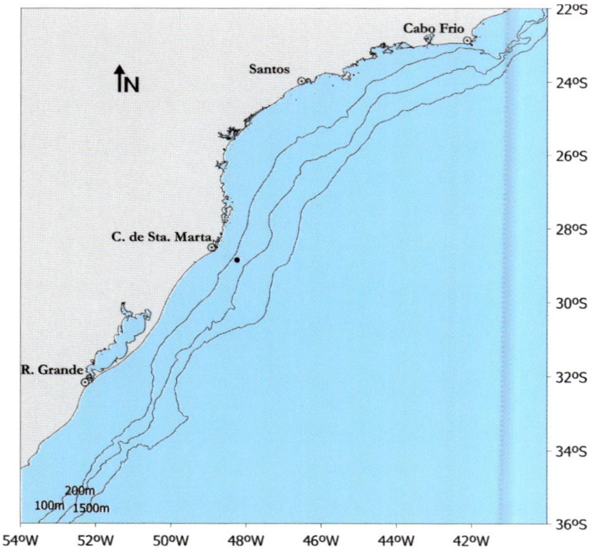

16 mm CP; MZUSP 78154

Epinephelus morio (Valenciennes, 1828) SERRANIDAE

CARACTERIZAÇÃO

Dorsal XI, 16-17; anal III, 9; peitoral (soma das duas nadadeiras) 33-36; rastros branquiais 22-25.

Boca ampla. Nadadeira dorsal e anal com espinhos na parte anterior. Segundo espinho da nadadeira dorsal mais longo que os demais. Pélvica inserida sob a base da peitoral.

DADOS BIOLÓGICOS

Alcança 72 cm de comprimento e 12 kg.

Habita fundos rochosos, desde a costa até mais de 100 m de profundidade.

DISTRIBUIÇÃO

Ocorre no Atlântico, de Massachusetts ao litoral do Estado de São Paulo.

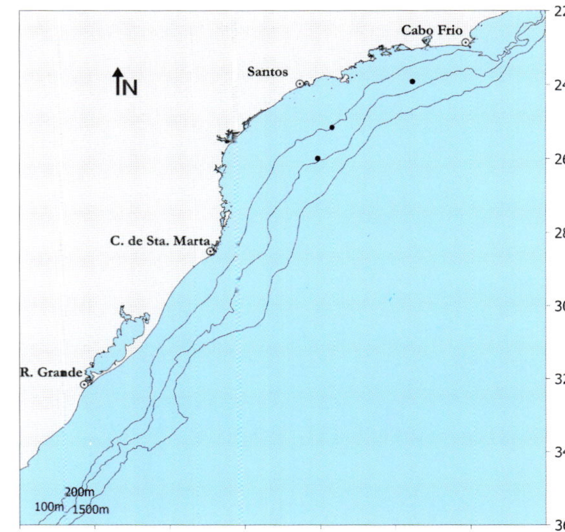

MATERIAL COLETADO

Nove exemplares; amplitude de comprimento padrão 11-21 mm.

LITERATURA

Figueiredo & Menezes, 1980 (Figura 65); Johnson & Keener, 1984; Smith, 1971.

Epinephelus nigritus (Holbrook, 1855)

SERRANIDAE

CARACTERIZAÇÃO

Dorsal X, 14-15; anal III, 9; peitoral (soma das duas nadadeiras) 36-39; rastros branquiais 21-25.

Boca ampla. Nadadeiras dorsal e anal com espinhos na parte anterior. Segundo espinho dorsal mais longo que os demais. Nadadeiras pélvicas inseridas sob as peitorais.

DADOS BIOLÓGICOS

Cresce até 1 m de comprimento, atingindo 150 kg. Vive em águas relativamente fundas, tendo sido capturada em até 450 m de profundidade.

DISTRIBUIÇÃO

Habita as águas tropicais americanas. No Atlântico distribui-se de Massachusetts ao litoral do Estado de São Paulo.

MATERIAL COLETADO

Seis exemplares; amplitude de comprimento total 20-26 mm.

LITERATURA

Figueiredo & Menezes, 1980 (Figura 67); Johnson & Keener, 1984; Smith, 1971.

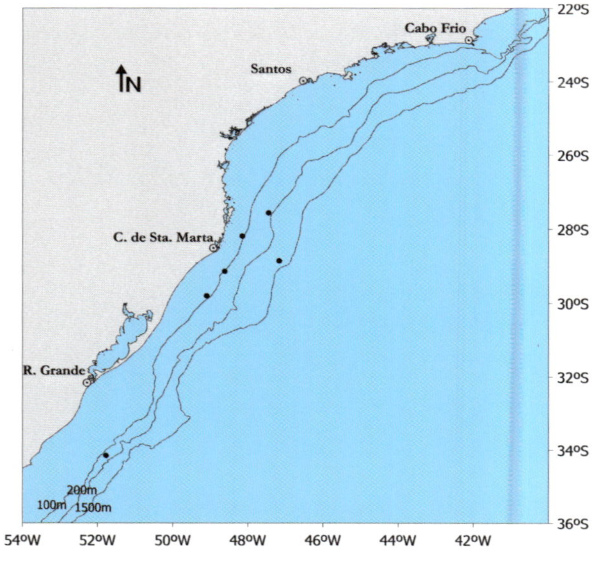

18 mm CP; MZUSP 78150

Mycteroperca bonaci (Poey, 1860)

SERRANIDAE

CARACTERIZAÇÃO

Dorsal XI, 16-18; anal III, 12; peitoral 17; rastros branquiais 19-22.

Corpo alto. Boca ampla. Nadadeiras dorsal e anal com espinhos na parte anterior. Anal sob a parte mole da dorsal. Nadadeira pélvica sob a peitoral.

DADOS BIOLÓGICOS

É a maior espécie do gênero, ultrapassando 1 m de comprimento e atingindo quase 90 kg.

Vive em áreas de fundo rochoso.

DISTRIBUIÇÃO

Ocorre no Atlântico ocidental, da Flórida ao litoral do Estado de São Paulo.

MATERIAL COLETADO

Um exemplar ; 18 mm de comprimento padrão.

LITERATURA

Figueiredo & Menezes, 1980 (Figura 59); Kendall, 1979; Smith, 1971.

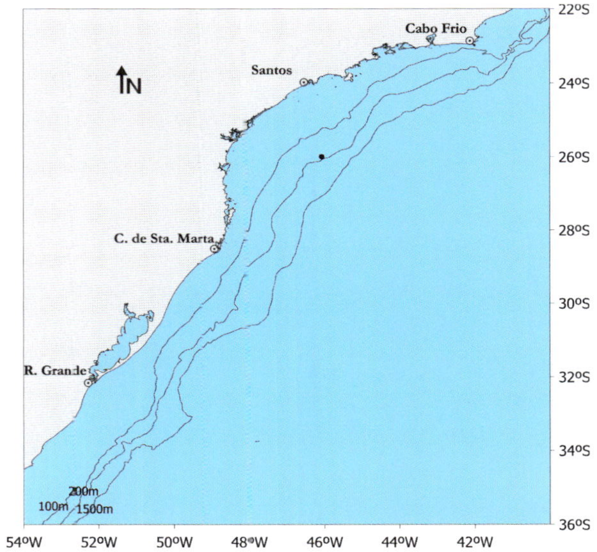

18 mm CP; MZUSP 78153

Pronotogrammus martinicensis (Guichenot, 1868) SERRANIDAE

CARACTERIZAÇÃO

Dorsal X,13-16; anal III,7-8; rastros branquiais 9-13 + 24-29, número total 34-41; escamas da linha lateral 35-41; escamas ao redor do pedúnculo caudal 18-22.

Corpo lateralmente comprimido. Área com dentes no vômer prolongando-se para trás. Nadadeiras dorsal e anal com espinhos na parte anterior. Anal sob a parte mole da dorsal. Pélvica inserida sob a base da peitoral. Escamas ctenóides.

DADOS BIOLÓGICOS

Alcança 18 cm de comprimento. É uma espécie demersal encontrada entre 65 e 230 m de profundidade.

DISTRIBUIÇÃO

Ocorre no Atlântico ocidental, da Carolina do Norte ao Rio Grande do Sul.

MATERIAL COLETADO

Nove exemplares; amplitude de comprimento padrão 15-18 mm.

LITERATURA

Anderson & Heemstra, 1980; Baldwin, 1990; Figueiredo & Menezes, 1980 (Figura 42, como *Holanthias martinicensis*)

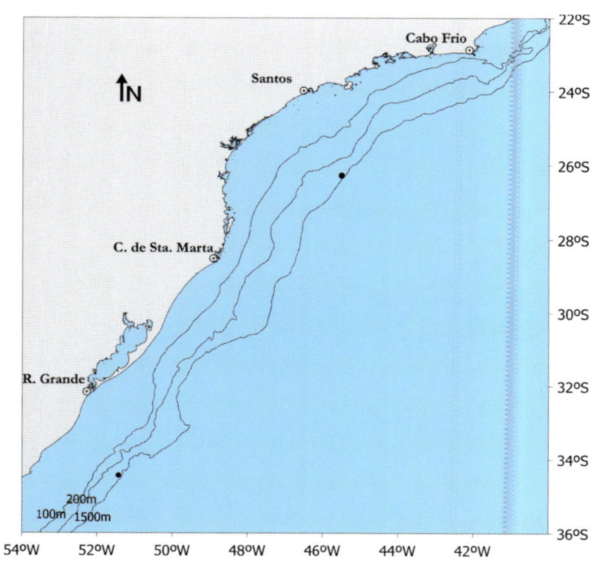

31 mm CP; MZUSP 78185

Serranus atrobranchus (Cuvier, 1829) — SERRANIDAE

CARACTERIZAÇÃO

Dorsal X, 12; anal III, 7 raios; peitoral 15-16; rastros branquiais 15-19; escamas da linha lateral 44-47. Nadadeira dorsal contínua, com espinhos na parte anterior. Ventral sob a peitoral. Corpo com cerca de sete faixas pouco nítidas. Uma mancha mais escura sob a parte posterior da dorsal espinhosa e outra no pedúnculo caudal. Internamente, no opérculo, há uma mancha marrom.

DADOS BIOLÓGICOS

Cresce até 19 cm de comprimento.
No sul do Brasil a espécie já foi encontrada entre 132 e 219 m de profundidade.

DISTRIBUIÇÃO

Ocorre do Texas ao norte da América do Sul e no sul do Brasil, do Estado do Rio de Janeiro ao Rio Grande do Sul.

MATERIAL COLETADO

Seis exemplares; amplitude de comprimento padrão 20-31 mm.

LITERATURA

Figueiredo & Menezes, 1980 (Figura 51); Robins & Starck, 1961.

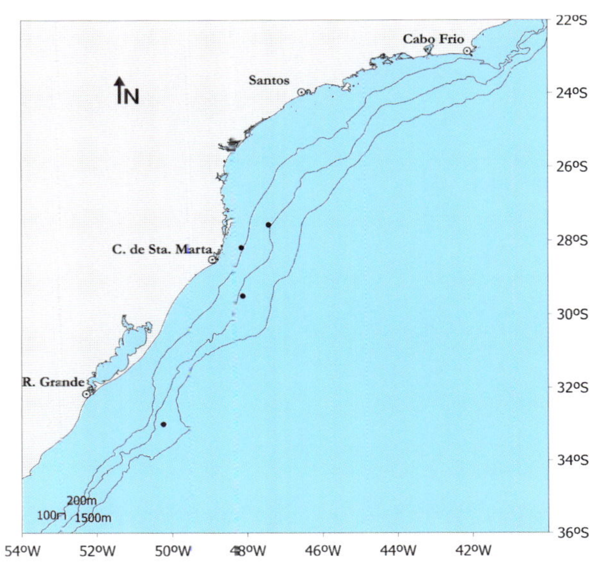

21 mm CP; MZUSP 78155

Serranus phoebe Poey, 1851

SERRANIDAE

CARACTERIZAÇÃO

Dorsal X, 12; anal III, 7; peitoral 15-16; rastros branquiais 17-20; escamas da linha lateral 47-51.

Corpo comprimido, boca ampla. Nadadeira dorsal e anal com espinhos na parte anterior. Anal sob a dorsal mole. Pélvica inserida sob a base da peitoral. Adultos com faixas transversais escuras no corpo: sob o olho, sob a região anterior da dorsal espinhosa, sob a parte posterior da dorsal mole e no pedúnculo caudal. Uma mancha esbranquiçada na região lateroventral adiante do ânus.

DADOS BIOLÓGICOS

Alcança 20,5 cm de comprimento. Espécie de fundo, capturada de 25 a cerca de 400 m de profundidade, mais comumente entre 50 e 180 m. Alimenta-se basicamente de camarões e, em menor escala, de caranguejos e de moluscos bivalvos.

DISTRIBUIÇÃO

Ocorre de Carolina do Sul até o litoral do Estado de São Paulo.

MATERIAL COLETADO

Dois exemplares; amplitude de comprimento padrão 21-33 mm.

LITERATURA

Figueiredo & Menezes, 1980 (Figura 48); Robins & Starck, 1961.

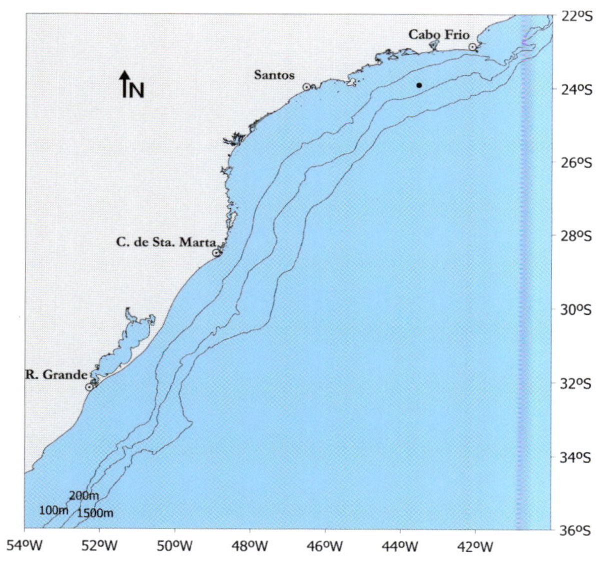

50 mm CP; MZUSP 78181

Cookeolus japonicus (Cuvier, 1829)

PRIACANTHIDAE

CARACTERIZAÇÃO

Dorsal X,12-14; anal III, 12-14; peitoral 17-19; rastros branquiais 22-27; escamas da linha lateral 60-73. Corpo alto, comprimido. Boca muito inclinada. Dorsal contínua, com espinhos anteriores. Base da anal mais curta do que a cabeça. Ventrais sob as peitorais, mais longas do que a cabeça. Escamas ctenóides.

DADOS BIOLÓGICOS

Atinge 60 cm de comprimento.

Vive de 60 a 400 m de profundidade. Come principalmente caranguejos pelágicos.

DISTRIBUIÇÃO

Espécie tropical circunglobal. Na costa leste americana ocorre de Nova Scotia até provavelmente a Argentina.

MATERIAL COLETADO

Dois exemplares; amplitude de comprimento padrão 83-151 mm.

LITERATURA

Figueiredo & Menezes, 1980 (Figura 71, como *Cookeolus boops*); Heemstra, 1986e; Starnes, 1988.

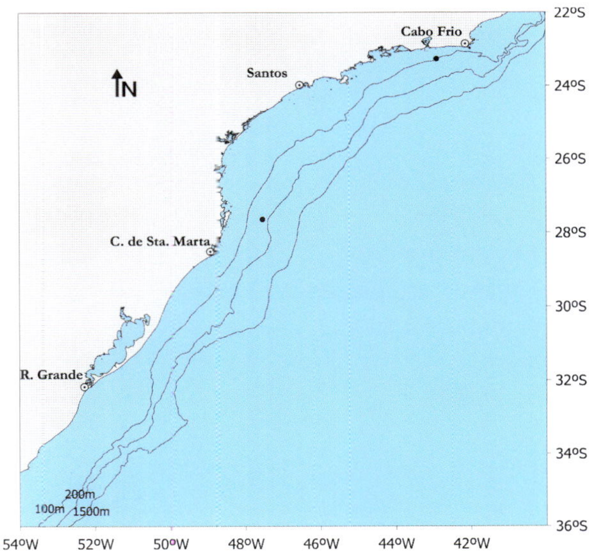

23 mm CP; MZUSP 78234

Heteropriacanthus cruentatus (Lacepède, 1801) PRIACANTHIDAE

CARACTERIZAÇÃO

Dorsal X, 12-13; anal III, 13-14; peitoral 18-19; rastros branquiais 21-25 (4-6+17-20); fileiras laterais de escamas 78-96.

Corpo lateralmente comprimido. Olho grande. Nadadeira dorsal e anal com espinhos na parte anterior. Pélvicas inseridas sob a base das peitorais. Escamas pequenas, fortemente ctenóides.

DADOS BIOLÓGICOS

Cresce até 25 cm de comprimento.

Vive em áreas rasas, sobre fundos rochosos ou coralinos, preferindo ambientes insulares. De hábitos noturnos, alimenta-se de uma grande variedade de invertebrados.

DISTRIBUIÇÃO

Ocorre em todos os mares tropicais.

MATERIAL COLETADO

Quatro exemplares; amplitude de comprimento padrão 18-23 mm.

LITERATURA

Figueiredo & Menezes, 1980 (Figura 73, como *Priacanthus cruentatus*); Starnes, 1988.

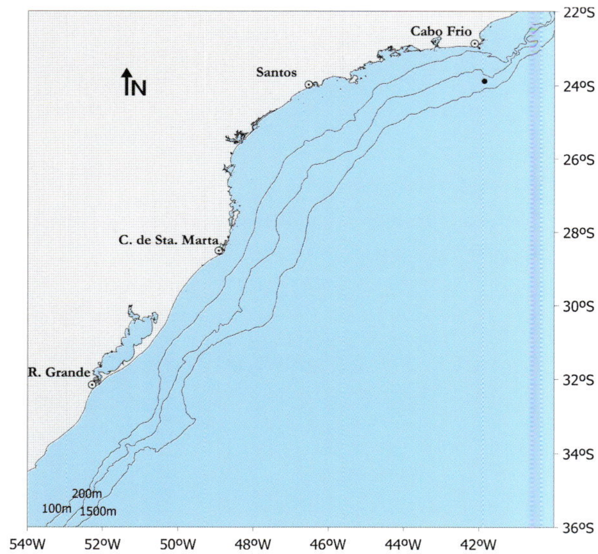

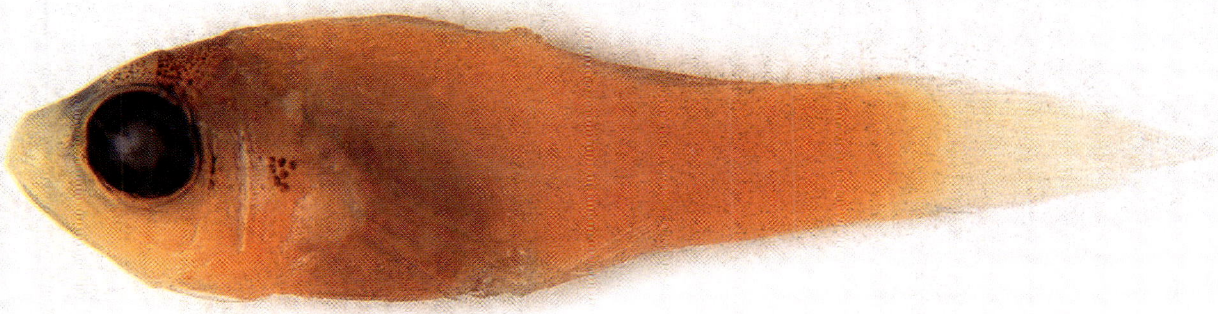

17 mm CP; MZUSP 78156

Apogon pseudomaculatus Longley, 1932

APOGONIDAE

CARACTERIZAÇÃO

Dorsal VI, I, 9; peitoral 11-13; rastros branquiais 4-6 + 12-13; escamas da linha lateral 24.

Corpo robusto. Boca e olhos grandes. Duas nadadeiras dorsais, a primeira espinhosa. Segunda nadadeira dorsal oposta à anal. Base da nadadeira ventral sob a base da peitoral. Mancha negra arredondada abaixo dos últimos raios da nadadeira dorsal. Outra maior, nem sempre nítida, no pedúnculo caudal.

DADOS BIOLÓGICOS

Alcança 9,5 cm de comprimento.

Ocorre entre 45 e 115 m de profundidade.

DISTRIBUIÇÃO

Habita o Atlântico ocidental, desde New England até o litoral do Rio Grande do Sul.

MATERIAL COLETADO

Três exemplares; amplitude de comprimento padrão 17-25 mm.

LITERATURA

Figueiredo & Menezes, 1980 (Figura 74); Gilbert, 1977.

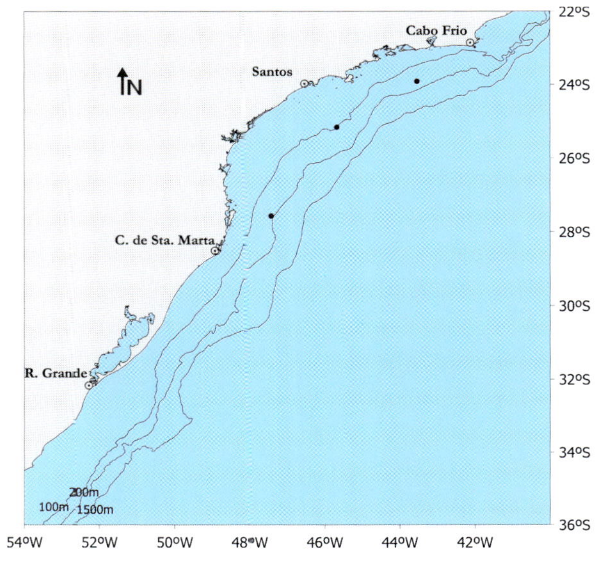

35 mm CP; MZUSP 78175

Caulolatilus chrysops (Valenciennes, 1833)

BRANCHIOSTEGIDAE

CARACTERIZAÇÃO

D VIII, 23-24; anal II, 22-23; peitoral 18-19; rastros branquiais 18-21; escamas da linha lateral 79-89.

Cabeça comparativamente curta, com o perfil dorsal notavelmente convexo. Nadadeira dorsal única, longa, iniciando-se sobre a base da peitoral. Anal na metade posterior do corpo. Ventral sob a peitoral. Mancha negra nítida acima da base da peitoral. Estria amarelada sob o olho, estendendo-se anteriormente até os orifícios nasais.

DADOS BIOLÓGICOS

Atinge 50 cm de comprimento.

Encontrada além de 50 m de profundidade, sobre fundos de cascalho, conchas e corais. No sudeste do Brasil foi registrada entre 76 e 109 m. Come crustáceos e outros invertebrados e ocasionalmente pequenos peixes.

DISTRIBUIÇÃO

Distribui-se do sudeste dos Estados Unidos e Antilhas ao sudeste do Brasil, do Estado do Rio de Janeiro ao Paraná.

MATERIAL COLETADO

24 exemplares; amplitude de comprimento padrão 20-199 mm.

LITERATURA

Figueiredo & Menezes, 1980 (Figura 78).

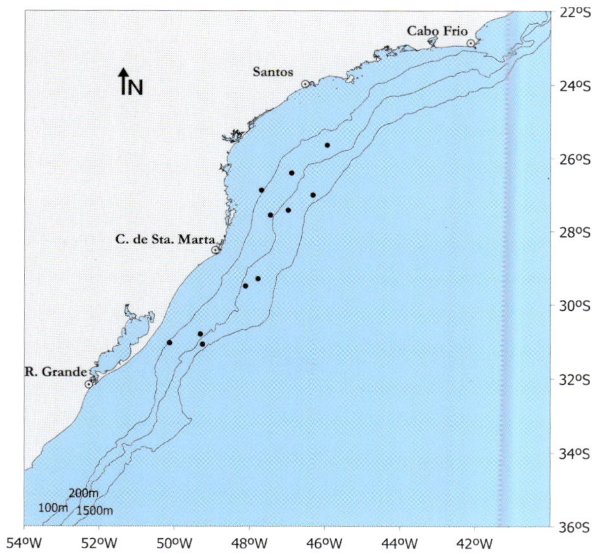

33 mm CP; MZUSP 78265

Pomatomus saltatrix (Linnaeus, 1766)

POMATOMIDAE

CARACTERIZAÇÃO

Dorsal VII-VIII, I + 23-28; anal II, 23-27; rastros branquiais 13-15; escamas da linha lateral 95-106. Nadadeira dorsal anterior com espinhos. Dorsal posterior oposta à anal. Ventral sob a peitoral. Maxilas com uma série de dentes comprimidos. Na maxila superior, uma série interna de dentes pequenos depressíveis. Corpo com escamas ciclóides pequenas.

DADOS BIOLÓGICOS

Alcança 1,20 m de comprimento e 14 kg. Espécie pelágica, ocorrendo da superfície até 200 m. Alimenta-se de peixes, crustáceos e cefalópodos.

DISTRIBUIÇÃO

Ocorre em todos os mares tropicais e subtropicais.

MATERIAL COLETADO

101 exemplares; amplitude de comprimento total 24-623 mm.

LITERATURA

Figueiredo & Menezes,1980 (Figura 80); Tortonese, 1986a.

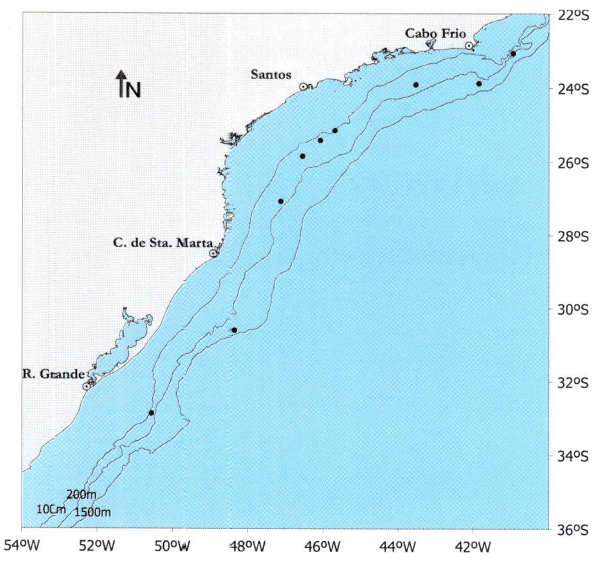

30 mm CP; MZUSP 78171

Coryphaena hippurus Linnaeus, 1758 — CORYPHAENIDAE

CARACTERIZAÇÃO

Dorsal 58-67; anal 25-30; peitoral 17-20; rastros branquiais nos jovens 1-2 + 6-11, nos adultos 0 + 8-9. Corpo alongado, lateralmente comprimido. Maior altura do corpo nos adultos inferior a 25% do comprimento padrão. Nadadeira dorsal longa, iniciando-se no alto da cabeça. Anal originando-se pouco atrás da metade do corpo. Nadadeira pélvica inserida sob a peitoral. Comprimento da peitoral ultrapassa a metade do comprimento da cabeça. Caudal furcada. Dentes na língua distribuídos em uma área oval.

DADOS BIOLÓGICOS

Alcança 2 m de comprimento e 39,5 kg.
Peixe oceânico de superfície.

DISTRIBUIÇÃO

Cosmopolita em águas tropicais e subtropicais.

MATERIAL COLETADO

Cinco exemplares; amplitude de comprimento padrão 30-555 mm.

LITERATURA

Gibbs & Collette, 1959; Menezes & Figueiredo, 1980 (Figura 31); Smith, 1986b.

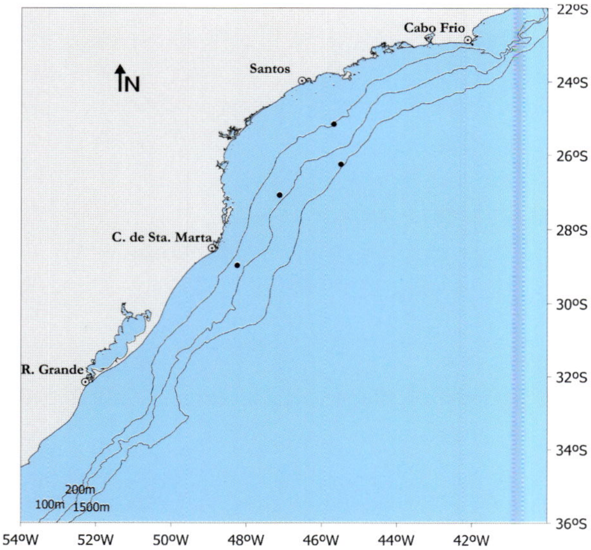

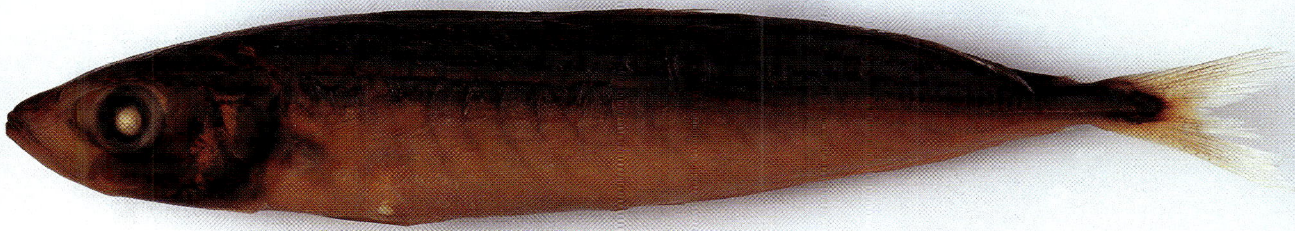

126 mm CP; MZUSP 78197

Decapterus tabl Berry, 1968

CARANGIDAE

CARACTERIZAÇÃO

Dorsal VIII + I, 29-34; anal II + I, 24-27; peitoral 20-22; rastros branquiais 10-12 + 30-33; escamas da parte curva da linha lateral 61-74, parte reta com 0-8 escamas e 34-48 escudos; total de escamas e escudos 103-119. Duas nadadeiras dorsais, a primeira espinhosa. Anal oposta à segunda dorsal e mais curta. Último raio da nadadeira dorsal e anal separado dos demais. Ventral sob a peitoral. Linha lateral com escudos na parte reta posterior.

DADOS BIOLÓGICOS

Atinge 41 cm de comprimento. É a espécie do gênero que habita águas mais fundas, tendo sido capturada em até quase 400 m de profundidade.

DISTRIBUIÇÃO

Ocorre no Atlântico, da Carolina do Norte até o sul do Brasil e na Ilha de Santa Helena.

MATERIAL COLETADO

53 exemplares; amplitude de comprimento padrão 18-125 mm.

LITERATURA

Berry, 1968; Menezes & Figueiredo, 1980 (Figura 11).

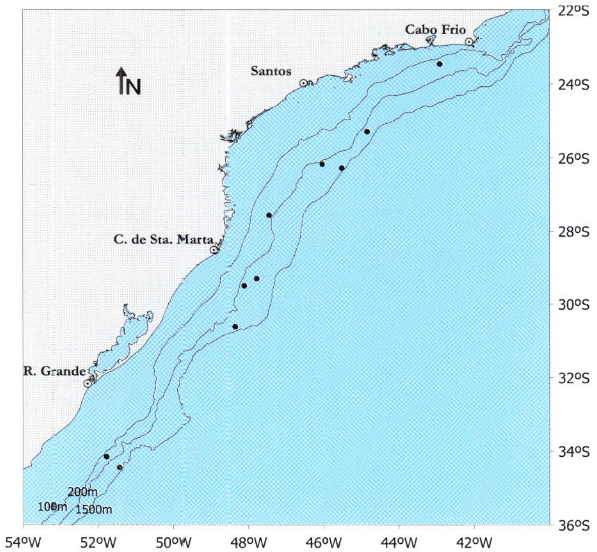

Selar crumenophthalmus (Bloch, 1793)

CARANGIDAE

CARACTERIZAÇÃO

Dorsal VIII + I, 23-27; anal II + I + 20-23; escudos da linha lateral 29-44.

Duas nadadeiras dorsais. Anal oposta à segunda dorsal. Pélvica sob a peitoral. Escudos sobre a parte posterior da linha lateral.

DADOS BIOLÓGICOS

Cresce até 40 cm de comprimento.

De superfície, forma cardumes. Come invertebrados e ocasionalmente peixes.

DISTRIBUIÇÃO

Habita águas tropicais e subtropicais de todos os mares. Na costa leste americana, estende-se de Nova Scotia até o litoral do Estado de São Paulo.

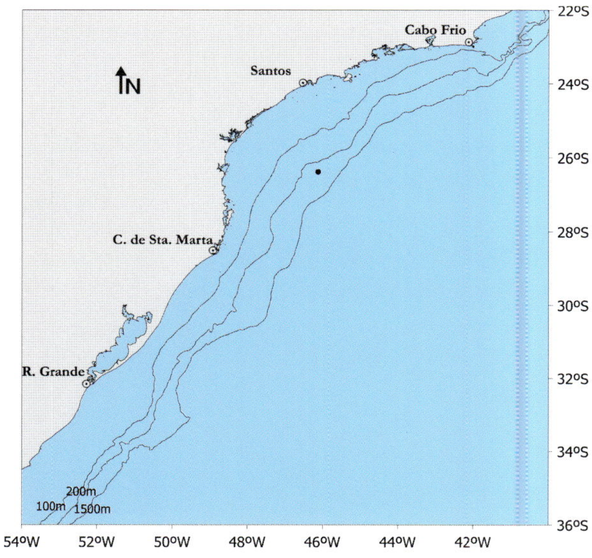

MATERIAL COLETADO

Um exemplar; 41 mm de comprimento padrão.

LITERATURA

Menezes & Figueiredo, 1980 (Figura 18).

27 mm CP; MZUSP 78163

Selene setapinnis (Mitchill, 1815) CARANGIDAE

CARACTERIZAÇÃO

Dorsal VIII, I + 20-24; anal II + I + 16-20; rastros branquiais 34-44.

Corpo muito alto e lateralmente comprimido. Altura do corpo contida 1,8-2,3 vezes na distância entre a ponta do focinho e a extremidade dos raios medianos da nadadeira caudal. Duas nadadeiras dorsais. Segunda dorsal e anal opostas. Raios mais anteriores das nadadeiras dorsal e da anal não muito mais longos que os demais. Ventral reduzida, sob a peitoral.

DADOS BIOLÓGICOS

Atinge 40 cm de comprimento.

Espécie costeira, alimenta-se de pequenos peixes e de crustáceos.

DISTRIBUIÇÃO

Ocorre no Atlântico, de Nova Scotia até a Argentina.

MATERIAL COLETADO

22 exemplares; amplitude de comprimento padrão 11-34 mm.

LITERATURA

Menezes & Figueiredo, 1980 (Figura 19).

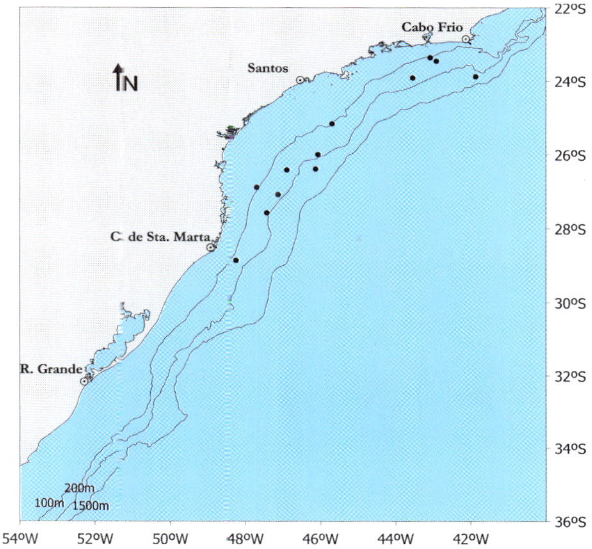

31 mm CP; MZUSP 78159

Trachurus lathami Nichols, 1920

CARANGIDAE

CARACTERIZAÇÃO

Dorsal VIII, I, 28-34; anal II + I,24-30; escamas e escudos da linha lateral 68-77; escudos na parte reta da linha lateral 33-39.

Duas nadadeiras dorsais. Dorsal mole oposta à nadadeira anal. Pélvica sob a peitoral. Escamas da parte curva da linha lateral verticalmente alongadas, semelhantes em forma aos escudos da parte reta.

DADOS BIOLÓGICOS

Alcança 40 cm de comprimento.

Forma cardumes. No sul do Brasil capturada em até 147 m de profundidade. Come invertebrados miúdos.

DISTRIBUIÇÃO

Ocorre no Atlântico, do Golfo do Maine ao norte da Argentina.

MATERIAL COLETADO

861 exemplares; amplitude de comprimento total 15-207 mm.

LITERATURA

Menezes & Figueiredo, 1980 (Figura 29).

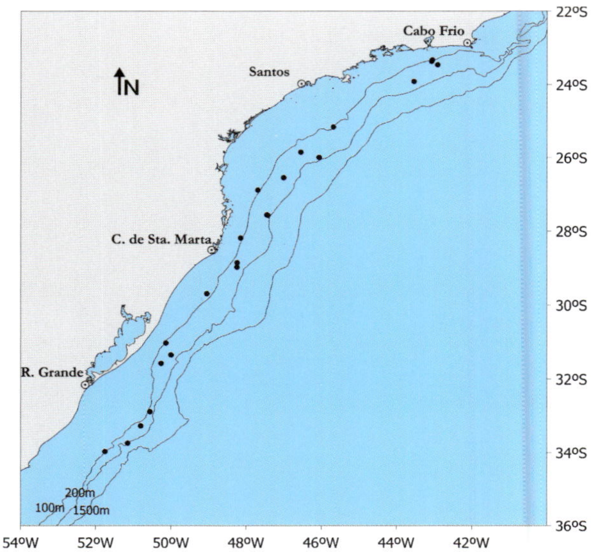

34 mm CP; MZUSP 78300

Brama brama (Bonnaterre, 1788)

BRAMIDAE

CARACTERIZAÇÃO

Dorsal 35-38; anal 29-32; peitoral 20-23; rastros branquiais 4-7 + 8-12 = 15-18.

Corpo alto. Cabeça comprimida lateralmente: margens das mandíbulas tocando-se atrás da sínfise na linha mediana ventral. Dorsal e anal altas, com escamas nos adultos, não totalmente depressíveis e sem uma bainha basal de escamas. Ventral sob a peitoral.

DADOS BIOLÓGICOS

Atinge 70 cm de comprimento.

Peixe pelágico oceânico. Come peixes e invertebrados.

DISTRIBUIÇÃO

Ocorre no Atlântico, Pacífico Sul e Índico.

MATERIAL COLETADO

Cinco exemplares; amplitude de comprimento total 27-58 mm.

LITERATURA

Haedrich, 1986a; Mead, 1972; Smith, 1986a; Tomás *et al.*, 1988.

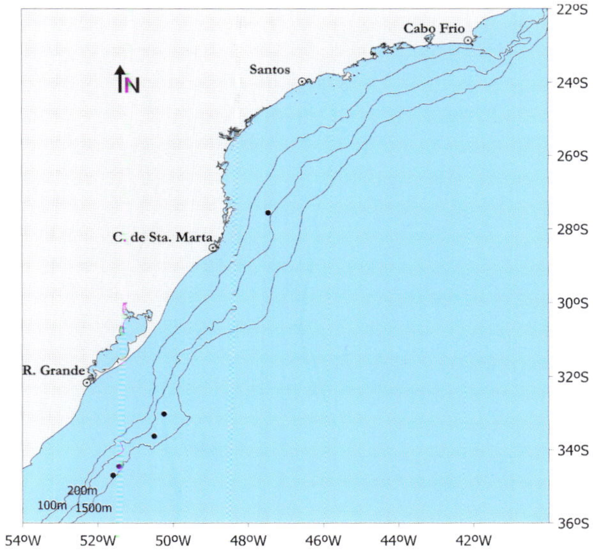

96 mm CP; MZUSP 78258

Brama caribbea Mead, 1972

BRAMIDAE

CARACTERIZAÇÃO

Dorsal 32-35; anal 27-30; peitoral 19-21; rastros branquiais 2-5 + 8-12 = 11-16.

Corpo alto. Cabeça comprimida lateralmente: margens das mandíbulas tocando-se atrás da sínfise na linha mediana ventral. Dorsal e anal altas, com escamas nos adultos, não totalmente depressíveis e sem uma bainha basal de escamas. Ventral sob a peitoral.

DADOS BIOLÓGICOS

Cresce até pelo menos 25 cm de comprimento.

Oceânica. Juvenis ocorrem até quase 800 m de profundidade. Indivíduos de maior porte são capturados em águas mais superficiais.

DISTRIBUIÇÃO

Ocorre no Atlântico tropical e Mediterrâneo.

MATERIAL COLETADO

Quatro exemplares examinados; amplitude de comprimento padrão 91-113 mm.

LITERATURA

Mead, 1972; Tomás *et al.*, 1988.

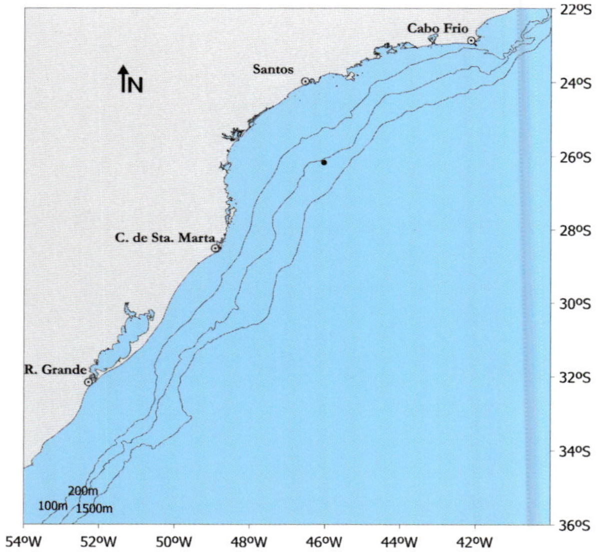

19 mm CP; MZUSP 78302

Pteraclis carolinus Valenciennes, 1833

BRAMIDAE

CARACTERIZAÇÃO

Dorsal 48-57; anal 48-56; peitoral 18-20; rastros branquiais 1 + 6-8, incluindo rudimentos.

Corpo alongado, lateralmente comprimido. Nadadeira dorsal e anal altas, sem escamas, completamente depressíveis dentro de uma bainha de escamas ao longo de suas bases. Bainha de escamas da nadadeira dorsal não precedida por escamas que ocupam a linha mediana dorsal.

DADOS BIOLÓGICOS

Atinge 50 cm de comprimento padrão.

Peixe de alto-mar, mesopelágico, de águas quentes.

DISTRIBUIÇÃO

Ocorre no Atlântico.

MATERIAL COLETADO

Um exemplar; 19 mm de comprimento padrão.

LITERATURA

Haedrich, 1986a; Mead, 1972.

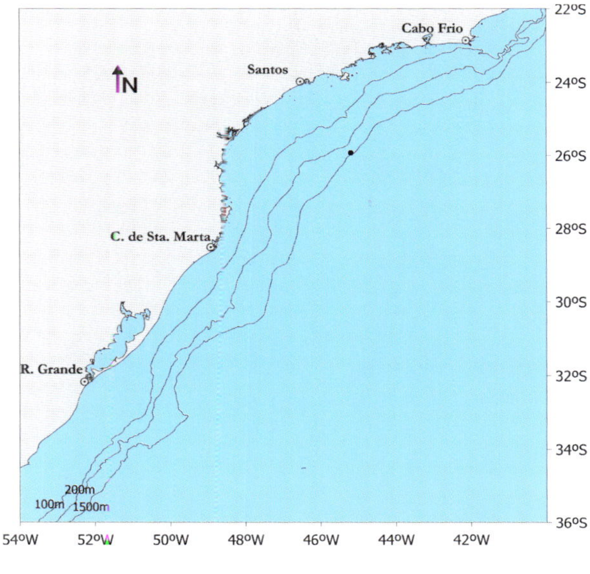

29 mm CT; MZUSP 78301

Pterycombus petersii (Hilgendorf, 1878)

BRAMIDAE

CARACTERIZAÇÃO

Dorsal 48-49; anal 39-40; peitoral 21-22; rastros branquiais 1 + 6-7, excluindo rudimentos.

Corpo alongado, comprimido lateralmente. Dorsal e anal altas, sem escamas, completamente depressíveis em uma bainha de escamas ao longo de suas bases. Bainha de escamas ao longo da base da dorsal precedida de outras que ocupam a linha mediana dorsal.

DADOS BIOLÓGICOS

Atinge pelo menos 36,4 mm de comprimento padrão. De águas afastadas da costa. Os jovens vivem provavelmente até 200 m de profundidade.

DISTRIBUIÇÃO

Vive no Atlântico, Índico e Pacífico.

MATERIAL COLETADO

Dois exemplares; amplitude de comprimento total 29-30 mm.

LITERATURA

Mead, 1972; Smith, 1986a; Tomás *et al.*, 1988.

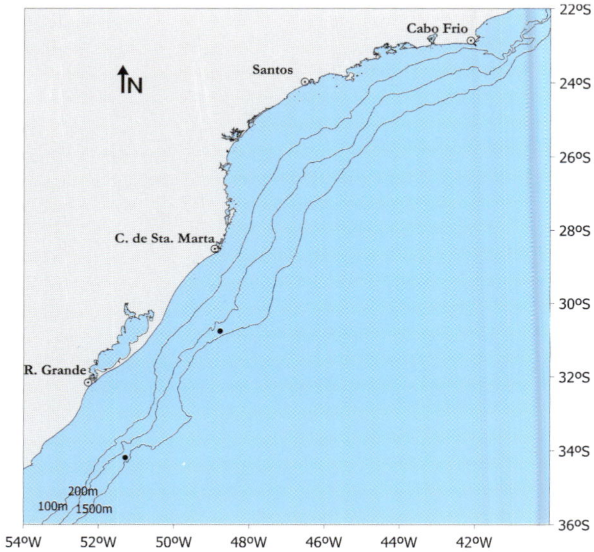

29 mm CP; MZUSP 78303

Taractichthys longipinnis (Lowe, 1843) BRAMIDAE

CARACTERIZAÇÃO

Dorsal 33-38; anal 27-30; peitoral 20-22; rastros branquiais 3 + 6-8, excluindo rudimentos.

Corpo alto. Sem área nua sobre e atrás dos olhos. Margens internas das mandíbulas não se tocam completamente na linha ventral mediana atrás da sínfise, permitindo que o istmo seja visível em parte. Dorsal e anal com escamas nos adultos, não depressíveis, sem bainha de escamas na base. Peitoral alcançando além do lobo da nadadeira anal. Ventral inserida sob a extremidade anterior da base da peitoral.

DADOS BIOLÓGICOS

Atinge mais de 1 m de comprimento padrão. É uma espécie pelágica de águas afastadas da costa.

DISTRIBUIÇÃO

Ocorre no Atlântico tropical e temperado.

MATERIAL COLETADO

Um exemplar; 29 mm de comprimento padrão.

LITERATURA

Haedrich, 1986a; Mead, 1972; Smith, 1986a; Tomás *et al.*, 1988.

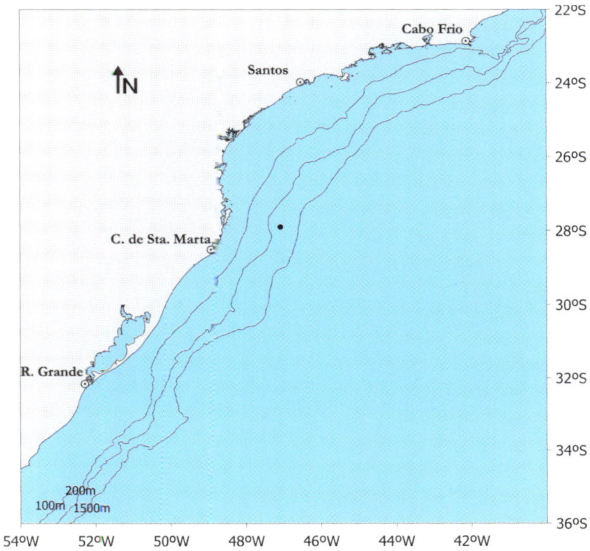

Pristipomoides freemani Anderson, 1966 LUTJANIDAE

CARACTERIZAÇÃO

Dorsal X, 11; anal III, 8; peitoral 15-17; rastros branquiais 28-31; linha lateral 50-51.

Nadadeira dorsal única, com espinhos na parte anterior. Anal oposta à parte mole da dorsal. Pélvica sob a peitoral. Maior altura do corpo contida de 3,5 a 4,5 vezes no comprimento padrão.

DADOS BIOLÓGICOS

Maior exemplar conhecido com 23,3 cm de comprimento. Coletada no sul do Brasil entre 87 e 220 m de profundidade.

DISTRIBUIÇÃO

Ocorre no Atlântico ocidental, do Panamá ao Uruguai.

MATERIAL COLETADO

24 exemplares; amplitude de comprimento padrão 20-58 mm.

LITERATURA

Menezes & Figueiredo, 1980 (Figura 33).

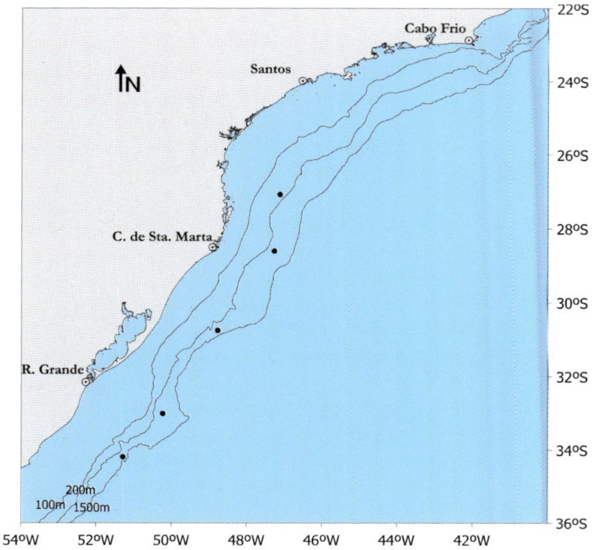

Pagrus pagrus (Linnaeus, 1758)

SPARIDAE

CARACTERIZAÇÃO

Dorsal XII-XIII, 9-11; anal III, 7-9; peitoral 15-16; rastros branquiais 13-17; escamas da linha lateral até a base da nadadeira caudal 51-59.

Corpo alto, lateralmente comprimido. Perfil anterior da cabeça muito inclinado em indivíduos de tamanho médio. Dorsal contínua, com espinhos na parte anterior. Anal oposta à dorsal mole. Ventrais inseridas um pouco atrás da base das peitorais. Corpo róseo.

DADOS BIOLÓGICOS

Atinge 50 cm de comprimento.

De águas subtropicais. Vive junto aos fundos consolidados da plataforma continental. No sudeste brasileiro é comumente coletada em até 160 m de profundidade.

DISTRIBUIÇÃO

Ocorre no Atlântico e no Mediterrâneo. Na costa americana distribui-se de Nova York até a Argentina.

MATERIAL COLETADO

Um exemplar; 13 mm de comprimento padrão.

LITERATURA

Menezes & Figueiredo, 1980 (Figura 72).

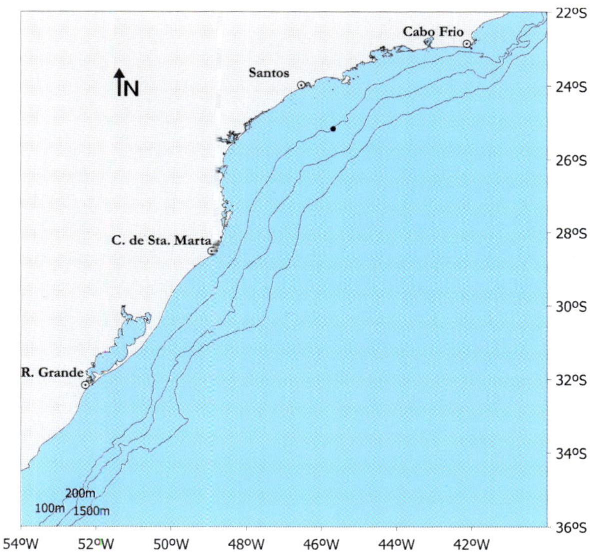

109 mm CP; MZUSP 78252

Cynoscion guatucupa (Cuvier, 1830) SCIAENIDAE

CARACTERIZAÇÃO

Dorsal X + I,18-21; anal II + 8-9; rastros branquiais 21-26; séries transversais de escamas acima da linha lateral, até a base da caudal 63-66.

Boca ampla, inclinada. Primeira nadadeira dorsal com espinhos, contígua à segunda. Anal curta. Ventral sob a peitoral. Escamas ctenóides.

DADOS BIOLÓGICOS

Cresce até 50 cm de comprimento.

Capturada desde a costa até 194 m de profundidade.

DISTRIBUIÇÃO

Ocorre no Atlântico Sul ocidental, de 22°35'S até a Argentina.

MATERIAL COLETADO

33 exemplares; amplitude de comprimento total 120-236 mm.

LITERATURA

Menezes & Figueiredo, 1980 (Figura 88, como *Cynoscion striatus*).

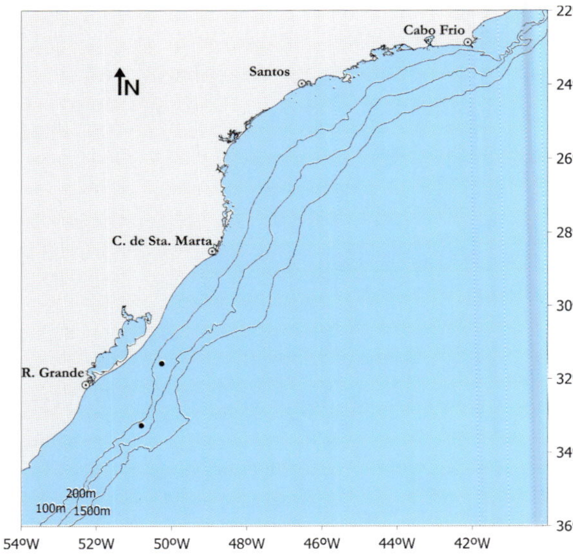

61 mm CP; MZUSP 78310

Umbrina canosai Berg, 1895

SCIAENIDAE

CARACTERIZAÇÃO

Dorsal X + I, 21-25; anal II, 7-8; rastros branquiais 20-24.

Boca inferior. Barbilhão curto e rígido sob a ponta da mandíbula, com um poro na extremidade. Nadadeira dorsal anterior espinhosa. Anal curta. Ventral sob a peitoral. Corpo com estrias oblíquas escuras ao longo das séries de escamas.

DADOS BIOLÓGICOS

Alcança 40 cm de comprimento.

É encontrada da costa até 200 m de profundidade, em fundo de areia ou lama.

DISTRIBUIÇÃO

Distribui-se desde o Cabo de São Tomé, RJ, até a Argentina.

MATERIAL COLETADO

Dez exemplares; amplitude de comprimento total 29-139 mm.

LITERATURA

Menezes & Figueiredo, 1980 (Figura 75).

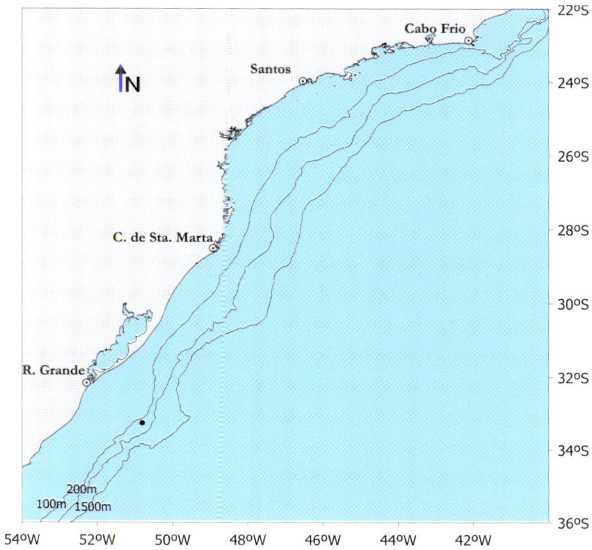

46 mm CP; MZUSP 78232

Upeneus parvus (Poey, 1853)

MULLIDAE

CARACTERIZAÇÃO

Dorsal VII + I, 8; anal II, 6; peitoral 14-16; rastros branquiais 24-27; fileiras verticais de escamas 36-38. Um par de barbilhões situado sob a ponta da mandíbula. Maxilas com dentes. Duas nadadeiras dorsais, a primeira com espinhos. Segunda dorsal sobre a anal. Pélvica sob a peitoral. Escamas ctenóides.

DADOS BIOLÓGICOS

Atinge 25 cm de comprimento.
No sudeste do Brasil ocorre em até 112 m de profundidade.

DISTRIBUIÇÃO

Estende-se da Carolina do Norte até o litoral de Santa Catarina.

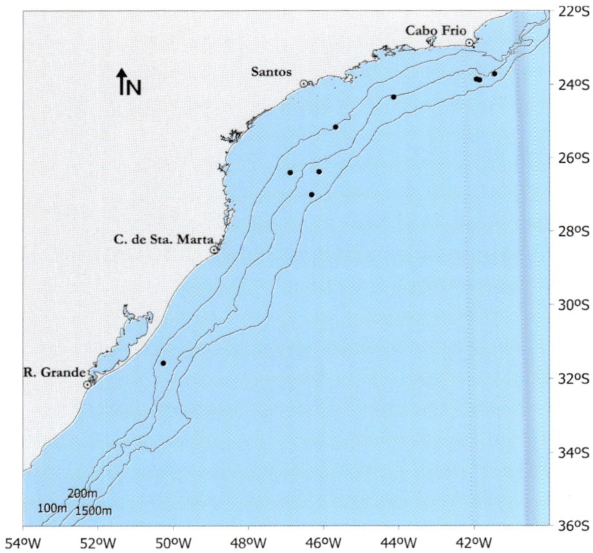

MATERIAL COLETADO

22 exemplares; amplitude de comprimento padrão 18-59 mm.

LITERATURA

Matsuura, 1983; Menezes & Figueiredo, 1980 (Figura 3).

14 mm CP; MZUSP 78205

Chaetodipetrus faber (Broussonet, 1782)

EPHIPPIDIDAE

CARACTERIZAÇÃO

Dorsal IX-X, 21-23; anal III, 18-19; escamas da linha lateral 46-49; peitoral 17-18; rastros branquiais no ramo inferior 10-12.

Corpo muito alto, comprimido. Dorsal com espinhos na parte anterior, alguns isolados dos demais nos adultos. Anal oposta à dorsal. Pélvica inserida sob a base da peitoral.

DADOS BIOLÓGICOS:

Ultrapassa 45 cm de comprimento.

DISTRIBUIÇÃO

Ocorre em águas costeiras. Alimenta-se de uma grande variedade de invertebrados.

No sudeste do Brasil foi capturada entre 23-45 m de profundidade. Ocorre de New England até o Rio Grande do Sul

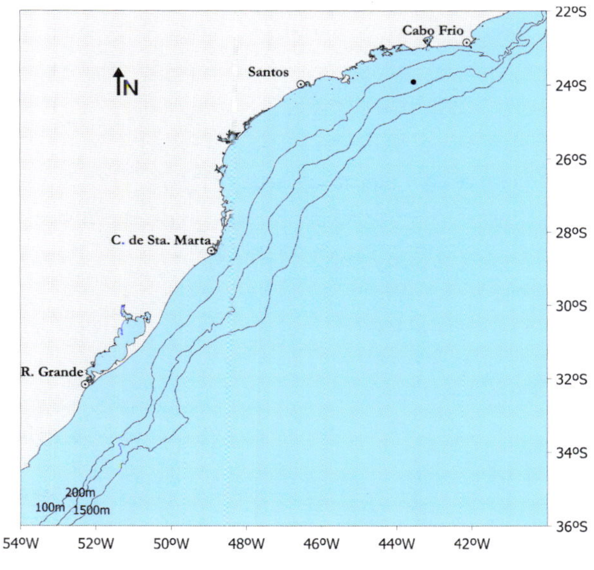

MATERIAL COLETADO

Um exemplar; 14 mm de comprimento padrão.

LITERATURA

Menezes & Figueiredo, 1985 (Figura 6).

Centropyge aurantonotus Burgess, 1974 — POMACANTHIDAE

CARACTERIZAÇÃO

Dorsal XIV-XV,15-17; anal III, 17; peitoral 15-16; rastros branquiais 21-22; escamas em série longitudinal 34-36.

Corpo alto, boca pequena. Nadadeira dorsal longa com espinhos na parte anterior. Nadadeira anal sob a parte mole da dorsal. Nadadeira pélvica inserida sob a base da peitoral. Dois a três espinhos no osso pré-orbital. Cabeça e região dorsal do corpo amarelo-alaranjado. Região lateral e ventral cor negra-azulada.

DADOS BIOLÓGICOS

A espécie ocorre até 25 m de profundidade.

O maior exemplar registrado apresenta 7,5 cm de comprimento.

É encontrada em recifes de coral. Alimenta-se principalmente de algas e esponjas.

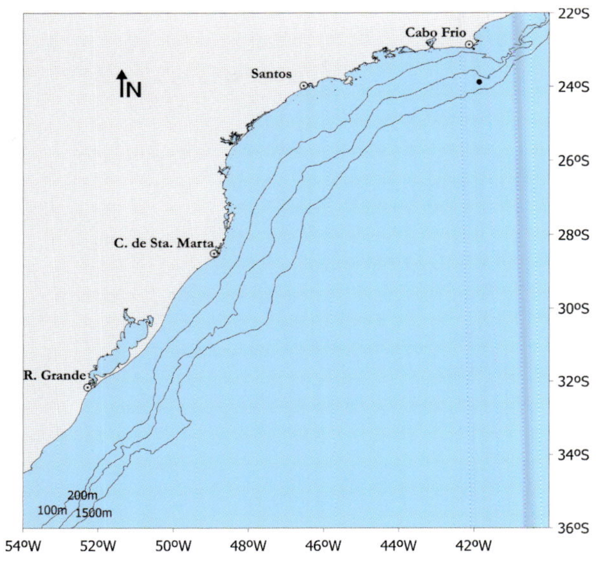

DISTRIBUIÇÃO

Distribui-se das Antilhas até o Rio de Janeiro.

MATERIAL COLETADO

Três exemplares; 18 mm de comprimento padrão.

LITERATURA

Blasiola, 1976; Menezes & Figueiredo, 1985 (Figura 11).

65 mm CP; MZUSP 78216

Pseudoscopelus altipinnis Parr, 1933

CHIASMODONTIDAE

CARACTERIZAÇÃO

Dorsal VI-IX + 23-26; anal I,24-26; peitoral 13-15.

Corpo alongado. Olho pequeno. Boca grande, com dentes alongados. Duas nadadeiras dorsais, a primeira espinhosa. Anal oposta à segunda dorsal. Ventral inserida sob a base da peitoral. Cabeça e corpo com fileiras de fotóforos pequenos. Focinho curto e arredondado.

DADOS BIOLÓGICOS

Atinge 20 cm de comprimento padrão.

Espécie mesopelágica.

DISTRIBUIÇÃO

Ocorre em águas tropicais e subtropicais do Atlântico e do Pacífico.

MATERIAL COLETADO

Catorze exemplares; amplitude de comprimento total 32-74 mm.

LITERATURA

Johnson & Keene, 1986.

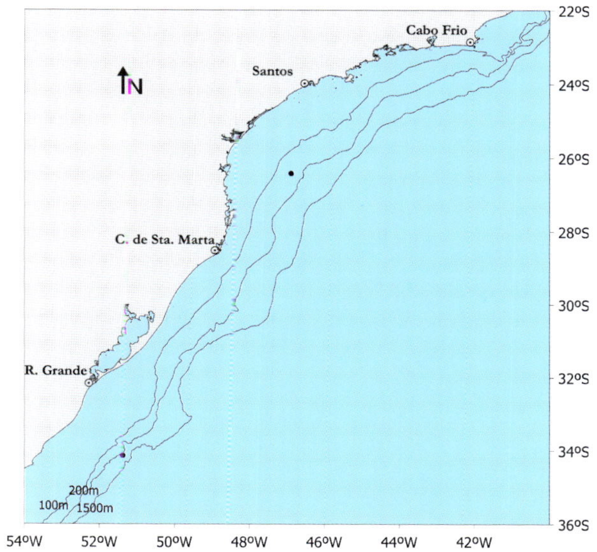

Bembrops heterurus (Ribeiro, 1903)

PERCOPHIDAE

CARACTERIZAÇÃO

Dorsal VI + 14-15; anal 16-18; peitoral 17-24; escamas da linha lateral 54-59.

Corpo alongado. Cabeça comprimida. Mandíbula ultrapassando a maxila superior. Extremidade posterior da maxila superior com um tentáculo. Duas nadadeiras dorsais. Anal oposta à segunda nadadeira dorsal.

DADOS BIOLÓGICOS

Atinge 21 cm de comprimento. Espécie bentônica, ocorre de 80 a 200 m de profundidade.

DISTRIBUIÇÃO

Ocorre do Estado do Rio de Janeiro até o Uruguai e, com dúvidas, na costa oeste da África.

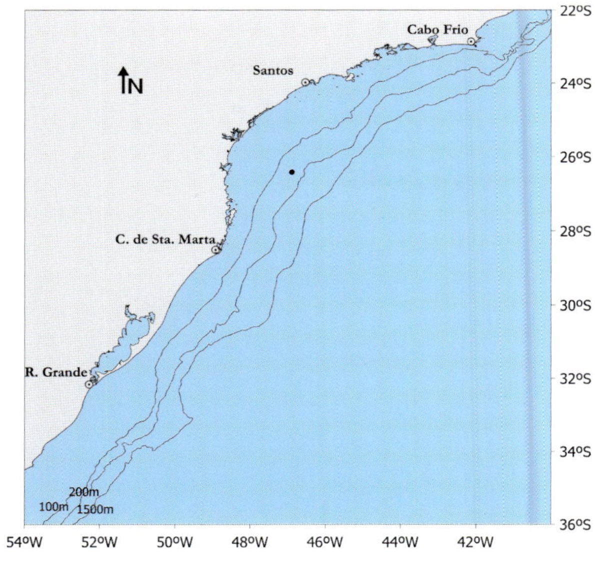

MATERIAL COLETADO

Quinze exemplares; amplitude de comprimento total 19-115 mm.

LITERATURA

Das & Nelson, 1996; Menezes & Figueiredo, 1985 (Figura 50); Thompson & Suttkus, 1998.

19 mm CP; MZUSP 78149

Labrisomus nuchipinnis (Quoy & Gaimard, 1824) LABRISOMIDAE

CARACTERIZAÇÃO

Dorsal XVII-XX, 10-13; anal II, 17-19; escamas da linha lateral 64-69.

Nadadeira dorsal longa com espinhos na parte anterior. Anal originando-se aproximadamente na metade do corpo. Pélvicas inseridas adiante da base das peitorais, com apenas dois raios bem desenvolvidos externamente. Adultos com cirros nos orifícios nasais anteriores, na região supraorbital e na região da nuca. Duas manchas escuras na base dos raios da nadadeira caudal, uma acima da outra.

DADOS BIOLÓGICOS

É a maior espécie da família no Brasil, alcançando cerca de 20 cm de comprimento. Comumente encontrada nos fundos rochosos litorâneos. Alimenta-se de caranguejos, gastrópodos e outros invertebrados marinhos, além de peixes pequenos.

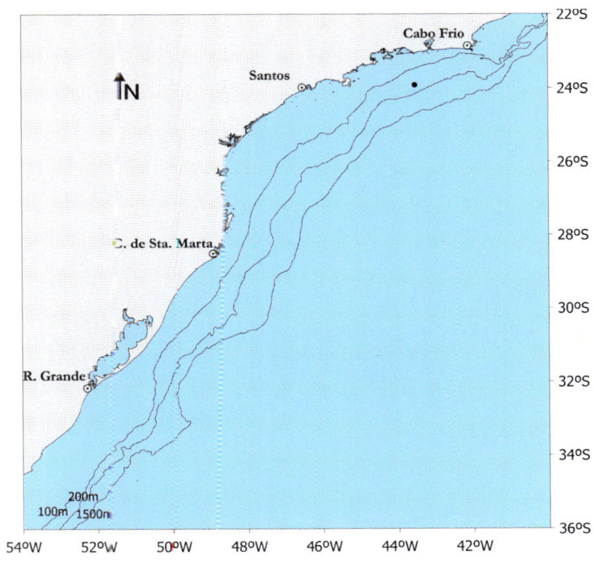

DISTRIBUIÇÃO

No Atlântico ocidental, é encontrada nas Bermudas e nas Bahamas e da Flórida até pelo menos Santos, SP.

MATERIAL COLETADO

Um exemplar; 19 mm de comprimento padrão.

LITERATURA

Menezes & Figueiredo, 1985 (Figura 59).

29 mm CP; MZUSP 78231

Luvarus imperialis Rafinesque, 1810 — LUVARIDAE

CARACTERIZAÇÃO

Dorsal 11-13 (22-33 em jovens de pequeno porte); anal 14 (18 nos jovens); peitoral 15-20; rastros branquiais 4-6 + 11-14.

Durante o desenvolvimento sofre metamorfose extensa e prolongada. Os jovens começam a se tornar semelhantes aos adultos com 10 a 20 cm do comprimento padrão. Corpo comprimido, coberto por escamas minúsculas granulares. Boca pequena. Pélvicas rudimentares ou ausentes. Nadadeiras dorsal e anal altas nos jovens, encurtando e ficando em posição mais posterior nos peixes maiores.

DADOS BIOLÓGICOS

Alcança 2 m de comprimento e 150 kg.

Espécie epipelágica oceânica, alimenta-se de água-viva e de outros animais planctônicos.

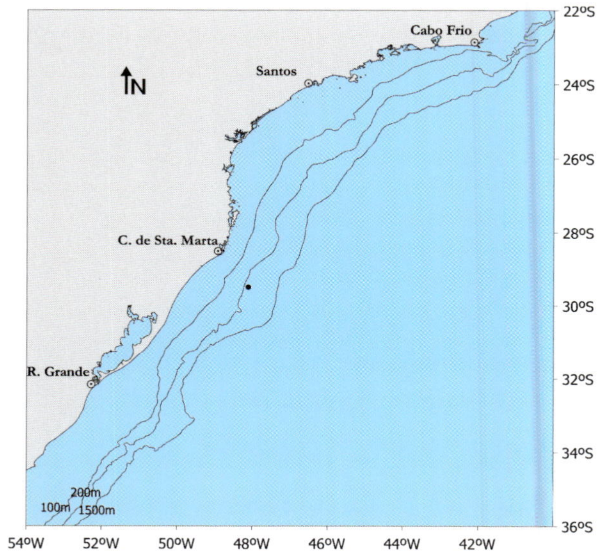

DISTRIBUIÇÃO

Ocorre em todos os oceanos, em águas temperadas e tropicais.

MATERIAL COLETADO

Um exemplar; 29 mm de comprimento padrão.

LITERATURA

Heemstra, 1986f.

Acanthurus chirurgus (Bloch, 1787)

ACANTHURIDAE

CARACTERIZAÇÃO

Dorsal IX, 24-25; anal III, 22-23; rastros branquiais na série anterior do primeiro arco branquial 16-19, na posterior 15-18.

Corpo alto, lateralmente comprimido. Nadadeiras dorsal e anal contínuas, com espinhos na parte anterior. Um espinho móvel em forma de lanceta de cada lado do pedúnculo caudal, encaixado em um sulco longitudinal. Ventrais abaixo das peitorais.

DADOS BIOLÓGICOS

Alcança 39 cm de comprimento.

As larvas são planctônicas. Os adultos vivem em fundos duros de águas rasas.

DISTRIBUIÇÃO

Ocorre no Atlântico. Na costa americana distribui-se de Massachusetts até o litoral do Estado de São Paulo.

MATERIAL COLETADO

Sete exemplares; amplitude de comprimento padrão 25-32 mm.

LITERATURA

Figueiredo & Menezes, 2000 (Figura 2); Randall, 1956.

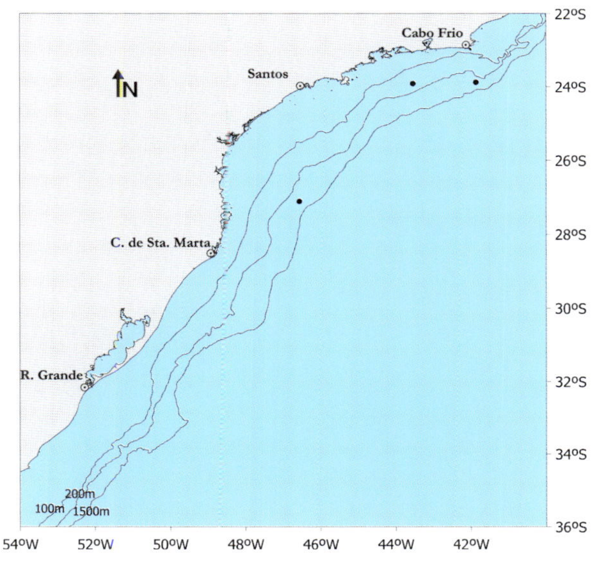

41 mm CP; MZUSP 78187

Sphyraena tome Fowler, 1903

SPHYRAENIDAE

CARACTERIZAÇÃO

Dorsal V + I, 9; anal II, 9; escamas da linha lateral 135-145.

Corpo alongado. Boca ampla, com a mandíbula projetando-se adiante da ponta da maxila superior. Duas nadadeiras dorsais, muito separadas, a primeira constituída de espinhos e a segunda de raios moles. Anal oposta à segunda dorsal. Nadadeira pélvica sob a parte anterior da base da primeira dorsal. Extremidade da nadadeira peitoral não alcança a vertical que passa pela origem da nadadeira dorsal.

DADOS BIOLÓGICOS

Atinge 38 cm de comprimento.

Muito comum no sudeste do Brasil, tendo sido coletada em arrastos de fundo de 19 a 83 m de profundidade.

DISTRIBUIÇÃO

Distribui-se do Estado do Rio de Janeiro ao do Rio Grande do Sul.

MATERIAL COLETADO

Dezesseis exemplares; amplitude de comprimento padrão 37-44 mm.

LITERATURA

Matsuura & Suzuki, 1997; Menezes & Figueiredo, 1985 (Figura 26).

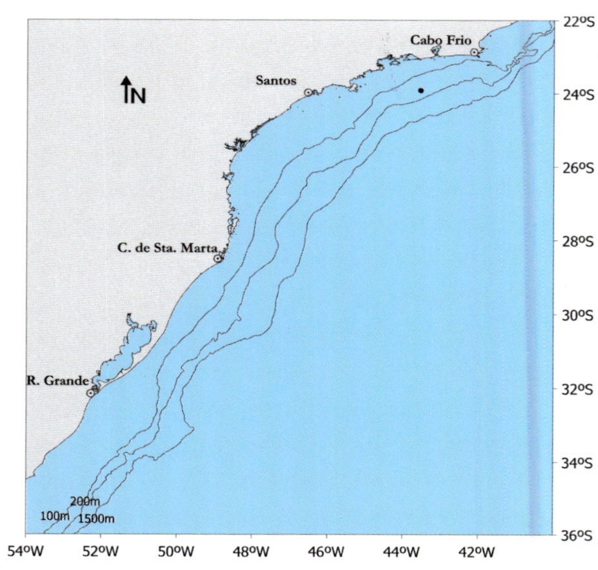

110 mm CP; MZUSP 782191

Gempylus serpens Cuvier, 1829 — GEMPYLIDAE

CARACTERIZAÇÃO

Dorsal XXVI-XXXII + I,10-14 + 5-7 pínulas; anal II + I,10-12 + 5-7 pínulas; peitoral 12-15; ventral I + 3-4. Corpo muito alongado e comprimido, com altura cabendo de quinze a dezoito vezes no comprimento padrão. Duas nadadeiras dorsais, a segunda no terço posterior do corpo. Anal oposta à segunda dorsal. Pélvica muito reduzida. Duas linhas laterais, a superior junto ao perfil dorsal, até a extremidade posterior da primeira dorsal, e a inferior estendendo-se até a base da caudal.

DADOS BIOLÓGICOS

Alcança 1 m de comprimento padrão.

Espécie epi e mesopelágica, vivendo da superfície até mais de 200 m de profundidade. Larvas e jovens vivem na superfície. Os adultos migram para aí à noite. Alimenta-se de peixes, lulas e crustáceos.

DISTRIBUIÇÃO

Ocorre em águas tropicais e subtropicais de todos os oceanos.

MATERIAL COLETADO

Um exemplar; 110 mm de comprimento padrão.

LITERATURA

Figueiredo & Menezes, 2000 (Figura 4); Nakamura & Parin, 1993.

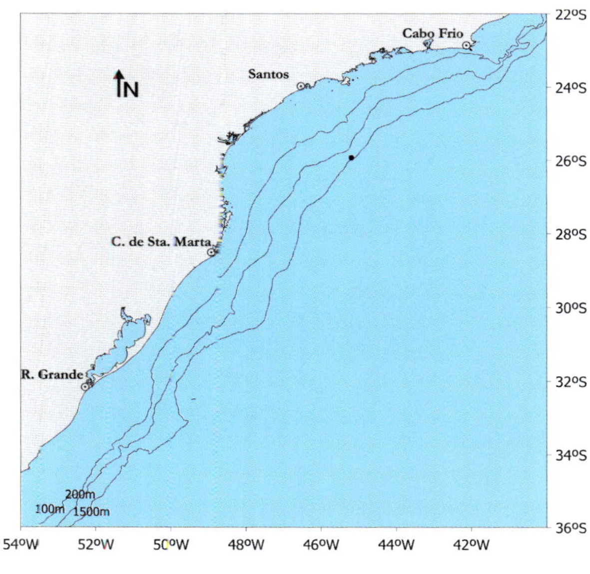

178 mm CP; MZUSP 78251

Nealotus tripes Johnson, 1865

GEMPYLIDAE

CARACTERIZAÇÃO

Dorsal XX-XXI + 16-19 + 2 pínulas; anal II+ 15-19 + 2 pínulas; peitoral 13-14; ventral I (reduzido).
Corpo alongado e comprimido, com altura cabendo de sete a nove vezes no comprimento padrão. Nadadeiras dorsais contíguas. A segunda constituída de raios moles e pínulas. Anal similar e oposta à segunda dorsal. Nadadeira pélvica reduzida a um espinho localizado sob a base da peitoral. Linha lateral única, inclinada.

DADOS BIOLÓGICOS

Cresce até 25 cm de comprimento padrão.
Peixe oceânico, epi a mesopelágico, vivendo em até 600 m de profundidade. Migra para a superfície à noite. Alimenta-se de mictofídeos e outros peixes pequenos, de lulas e crustáceos.

DISTRIBUIÇÃO

Ocorre em águas tropicais e temperadas do Atlântico, Pacífico e Índico.

MATERIAL COLETADO

Dezenove exemplares; amplitude de comprimento padrão 25-207 mm.

LITERATURA

Nakamura & Parin, 1993.

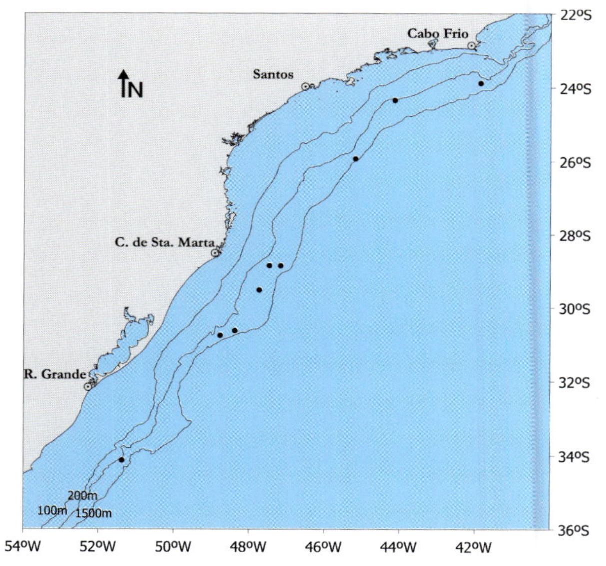

115 mm CP; MZUSP 78243

Neoepinnula americana (Grey, 1953) GEMPYLIDAE

CARACTERIZAÇÃO:

Dorsal XVI + I, 17-20; anal II + I, 17-20; peitoral 15-16; ventral I, 5.

Corpo moderadamente alto, com altura cabendo 4,2 a 4,7 vezes no comprimento padrão. Duas nadadeiras dorsais contíguas. Nadadeira anal oposta à segunda dorsal. Pélvica inserida na parte posterior da base da peitoral. Duas linhas laterais, uma junto ao contorno dorsal do corpo e outra junto ao ventral.

DADOS BIOLÓGICOS

Alcança 22 cm de comprimento padrão.

Espécie bentopelágica, capturada entre 184 e 457 m de profundidade.

DISTRIBUIÇÃO

Ocorre no Atlântico ocidental, do Golfo do México ao sul do Brasil.

MATERIAL COLETADO

Um exemplar; 115 mm de comprimento padrão.

LITERATURA

Lopes & Sampaio, 1999; Nakamura & Parin, 1993.

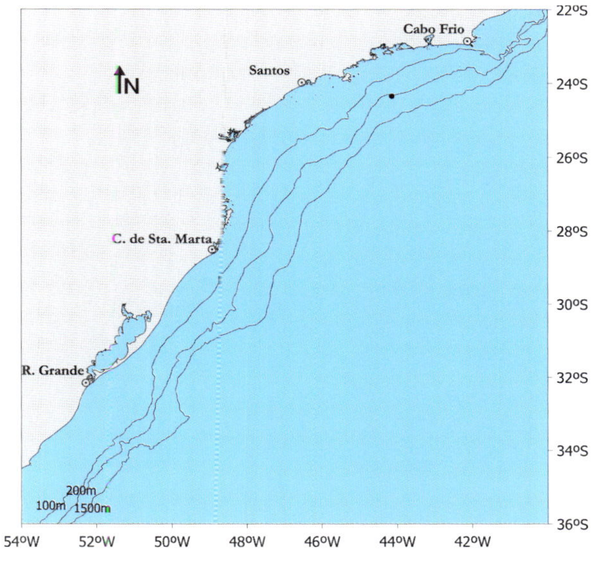

63 mm CP; MZUSP 78218

Thyrsitops lepidopoides Cuvier, 1831 — GEMPYLIDAE

CARACTERIZAÇÃO

Dorsal XVI-XVII + I,14-17 + 4-6 pínulas; anal I,15-17 + 3-5 pínulas; peitoral 14-16; ventral I, 5.

Corpo moderadamente alto, com altura cabendo de cinco a seis vezes no comprimento padrão. Duas nadadeiras dorsais contíguas. Anal oposta à segunda dorsal. Pélvica inserida posteriormente à base da peitoral. Linha lateral única, inclinada.

DADOS BIOLÓGICOS

Atinge 40 cm de comprimento padrão.

Espécie mesobentopelágica. Alimenta-se de pequenos peixes e de crustáceos eufausiáceos.

DISTRIBUIÇÃO

Ocorre do Estado do Rio de Janeiro até cerca de 44° S de latitude, na Argentina, e também no Chile.

MATERIAL COLETADO

465 exemplares; amplitude de comprimento padrão 15-198 mm.

LITERATURA

Figueiredo & Menezes, 2000 (Figura 8); Nakamura & Parin, 1993.

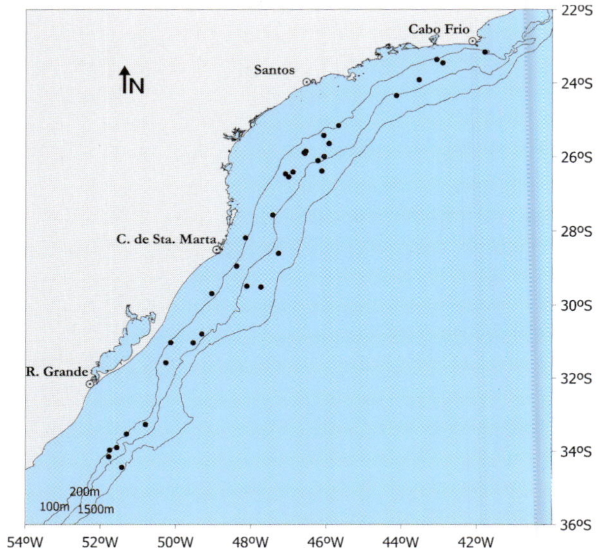

130 mm CT; MZUSP 78203

Benthodesmus elongatus (Clarke, 1879) TRICHIURIDAE

CARACTERIZAÇÃO

Dorsal 143-152 elementos (XLII-XLVI, 99-108); anal II + 91-98.

Corpo muito alongado, altura do corpo cabendo de 30,6-46,3 vezes no comprimento padrão. Cabeça cabendo 8,6-9,3 vezes no comprimento padrão. Diâmetro do olho cabendo 4,7-6,2 vezes no comprimento da cabeça. Anal originando-se abaixo do quarto ao oitavo raio da dorsal; raios anais externos apenas no terço posterior do corpo. Ventral inserida posteriormente à base da peitoral. Caudal presente.

DADOS BIOLÓGICOS

Alcança 93 cm de comprimento padrão. Os adultos são bentopelágicos, vivendo de 178 a 950 m de profundidade. Os jovens são mesopelágicos. Alimenta-se de crustáceos, pequenos peixes e lulas.

DISTRIBUIÇÃO

Ocorre em águas subtropicais e temperadas do hemisfério sul. No sul do Brasil foi coletada entre Cabo Frio e Chuí.

MATERIAL COLETADO

280 exemplares; amplitude de comprimento total 87-500 mm.

LITERATURA

Figueiredo & Menezes, 2000; Nakamura & Parin, 1993.

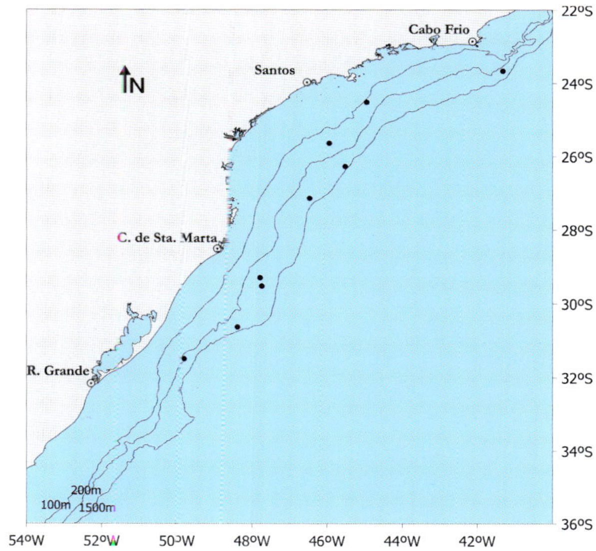

150 mm CP; MZUSP 78312

Benthodesmus tenuis (Günther, 1877)

TRICHIURIDAE

CARACTERIZAÇÃO

Dorsal 118-128 elementos (XXXVIII-XLII, 78-87); anal II + 69-76.

Corpo muito alongado, a altura cabendo 18,3-35,2 vezes no comprimento padrão. Comprimento da cabeça cabendo 7,1-8,7 vezes no comprimento padrão. Diâmetro do olho cabendo 5,9-7,5 vezes no comprimento da cabeça. Caudal presente. Ventrais inseridas pouco adiante ou sob a base da peitoral.

DADOS BIOLÓGICOS

O maior exemplar conhecido mede 72 cm de comprimento padrão. Espécie bentopelágica que vive de 200 a 850 m de profundidade. Jovens são mesopelágicos.

DISTRIBUIÇÃO

Vive no Atlântico, Pacífico oeste e Índico.

MATERIAL COLETADO

Três exemplares; amplitude de comprimento padrão 95-150 mm.

LITERATURA:

Nakamura & Parin, 1993.

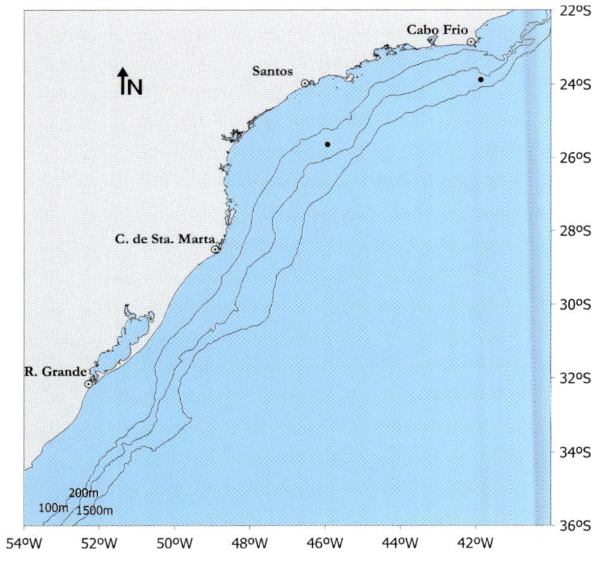

140 mm CP; MZUSP 78237

Evoxymetopon taeniatus Gill, 1863 — TRICHIURIDAE

CARACTERIZAÇÃO

Dorsal 81-88 elementos.

Corpo muito alongado e comprimido. Altura do corpo contida 11,5-12,5 vezes no comprimento padrão; cabeça cabendo 7,5-8,0 vezes no comprimento padrão. Olho distante do perfil superior da cabeça. Primeiro raio da anal em forma de escama; poucos raios anais externos. Ventral reduzida a um espinho em forma de escama, inserido posteriormente à base da peitoral. Caudal presente.

DADOS BIOLÓGICOS

Atinge 2 m de comprimento.

É espécie bentopelágica, vivendo no talude e às vezes na plataforma continental.

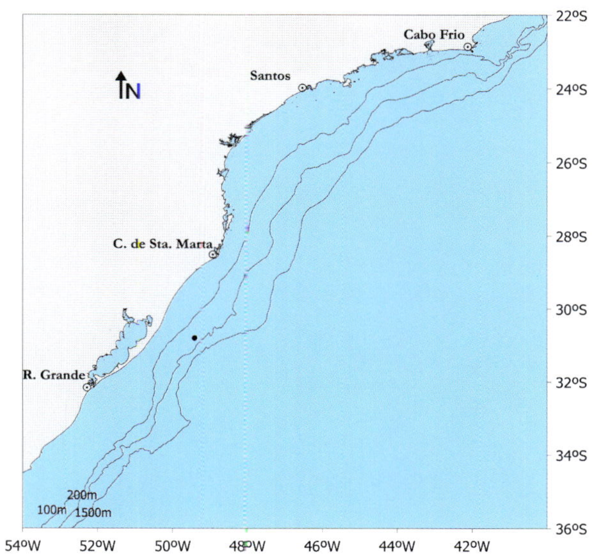

DISTRIBUIÇÃO

Ocorre no Pacífico e no Atlântico. Neste, é conhecida nas Bahamas, Mar do Caribe e no sudeste do Brasil.

MATERIAL COLETADO

Dois exemplares; amplitude de comprimento padrão 14-170 mm.

LITERATURA

Figueiredo & Menezes, 2000 (Figura 9); Nakamura & Parin, 1993.

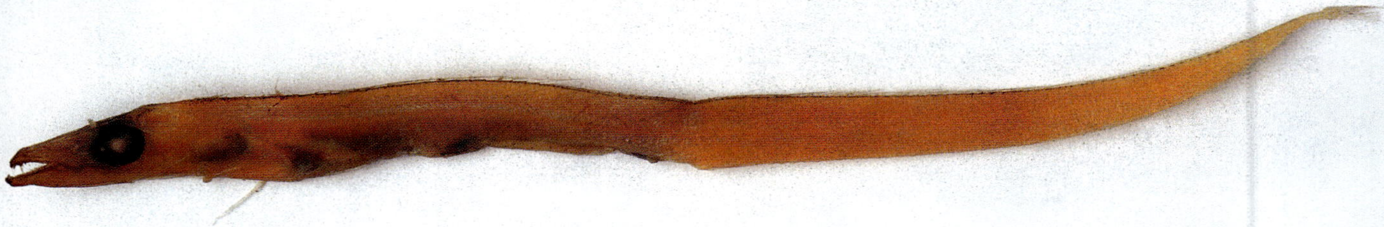

90 mm CP; MZUSP 78226

Lepidopus altifrons Parin & Collete, 1993 — TRICHIURIDAE

CARACTERIZAÇÃO

Dorsal 90-98 elementos; anal II + 52-58.

Corpo muito alongado e comprimido. Altura do corpo contida 10,9-13,0 no comprimento padrão. Comprimento da cabeça contido 5,9-6,5 no comprimento padrão. Nadadeira anal originando-se abaixo do 37° ao 40° raio da dorsal; apenas os raios mais posteriores são externos. Ventral localizada posteriormente à base da peitoral.

DADOS BIOLÓGICOS

Alcança 66 cm de comprimento padrão.

Os jovens são de superfície e os adultos, bentopelágicos, entre 100 e 500 m de profundidade.

DISTRIBUIÇÃO

Ocorre no Atlântico ocidental, de Nova Scotia até o sul do Brasil.

MATERIAL COLETADO

53 exemplares; amplitude de comprimento total 87-135 mm.

LITERATURA

Figueiredo & Menezes, 2000; Nakamura & Parin, 1993 (como *Lepidopus* sp.)

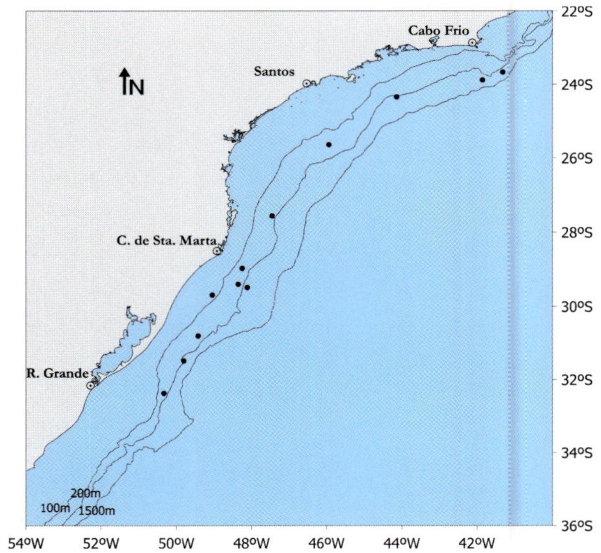

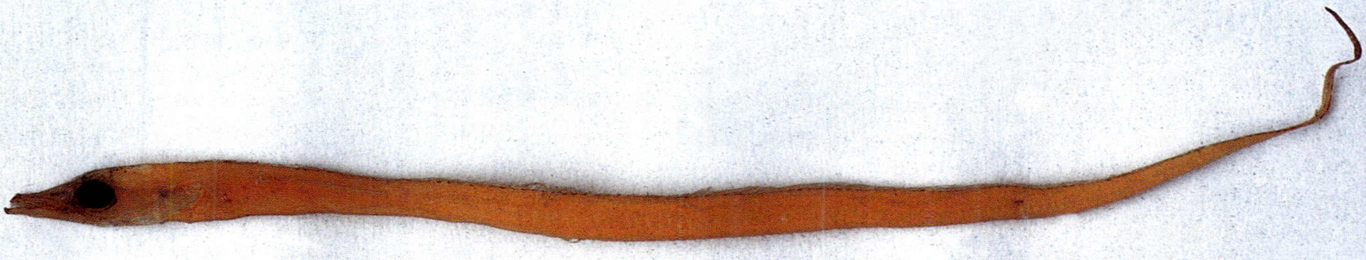

70 mm CT; MZUSP 78169

Trichiurus lepturus Linnaeus, 1758 — TRICHIURIDAE

CARACTERIZAÇÃO

Dorsal III + 130-135; anal 100-105 espinhos minúsculos (usualmente sob a pele).

Corpo muito alongado e fortemente comprimido, terminando numa ponta. Nadadeira anal reduzida a espínulas mais ou menos mergulhadas na pele. Ventral ausente. Caudal ausente. Dois ou três pares de presas com farpas perto da ponta da maxila superior e outro par na ponta da mandíbula.

DADOS BIOLÓGICOS

Alcança cerca de 1,40 m de comprimento total.

Jovens formam cardumes junto ao fundo durante o dia e à noite dirigem-se para a superfície. Ao contrário, os adultos migram da superfície para o fundo à noite.

Alimentam-se de uma grande variedade de peixes e, ocasionalmente, de lulas e de crustáceos. Vive desde águas costeiras até 350 m de profundidade.

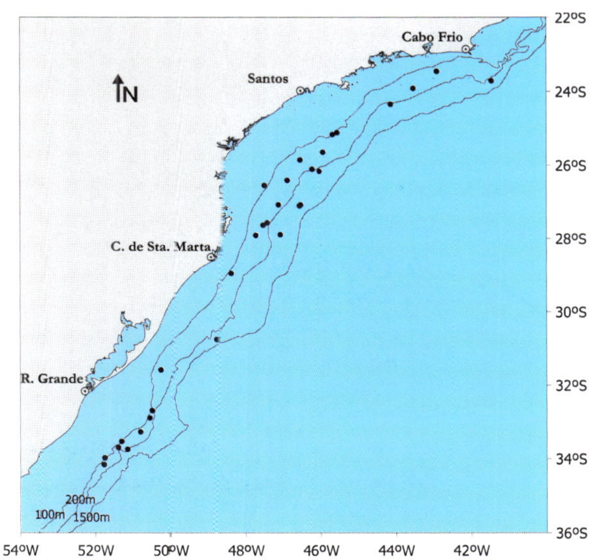

DISTRIBUIÇÃO

Habita águas tropicais e temperadas de todos os mares.

MATERIAL COLETADO

2.561 exemplares; amplitude de comprimento total 38-2040 mm.

LITERATURA

Figueiredo & Menezes, 2000 (Figura 10); Nakamura & Parin, 1993.

49 mm CP; MZUSP 78240

Auxis rochei (Risso, 1810)

SCOMBRIDAE

CARACTERIZAÇÃO

Dorsal IX-XII + 10-13 + 6-9 pínulas; anal 12-14 + 6-8 pínulas; rastros branquiais 43-49.

Corpo alongado. Altura cabendo 5,8-6,4 vezes no comprimento padrão nos jovens. Nadadeira anal sob a dorsal ramosa. Peitoral curta, sua extremidade não alcança a vertical que tangencia a margem anterior da área nua dorsal acima do corselete de escamas. Corselete bem desenvolvido, com 10-15 escamas de largura, sob a origem da segunda nadadeira dorsal. Ventral sob a peitoral. Quinze ou mais faixas largas, quase verticais, na área dorsal nua.

DADOS BIOLÓGICOS

Alcança pouco mais de 50 cm de comprimento. Vive em águas de superfície, desde a costa até alto-mar. Alimenta-se de pequenos peixes, de crustáceos e de lulas.

DISTRIBUIÇÃO

Provavelmente ocorre em todos os mares quentes.

MATERIAL COLETADO

36 exemplares; amplitude de comprimento total 21-290 mm.

LITERATURA

Collette & Aadland, 1996; Figueiredo & Menezes, 2000; Richards, 1989.

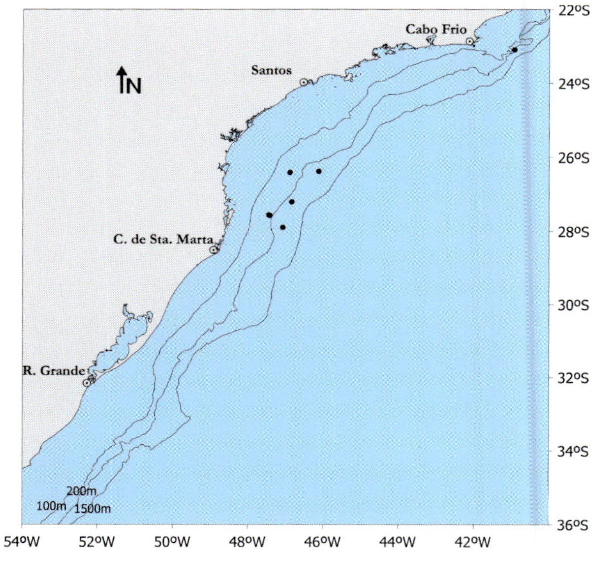

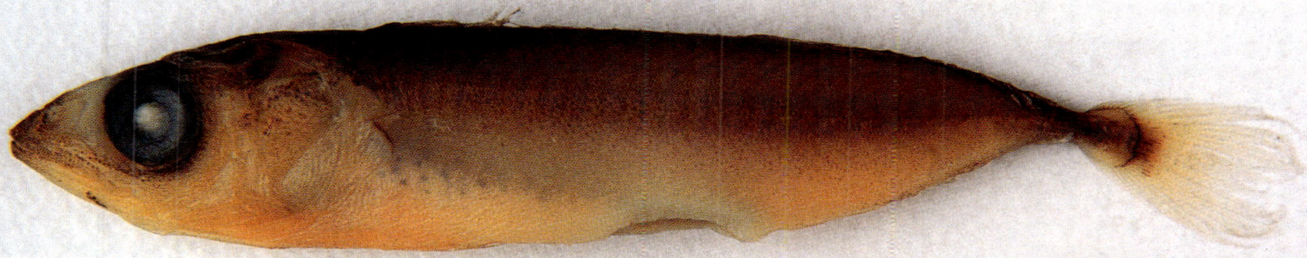

37 mm CP; MZUSP 78204

Auxis thazard (Lacepède, 1800) — SCOMBRIDAE

CARACTERIZAÇÃO

Dorsal X-XII + 10-13 + 8 pínulas; anal 10-13 + 7 pínulas; rastros branquiais 37-43.

Corpo alongado. Altura cabendo 5,0-5,5 vezes no comprimento padrão, em exemplares jovens. Nadadeira anal sob a segunda dorsal. Peitoral longa, sua extremidade ultrapassa a vertical que tangencia a margem da área nua dorsal, acima do corselete de escamas. Corselete comparativamente pouco desenvolvido, com até cinco escamas de largura sob a origem da segunda nadadeira dorsal. Pélvica sob a peitoral. Quinze ou mais faixas largas, quase verticais, na área dorsal nua.

DADOS BIOLÓGICO

Cresce até 60 cm de comprimento.

Vive na superfície, desde águas costeiras até o alto-mar. Alimenta-se de peixes pequenos, de lulas e de crustáceos.

DISTRIBUIÇÃO

Ocorre provavelmente em todos os mares quentes.

MATERIAL COLETADO

88 exemplares; amplitude de comprimento total 20-414 mm.

LITERATURA

Collette & Aadland, 1996; Figueiredo & Menezes, 2000 (Figura 12); Richards, 1989.

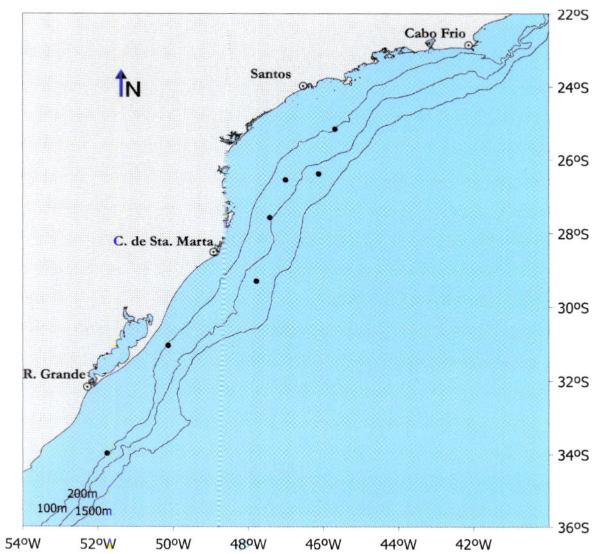

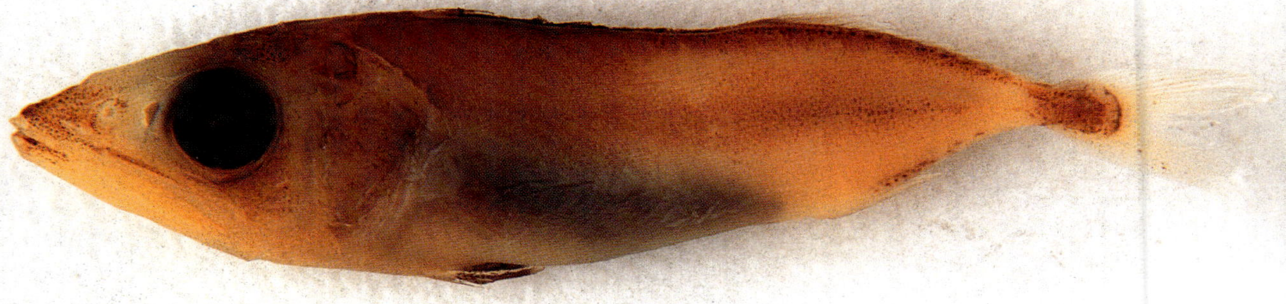

25 mm CP; MZUSP 78207

Euthynnus alleteratus (Rafinesque, 1810) SCOMBRIDAE

CARACTERIZAÇÃO

Dorsal XV-XVI + 12-13 + 8 pínulas; anal 11-15 + 7 pínulas; rastros branquiais 35-45.

Corpo fusiforme. Boca grande. Segunda nadadeira dorsal sobre a anal. Peitoral sobre a pélvica. Corso azul escuro com um padrão complexo de estrias irregulares; região ventral branca prateada, com várias manchas negras arredondadas características, nem sempre nítidas.

DADOS BIOLÓGICOS

Atinge mais de 1 m de comprimento, pesando 12 kg. De superfície, vive desde a costa até o alto-mar. Alimenta-se do que estiver disponível, tanto de peixes, como de invertebrados, mas as sardinhas são componente importante da sua dieta.

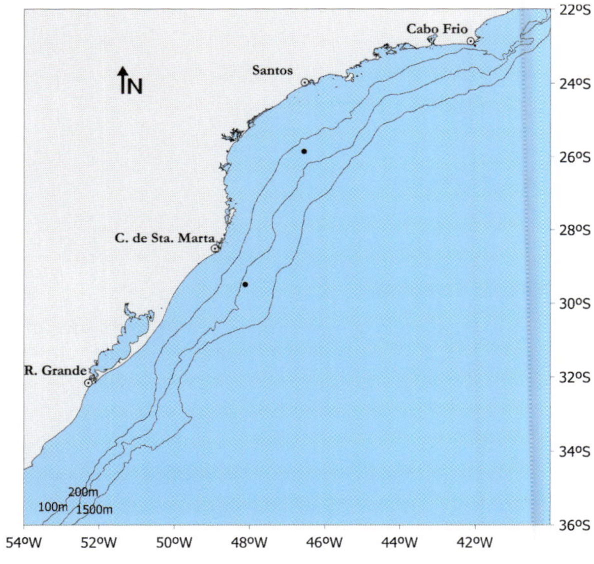

DISTRIBUIÇÃO

Ocorre nas áreas tropicais e subtropicais do Atlântico e no Mediterrâneo.

MATERIAL COLETADO

Quatro exemplares; amplitude de comprimento padrão 19-38 mm.

LITERATURA

Collette & Nauen, 1983; Figueiredo & Menezes, 2000 (Figura 13); Richards, 1989.

30 mm CP; MZUSP 78206

Sarda sarda (Bloch, 1793) — SCOMBRIDAE

CARACTERIZAÇÃO

Dorsal XX-XXIII + 15-18 + 7-9 pínulas; anal 14-17 + 6-8 pínulas.
Nadadeiras dorsais muito próximas entre si, distando não mais do que o diâmetro do olho em peixes grandes. Anal posterior à dorsal mole. Ventral sob a peitoral. Região latero-superior do corpo azul metálica, com cinco a onze estrias escuras, sinuosas e oblíquas.

DADOS BIOLÓGICOS

Ultrapassa um pouco mais 90 cm de comprimento total. Habita a superfície de águas costeiras, formando cardumes. Alimenta-se de peixes pequenos, de lulas e de camarões.

DISTRIBUIÇÃO

Ocorre em águas tropicais e temperadas do Atlântico, Mediterrâneo e Negro. Na costa americana, distribui-se de Nova Scotia até a Argentina.

MATERIAL COLETADO

Treze exemplares; amplitude de comprimento padrão 30-490 mm.

LITERATURA

Collette & Nauen, 1983; Figueiredo & Menezes, 2000 (Figura 15); Richards, 1989.

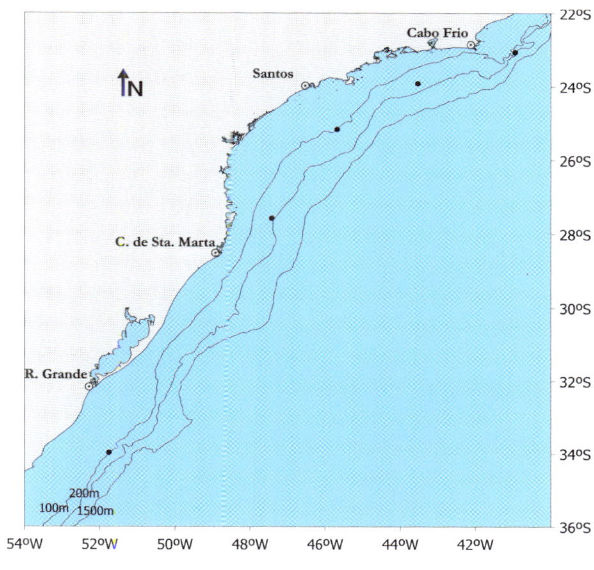

40 mm CP; MZUSP 78217

Scomber japonicus Houttuyn, 1782

SCOMBRIDAE

CARACTERIZAÇÃO

Dorsal VIII-X + 11-12 + 5 pínulas; anal I + 12 + 5 pínulas.

Distância entre as nadadeiras dorsais pouco maior do que o comprimento da base da primeira dorsal. Anal oposta à segunda dorsal. Ventral sob a peitoral. Dorso com linhas escuras sinuosas ou quebradas, irregulares; região ventral com manchas ou linhas quebradas ondulantes.

DADOS BIOLÓGICOS

Alcança pouco mais de 60 cm de comprimento total. De hábitos costeiros, mas podendo ser encontrada até em 300 m de profundidade. Vive em cardume e come crustáceos, peixes e lulas.

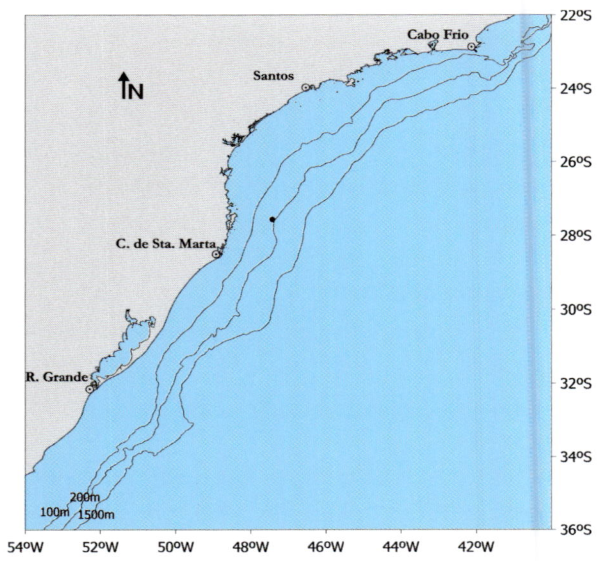

DISTRIBUIÇÃO

Ocorre em todos os mares. Na costa leste americana, desde a Nova Scotia até o leste da Argentina.

MATERIAL COLETADO

31 exemplares; amplitude de comprimento total 29-307 mm.

LITERATURA

Collette & Nauen, 1983; Figueiredo & Menezes, 2000 (Figura 16).

19 mm CP; MZUSP 78396

Cubiceps capensis (Smith, 1849)

NOMEIDAE

CARACTERIZAÇÃO

Dorsal XI + I, 20-22; anal III, 19-22; peitoral 20-24; rastros branquiais 26-31; escamas da linha lateral 62-71; raios procorrentes da caudal 7-10 acima ou abaixo.

Corpo alongado comprimido na parte lateral. Nadadeira dorsal dividida em duas partes, originando-se ligeiramente atrás da base da peitoral. Anal oposta à dorsal mole. Peitoral longa, ultrapassando a origem da anal. Pélvica inserida ligeiramente atrás da base da peitoral. Dentes em série única no vômer. Parte superior da cabeça com escamas quase até os orifícios nasais. Ponta do focinho, espaço pré-orbital e margem externa do opérculo sem escamas.

DADOS BIOLÓGICO

Ultrapassa 1 m de comprimento.

Vive em águas oceânicas subtropicais.

DISTRIBUIÇÃO

Ocorre em todos os oceanos. No Atlântico, de 23°N a 40°S.

MATERIAL COLETADO

Um exemplar; 19 mm de comprimenro padrão.

LITERATURA

Agafonova, 1994; Mincarone *et al.*, 2001.

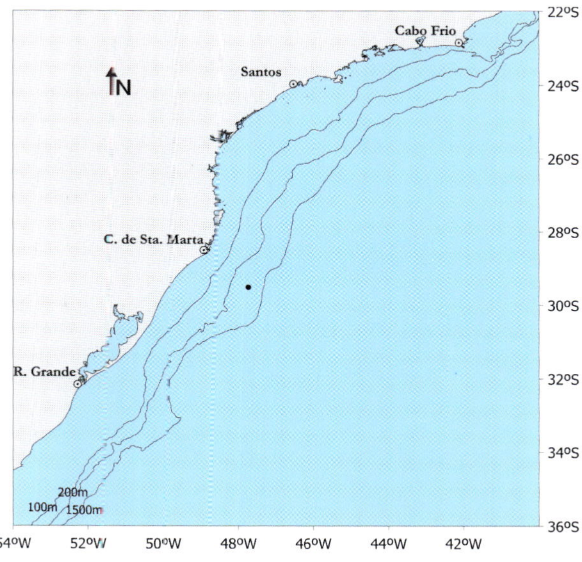

50 mm CP; MZUSP 78176

Cubiceps pauciradiatus Günther, 1872

NOMEIDAE

CARACTERIZAÇÃO

Dorsa X-XI + I, 15-18; anal II, 14-17; peitoral 17-22; escamas da linha lateral 46-60; rastros branquiais 22-30. Corpo alongado. Nadadeira dorsal dividida em duas partes, originando-se atrás da base da peitoral. Nadadeira anal de comprimento semelhante ao da parte mole da dorsal. Pélvica inserida atrás da base da peitoral. Peitoral longa, ultrapassando a origem da anal. Dentes do vômer formando um grupo ovalado. Escamas do alto da cabeça estendendo-se notavelmente adiante do nível dos olhos, com uma área nua na parte mais anterior.

DADOS BIOLÓGICOS

A espécie atinge 20 cm de comprimento.

DISTRIBUIÇÃO

Ocorre no Atlântico, no Pacífico e no Índico

MATERIAL COLETADO

Quatro exemplares; amplitude de comprimento total 62-100 mm.

LITERATURA

Agafonova, 1994; Haedrich, 1972, 1986b.

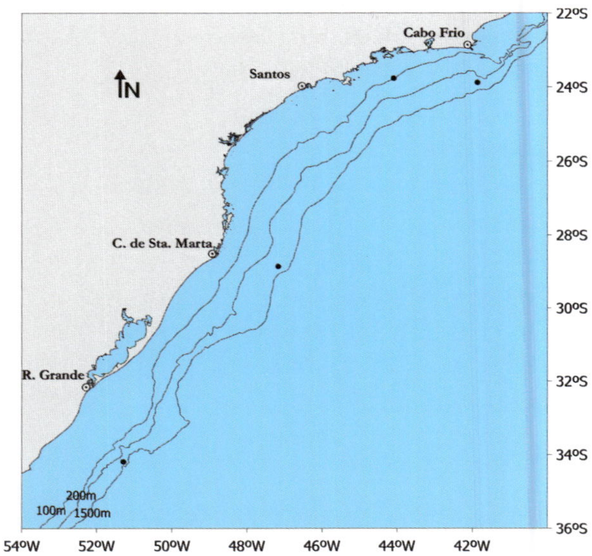

Psenes arafurensis Günther, 1889

NOMEIDAE

CARACTERIZAÇÃO:

Dorsal X-XI + I-II, 18-22; anal III, 21-23; rastros branquiais 8 + 16-18; escamas da linha lateral 55-62. Corpo alto. Cabeça cabendo 2,2-3,1 vezes no comprimento padrão. Nadadeira dorsal anterior com espinhos. Dorsal mole oposta à anal. Pélvica sob a base da peitoral. Dentes da mandíbula longos, comprimidos, muito diferentes dos da maxila superior. Escamas do alto da cabeça não se estendem adiante do nível dos olhos.

DADOS BIOLÓGICOS

Atinge 23 cm de comprimento.

DISTRIBUIÇÃO

Ocorre no Atlântico, no Pacífico e no Índico.

MATERIAL COLETADO

Três exemplares; amplitude de comprimento total 10-20 mm.

LITERATURA

Haedrich, 1972, 1986b.

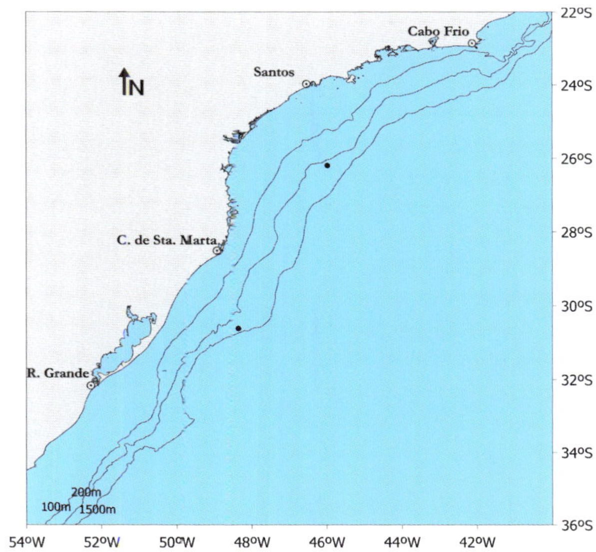

268 mm CP; MZUSP 78404

Psenes cyanophrys Valenciennes, 1833

NOMEIDAE

CARACTERIZAÇÃO

Dorsal IX-XI + I, 23-28; anal III, 23-28; rastros branquiais 8 + 18-21; escamas da linha lateral 60-70.
Corpo alto. Cabeça cabendo 2,4-3,5 vezes no comprimento padrão. Nadadeira dorsal anterior com espinhos. Segunda dorsal oposta à anal. Ventral sob a peitoral. Dentes da mandíbula pontudos ou um pouco achatados, similares aos da maxila superior. Escamas do alto da cabeça não se estendem adiante do nível dos olhos.

DADOS BIOLÓGICOS

Cresce até 20 cm de comprimento.

DISTRIBUIÇÃO

Vive em Atlântico, Pacífico e Índico.

MATERIAL COLETADO

Um exemplar; 312 mm de comprimento total.

LITERATURA

Figueiredo & Menezes, 2000; Haedrich, 1972, 1986b.

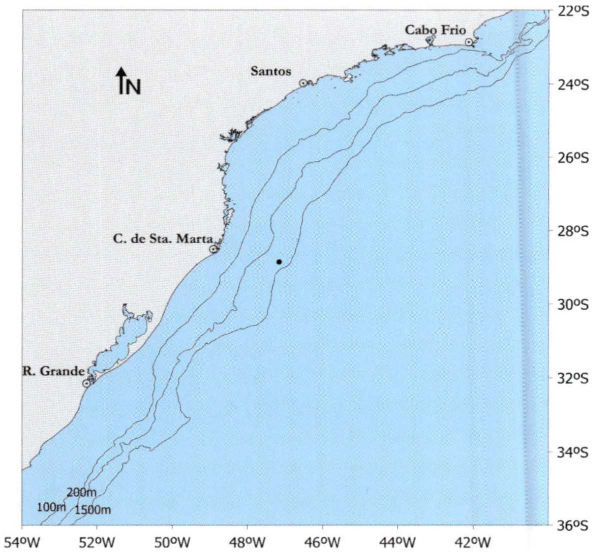

57 mm CP; MZUSP 78164

Ariomma bondi Fowler, 1930

ARIOMMATIDAE

CARACTERIZAÇÃO

Dorsal X-XI + I, 13-17; anal II-III, 12-16; rastros branquiais 25-30; escamas da linha lateral 30-45.

Corpo alongado. Diâmetro do olho pouco maior que o comprimento do focinho. Nadadeira dorsal com entalhe entre a parte espinosa e a ramosa. Anal oposta à dorsal mole. Ventral sob a peitoral. Escamas da região interorbital atingem a parte anterior da cabeça até o nível da pupila. Jovens com manchas arredondadas no corpo, tendendo a formar faixas transversais.

DADOS BIOLÓGICOS

Atinge 23 cm de comprimento padrão.

As larvas e os jovens pequenos aparentemente são epipelágicos. Os adultos são demersais ou batipelágicos. No sudeste do Brasil a espécie já foi capturada entre 54 e 220 m de profundidade.

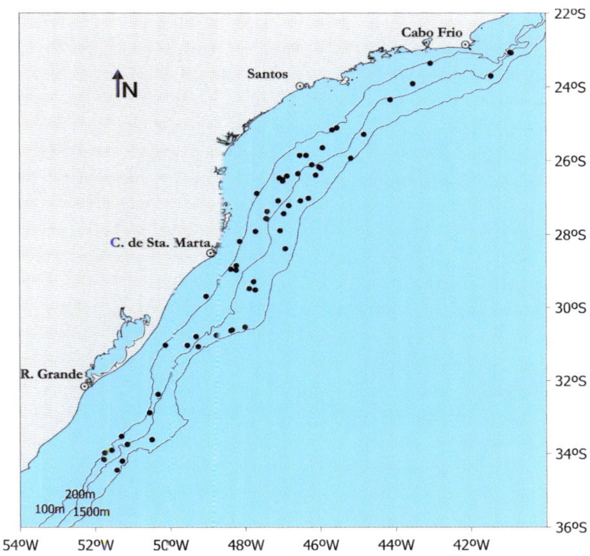

DISTRIBUIÇÃO

Ocorre no Atlântico, do Golfo do Maine até o Uruguai.

MATERIAL COLETADO

878 exemplares; amplitude de comprimento total 12-202 mm.

LITERATURA

Figueiredo & Menezes, 2000 (Figura 31); Horn, 1972.

76 mm CP; MZUSP 78167

Ariomma melanum (Ginsburg, 1954)

ARIOMMATIDAE

CARACTERIZAÇÃO:

Dorsal XI + I, 14-17; anal III, 13-16; rastros branquiais 26-30; escamas da linha lateral 50-65.

Corpo alongado. Diâmetro do olho aproximadamente igual ao comprimento do focinho. Nadadeira dorsal com um entalhe entre a parte espinhosa e a ramosa. Anal oposta à dorsal mole. Ventral sob a peitoral. Escamas da região interorbital estendendo-se até o nível da margem anterior do olho. Jovens com bandas verticais escuras no corpo.

DADOS BIOLÓGICOS

Atinge 25 cm de comprimento padrão.

Larvas e jovens são aparentemente epipelágicos, enquanto os adultos são demersais ou bentopelágicos. Vivem entre 200 e 600 m de profundidade.

DISTRIBUIÇÃO

Ocorre no oceano Atlântico; do lado ocidental, de Nova York até o Uruguai.

MATERIAL COLETADO

Dois exemplares; amplitude de comprimento padrão 41-76 mm.

LITERATURA

Horn, 1972; Haedrich, 1986b.

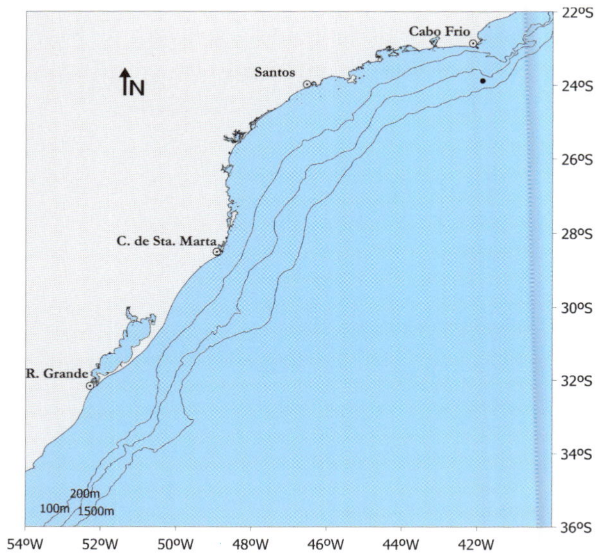

Peprilus paru (Linnaeus, 1758)

STROMATEIDAE

CARACTERIZAÇÃO

Dorsal II-IV, 38-47; anal II-III, 35-45; rastros branquiais 20-23.

Corpo ovalado, alto. Nadadeira dorsal única com lobo anterior desenvolvido. Anal similar, oposta à dorsal. Sem nadadeiras pélvicas. Escamas ciclóides diminutas.

DADOS BIOLÓGICOS

A espécie chega aos 30 cm de comprimento.

No sudeste do Brasil vive desde águas rasas das praias até mais de 130 m de profundidade. Freqüentemente jovens com menos de 10 cm de comprimento são encontrados associados a medusas. Alimenta-se de pequenos peixes e invertebrados.

DISTRIBUIÇÃO

Ocorre na costa leste americana, de Nova York até a Argentina.

MATERIAL COLETADO

32 exemplares; amplitude de comprimento total 15-334 mm.

LITERATURA

Figueiredo & Menezes, 2000 (Figura 32).

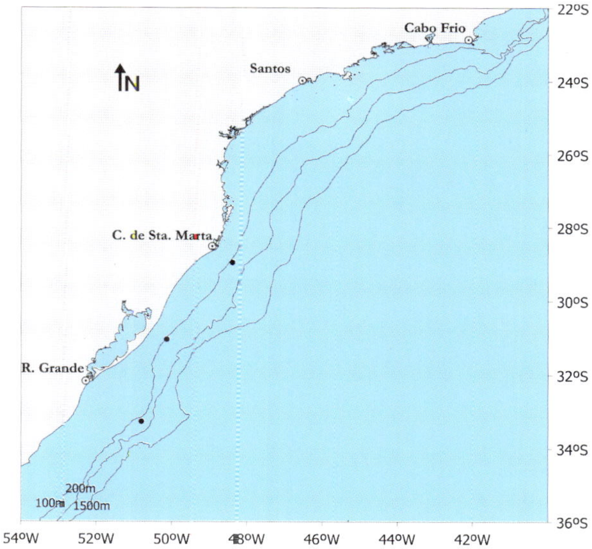

75 mm CP; MZUSP 78281

Etropus longimanus Norman, 1933

PARALICHTHYIDAE

CARACTERIZAÇÃO:

Dorsal 78-88; anal 60-71; rastros branquiais 5 + 6-8; escamas da linha lateral 43-47.

Olhos do lado esquerdo do corpo. Boca pequena, maxila superior estendendo-se até sob ou pouco além da margem anterior da órbita; maxila superior cabendo 3,5 vezes ou mais no comprimento da cabeça. Linha lateral sem arco na região anterior.

DADOS BIOLÓGICOS

Cresce até 15,5 cm de comprimento

Vive desde a costa até cerca de 190 m de profundidade. Alimenta-se de poliquetos e pequenos crustáceos.

DISTRIBUIÇÃO

Habita o Atlântico Sul ocidental, de Cabo Frio, RJ, até a Argentina.

MATERIAL COLETADO

Dois exemplares; amplitude de comprimento total 75-77 mm.

LITERATURA

Figueiredo & Menezes, 2000 (Figura 45).

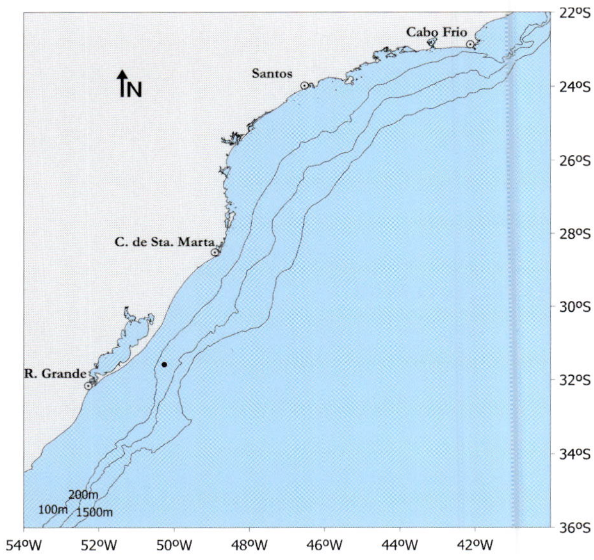

210 mm CP; exemplar descartado

Balistes capriscus Gmelin, 1788

BALISTIDAE

CARACTERIZAÇÃO:

Dorsal III + 26-29; anal 23-26.

Corpo alto, comprimido. Nadadeira dorsal ramosa, oposta à anal. Pélvicas ausentes. Fenda branquial reduzida, acima da peitoral. Corpo coberto por pequenas placas ósseas em forma de escama; as placas atrás da fenda branquial e acima da base da peitoral mais desenvolvidas que as adjacentes. Região da cabeça sem faixas coloridas.

DADOS BIOLÓGICOS

Atinge 44 cm de comprimento.

Ocorre quando adulto em até 50 m de profundidade. Alimenta-se de invertebrados de fundo, preferencialmente.

DISTRIBUIÇÃO

Ocorre no Atlântico. Na costa americana distribui-se de Nova Scotia a Argentina.

MATERIAL COLETADO

215 exemplares; amplitude de comprimento furcal 135-349 mm.

LITERATURA

Figueiredo & Menezes, 2000 (Figura 68).

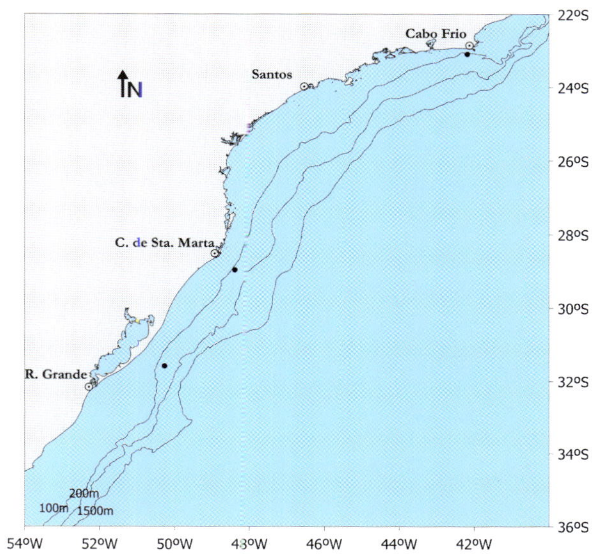

30 mm CP; MZUSP 78192

Stephanolepis hispidus (Linnaeus, 1766) — MONACANTHIDAE

CARACTERIZAÇÃO

Dorsal II (segundo espinho rudimentar) + 29-35; anal 30-35; peitoral 12-14.

Corpo alto. Abertura branquial reduzida a uma fenda curta adiante e acima da peitoral. Dorsal ramosa e anal do mesmo comprimento e opostas. Sem nadadeira pélvica. Osso pélvico com espinho externo bem visível na extremidade. Região mediana dorsal, atrás da dorsal espinhosa sem sulco profundo. Pele áspera, coberta por espinhos minúsculos. Pedúnculo caudal sem espinhos notavelmente desenvolvidos. Segundo raio da dorsal muito mais desenvolvido do que os demais nos machos.

DADOS BIOLÓGICOS

Ultrapassa 27 cm de comprimento.

Espécie costeira, tendo sido coletada no sudeste do Brasil em até 72 m de profundidade.

DISTRIBUIÇÃO

Ocorre no Atlântico. Na costa americana distribui-se da Nova Scotia ao Uruguai.

MATERIAL COLETADO

Dez exemplares; amplitude de comprimento padrão 8-21 mm.

LITERATURA

Figueiredo & Menezes, 2000 (Figura 77); Tortonese, 1986b.

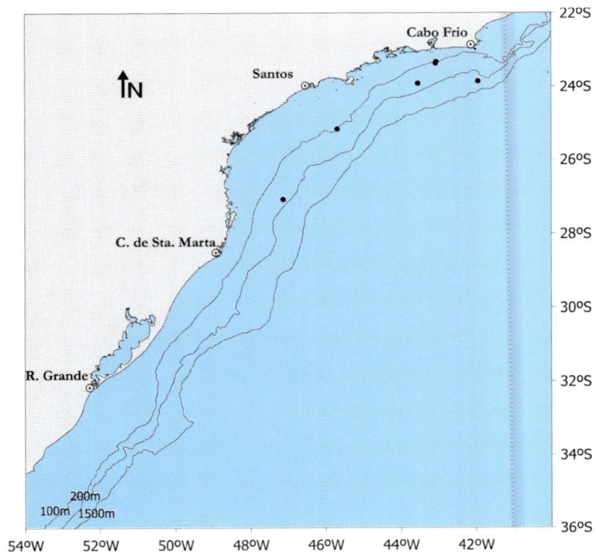

Lagocephalus laevigatus (Linnaeus, 1766) — TETRAODONTIDAE

CARACTERIZAÇÃO

Dorsal 13-15; anal 12-13; peitoral 15-19.

Corpo robusto. Nadadeiras sem espinhos. Dorsal e anal de base curta, opostas, localizadas na metade posterior do corpo. Ventrais ausentes. Lobo inferior da caudal mais curto do que o superior em exemplares adultos. Corpo sem escamas, mas com espinhos curtos no abdome.

DADOS BIOLÓGICOS

Alcança cerca de 1 m de comprimento.

Espécie de águas costeiras.

DISTRIBUIÇÃO

Ocorre no oceano Atlântico. Na costa americana, é encontrada de New England até a Argentina.

MATERIAL COLETADO

107 exemplares; amplitude de comprimento padrão 9-42 mm.

LITERATURA

Figueiredo & Menezes, 2000 (Figura 82).

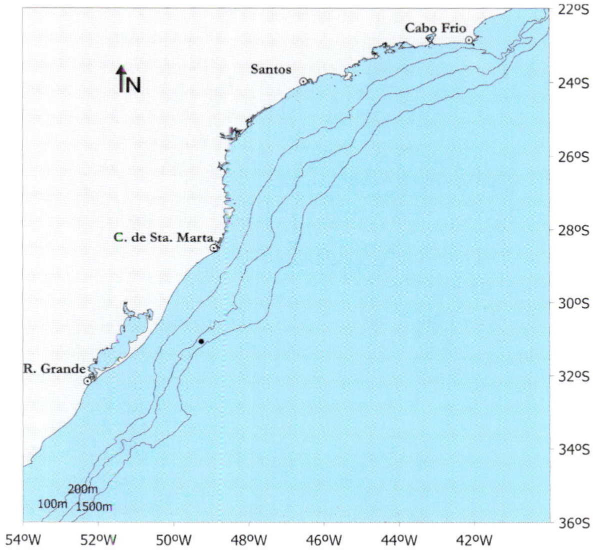

37 mm CP; MZUSP 78305

Sphoeroides dorsalis Longley, 1934

TETRAODONTIDAE

CARACTERIZAÇÃO

Dorsal 8; anal 7; peitoral 15-17.

Corpo robusto. Nadadeiras sem espinhos. Dorsal e anal opostas, de base curta, localizadas na parte posterior do corpo. Pélvicas ausentes. Corpo áspero, com projeções espiniformes. Apêndices dérmicos representados apenas por um único par situado na região dorsal anterior do corpo, de cor negra nos indivíduos maiores.

DADOS BIOLÓGICOS

Atinge cerca de 18 cm de comprimento. Ocorre até cerca de 100 m de profundidade.

DISTRIBUIÇÃO

Da Carolina do Norte até o litoral do Estado do Rio de Janeiro.

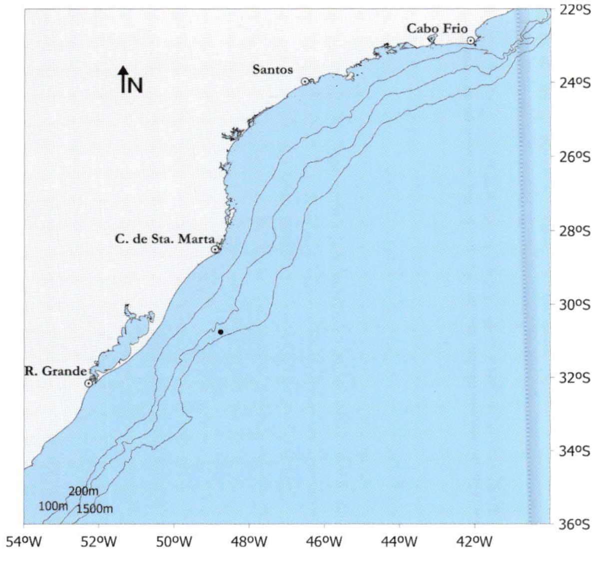

MATERIAL COLETADO

Um exemplar; 30 mm de comprimento total.

LITERATURA

Figueiredo & Menezes, 2000 (Figura 84); Shipp, 1974.

Sphoeroides pachygaster (Müller & Troschel, 1848) TETRAODONTIDAE

CARACTERIZAÇÃO

Dorsal 8-10; anal 7-9; peitoral 14-17.

Corpo robusto. Nadadeiras sem espinhos. Dorsal e anal de base curta, opostas, inseridas na parte posterior do corpo. Ventrais ausentes. Pele totalmente lisa, sem projeções espinhosas.

DADOS BIOLÓGICOS

Alcança 26 cm de comprimento. Em geral é encontrada além dos 100 m de profundidade, chegando aos 200 m. No sudeste do Brasil foi capturada entre 50 e 145 m.

DISTRIBUIÇÃO

Ocorre nas águas tropicais e subtropicais de todos os oceanos. No Atlântico ocidental distribui-se de New Jersey até a Argentina.

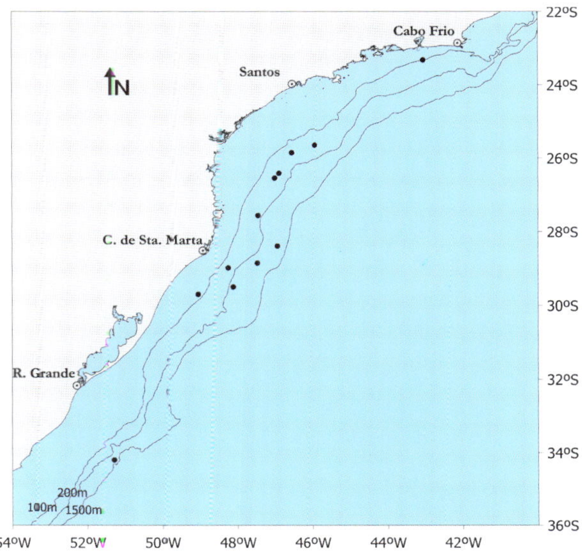

MATERIAL COLETADO

38 exemplares; amplitude de comprimento padrão 9-64 mm.

LITERATURA

Figueiredo & Menezes, 2000 (Figura 86); Shipp, 1974.

Cyclichthys spinosus (Linnaeus, 1758) — DIODONTIDAE

CARACTERIZAÇÃO

Dorsal 10-12; anal 10-11; peitoral 21-23.

Corpo globoso. Nadadeiras sem espinhos. Dorsal e anal opostas, inseridas na parte posterior do corpo. Corpo recoberto por espinhos curtos e fixos. Pedúnculo caudal sem espinhos. Nadadeiras sem manchas escuras.

DADOS BIOLÓGICOS

Atinge 25 cm de comprimento.

Ocorre desde a costa até 190 m de profundidade.

DISTRIBUIÇÃO

Ocorre no Atlântico Sul ocidental, da Bahia até a Argentina.

MATERIAL COLETADO

Dezessete exemplares; amplitude de comprimento total 66-87 mm.

LITERATURA

Figueiredo & Menezes, 2000 (Figura 91).

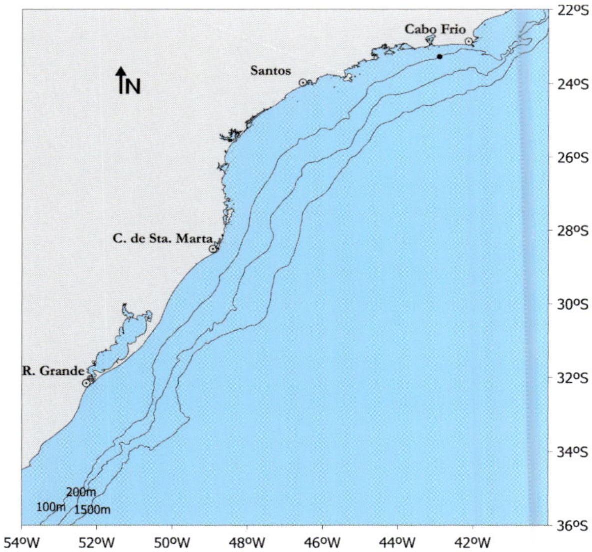

REFERÊNCIAS BIBLIOGRÁFICAS

AGAFONOVA, T. B. 1994. Systematics and Distribution of *Cubiceps* (Nomeidae) of the World Ocean. *Journal of Ichthyology*, 34(5): 116-143.

ALMEIDA, E. M. de. 2001. *Estrutura da População, Crescimento e Reprodução de* Maurolicus stehmanni *Parin & Kobyliansky, 1993 (Teleostei: Sternoptychidae) na Zona Econômica Exclusiva do Sul e Sudeste do Brasil.* Dissertação de Mestrado, São Paulo, Universidade de São Paulo, Instituto Oceanográfico, 118 p.

ANDERSON JR., W. D. & HEEMSTRA, P. C. 1980. Two New Species of Western Atlantic *Anthias* (Pisces: Serranidae), Redescription of *A. asperilinguis* and Review of *Holanthias martinicensis. Copeia* 1980(1): 72-87.

ANDERSON, W. W.; GEHRINGER, J. W. & BERRY, F. H. 1966a. Family Synodontidae. *In Fishes of the Western North Atlantic.* Sears Foundation for Marine Research, *Memoir*, 1(5): 30-102.

ANDERSON, W. W.; GEHRINGER, J. W. & BERRY, F. H. 1966b. Field Guide to the Synodontidae (Lizardfishes) of the Western Atlantic Ocean. *United States Department of the Interior, Fish and Wildlife Service, Circular 245, 12 p.*

ANDERSON, W. W.; GEHRINGER, J. W. & BERRY, F. H. 1975. The Correlation between Numbers of Vertebrae and Lateral-line Scales in Western Atlantic Lizardfishes (Synodontidae). *Fishery Bulletin*, 73(1): 202-206.

BADCOCK, J. 1989a. Gonostomatidae. *In* Whitehead *et al.* (eds.), 284-301, *q.v.*

BADCOCK, J. 1989b. Sternoptychidae. *In* Whitehead *et al.* (eds.), 302-317, *q.v.*

BADCOCK, J. 1989c. Photichthyidae. *In* Whitehead *et al.* (eds.), 318-324, *q.v.*

BADCOCK, J. & MERRET, R. 1976. Midwater Fishes in the Eastern North Atlantic-I. Vertical Distribution and Associated Biology in 30°N, 23°W, with Developmental Notes on Certain Myctophids. *Progress in Oceanography* 7: 3-58.

BAIRD, R. C. 1971. The Systematics, Distribution, and Zoogeography of the Marine Hatchetfishes (Family Sternoptychidae). *Bulletin of the Museum of Comparative Zoology*, 142(1): 1-128.

BAIRD, R. C. 1986. Tribe Sternoptychini. *In* Smith & Heemstra (eds.), 255-259, *q.v.*

BALDWIN, C. C. 1990. Morphology of the Larvae of American Anthiinae (Teleostei: Serranidae), with Comments on Relationships within the Subfamily. *Copeia*, 1990(4): 913-955.

BARSUKOV, V. V. 1973. The Species Composition of the Genus *Helicolenus* (Sebastinae, Scorpaenidae, Pisces) and a Description of a New Species. *Journal of Ichthyology*, 13(2): 161-167.

BAUCHOT, M. L. 1959. Étude des larves Leptocephales du groupe *Leptocephalus lanceolatus* Strömman et identification à la famille des Serrivomeridae. *Dana-Report*, 48, 148 p., 2 pl.

BERRY, F. H. 1968. A New Species of Carangid Fish (*Decapterus tabl*) from the Western Atlantic. *Contributions in Marine Science*, 13: 145-167.

BERTELSEN, E.; KREFFT, G. & MARSHALL, B. 1976. The Fishes of the Family Notosudidae. *Dana-Report*, 86, 114 p., 1 pl.

BLASIOLA JR., G. C. 1976. *Centropyge aurantonotus* Burgess, 1974 (Pisces: Chaetodontidae): Range, Extension, and Redescription. *Bulletin of Marine Science*, 26(4): 564-568.

BRADBURY, M.G. 1967. The Genera of Batfishes (Family Ogcocephalidae). *Copeia*, 1967(2): 399-422.

BRADBURY, M.G.1978. Ogcocephalidae. *In* W. Fisher (ed.). *Fao Species Identification Sheets for Fishery Purposes. Western Atlantic (Fishing area 31).* FAO, Rome. Não paginado.

BRUUN, A. F. 1935. Flying-fishes (Exocoetidae) of the Atlantic. Systematic and Biological Studies. *Dana-Report*, 6, 106 p., 7 pl.

CAMPOS, E. J. D. 1995. *Estudos da Circulação Oceânica no Atlântico Tropical e na Região Oeste do Atlântico Subtropical Sul.* Tese de Livre-docência, São Paulo, Universidade de São Paulo, Instituto Oceanográfico, 114 p.

CAMPOS, E. J. D.; PIOLA, A. R. & MILLER, J. L. 1999. Water Mass Distribution on the Shelf and Shelf-break Upwelling in the Southeast Brazil Bigth. *In Symposium on Global Change Studies*, Dallas, American Metereology Society, 10: 446-449.

CAMPOS, E. J. D.; VELHOTE, D. & SILVEIRA, I. C. A. 2000. Shelf Break Upwelling Driven by Brazil Current Cyclonic Meanders. *Geophysical Research Letters*, 27(6): 751-754.

CARUSO, J. H. 1983. The Systematics and Distribution of the Lophiid Anglerfishes. II. Revision of the Genera *Lophiomus* and *Lophius. Copeia*, 1983(1): 11-30.

CASTELLO, J. P.; HAIMOVICI, M.; ODEBRECHT, C. & VOOREN, C. M. 1997. The Continental Shelf and Slope. *In* Seeliger, U.; Odebrecht, C. & Castello, J. P. (eds.). *Subtropical Convergence Environment: the Coast and Sea in the Southwestern Atlantic.* Berlin, Springer-Verlag, 171-178.

CASTLE, P. H. J. 1986.Family No. 40: Congridae. *In* Smith & Heemstra (eds.), 161-165, *q.v.*

CASTRO-FILHO, B. M. 1996. *Correntes e Massa de Água da Plataforma Continental Norte de São Paulo.* Tese de Livre-docência, São Paulo, Universidade de São Paulo, Instituto Oceanográfico, 248 p.

CIRANO, M. 1995. *Utilização de Modelo Numérico no Estudo Diagnóstico da Circulação Oceânica na Bacia de Santos.* Dissertação de Mestrado, São Paulo, Universidade de São Paulo, Instituto Oceanográfico, 116 p.

COHEN, D. M. 1964. Suborder Argentinoidea. *In Fishes of the Western North Atlantic.* Sears Foundation for Marine Research, *Memoir*, 1(4): 1-70.

COHEN, D. M. 1986a. Family No. 62: Bathylagidae. *In* Smith & Heemstra (eds.), 216, *q.v.*

COHEN, D. M. 1986b. Family No. 91: Melanonidae. *In* Smith & Heemstra (eds.), 328-329, *q.v.*

COHEN, D. M. 1986c. Melanonidae. *In* Whitehead *et al.* (eds.), 724, *q.v.*

COHEN, D. M. 1989. Bathylagidae. *In* Whitehead *et al.* (eds.), 392-393, *q.v.*

COHEN, D. M.; INADA, T.; IWAMOTO, T. & SCIALABBA, 1990. FAO Species Catalogue. 10. Gadiform Fishes of the World (Order Gadiformes). An Annotated and Illustrated Catalogue of Cods, Hakes, Grenadiers and other Gadiform Fishes Known to Date. *FAO Fisheries Synopsis*, 125(10), 442 p.

COLLETTE, B. B. & AADLAND, C. R. 1996. Revision of the Frigate Tunas (Scombridae, *Auxis*), with Descriptions of Two New Subspecies from the Eastern Pacific. *Fishery Bulletin*, 94: 423-441.

COLLETE, B. B. & NAUEN, C.E. 1983. *FAO species catalogue.* Vol 2. Scombrids of the World. *FAO Fisheries Synopsis*, 125(2), 137 p.

DAS, M. K. & NELSON, J. S. 1996. Revision of the Percophid Genus *Bembrops* (Actinopterygii: Perciformes). *Bulletin of Marine Science*, 59(1): 9-44.

EHRICH, S. 1986. Macroramphosidae. *In* Whitehead *et al.* (eds.), 627, *q.v.*

ESCHMEYER, W. 1969. A Systematic Review of the Scorpionfishes of the Atlantic Ocean. *Occasional Papers of the California Academy of Sciences*, 79, iv + 143 p.

ESCHMEYER, W. & COLLETTE, B. B. 1966. The Scorpionfish Subfamily Setarchinae, Including the Genus *Ectreposebastes. Bulletin of Marine Science*, 16(2): 349-375.

FIGUEIREDO, J. L. & MENEZES, A. 1978. *Manual de Peixes Marinhos do Sudeste do Brasil. II. Teleostei (1).* São Paulo, Museu de Zoologia da Universidade de São Paulo, 110 p.

FIGUEIREDO, J. L. & MENEZES, A. 1980. *Manual de Peixes Marinhos do Sudeste do Brasil. III. Teleostei (2).* São Paulo, Museu de Zoologia da Universidade de São Paulo, 90 p.

FIGUEIREDO, J. L. & MENEZES, A. 2000. *Manual de Peixes Marinhos do Sudeste do Brasil. VI. Teleostei (5).* São Paulo, Museu de Zoologia da Universidade de São Paulo, 116 p.

FUJII, E. 1983. [Percichthyidae. *Synagrops*]. *In* Uyeno *et al.* (eds.), 296-297, *q.v.*

GARCIA, C. A. E. 1997. Physical Oceanography. *In* Seeliger, U.; Odebrecht, C. & Castello, J. P. (eds.), *Subtropical Convergence Environment: The Coast and Sea in the Southwestern Atlantic.* Berlin, Springer-Verlag, 171-178.

GARTNER JR., J. V. 1993. Patterns of Reproduction in the Dominant Lanternfish Species (Pisces: Myctophidae) of the Eastern Gulf of México, with a Review of Reproduction among Tropical-subtropical Myctophidae. *Bulletin of Marine Science*, 52(2): 721-750.

GIBBS JR., R. H. 1957. A Taxonomic Analysis of *Myctophum affine* and *Mictophum nitidulum*, Two Lanternfishes Previously Synonymized, in the Western North Atlantic. *Deep-Sea Research*, 4: 230-237.

GIBBS JR., R. H. 1964. Family Astronesthidae. In *Fishes of the Western North Atlantic.* Sears Foundation for Marine Research, *Memoir*, 1(4): 311-350.

GIBBS JR., R. H. 1969. Taxonomy, Sexual Dimorphism, Vertical Distribution, and Evolutionary Zoogeography of the Bathypelagic Fish Genus *Stomias* (Stomiatidae). *Smithsonian Contributions to Zoology*, 31, 25 p.

GIBBS JR., R. H. 1986a. Family No. 67: Stomiidae. *In* Smith & Heemstra (eds.), 229-230, *q.v.*

GIBBS JR., R. H. 1986b. Family No. 68: Chauliodontidae. *In* Smith & Heemstra (eds.), 230, *q.v.*

GIBBS JR., R. H. 1986c. Family No. 72: Melanostomiidae. *In* Smith & Heemstra (eds.), 236-243, *q.v.*

GIBBS JR., R. H. 1989. Astronesthidae. *In* Whitehead *et al.* (eds.), 325-335, *q.v.*

GIBBS JR., R. H. & COLLETTE, B. B. 1959. On the Identification, Distribution, and Biology of the Dolphins, *Coryphaena hippurus* and *C. equiselis. Bulletin of Marine Science*, 9(2): 117-152.

GIBBS JR., R. H.; GOODYEAR, R. H.; KEENE, M. J. & BROWN, D. W. 1971. *Biological Studies of the Bermuda Ocean Acre. II. Vertical Distribution and Ecology of the Lanternfishes (Family Myctophidae).* Report to the U.S. Navy Underwater Systems Center, 141 p.

GIBBS JR., R. H. & KRUEGER, W. H. (eds.). 1987. Biology of Midwater Fishes of the Bermuda Ocean Acre. *Smithsonian Contributions to Zoology*, 452, 187 p.

GILBERT, C. R. 1977. Status of the Western South Atlantic Apogonid Fish *Apogon americanus*, with Remarks on other Brazilian Apogonidae. *Copeia*, 1977(1): 25-32.

GOODYEAR, R. H. & GIBBS JR., R. H. 1970. Ergebnisse der Forschungsreisen des FFS "Walther Herwig" nach Südamerika. X. Systematics and Zoogeography of Stomiatoid Fishes of the *Astronesthes cyaneus* Species Group (Family Astronesthidae) with Descriptions of Three New Species. *Archiv für Fischereiwissenchaft*, 23(2): 73-88.

GREY, M. 1964. Gonostomatidae. *In Fishes of the Western North Atlantic.* Sears Foundation for Marine Research, *Memoir*, 1(4): 78-240.

HAEDRICH, R. L. 1972. Ergebnisse der Forschungsreisen des FFS "Walther Herwig" nach Südamerika. XXIII. Fishes of the family Nomeidae (Perciformes, Stromateoidei). *Archiv für Fischereiwissenschaft*, 23(2): 73-88.

HAEDRICH, R. L. 1986a. Bramidae. *In* Whitehead *et al.* (eds.), 847-853, *q.v.*

HAEDRICH, R. L. 1986b. Family No. 255: Nomeidae. *In* Smith & Heemstra (eds.), 845-850, *q.v.*

HAIMOVICI, M.; MARTINS, A. S.; FIGUEIREDO, J. L. de & VIEIRA, P. C. 1994. Demersal Bony Fish of the Outer Shelf and Upper Slope of the Southern Brazil Subtropical Convergence Ecosystem. *Marine Ecology Progress Series*, 108: 59-77.

HARTMANN, A. R. & CLARKE, T. A. 1975. The Distribution of Myctophid Fishes across the Central Equatorial Pacific. *Fishery Bulletin*, 73(3): 633-641.

HEEMSTRA, P. C. 1986a. Family No. 117: Lampridae. *In* Smith & Heemstra (eds.), 398, *q.v.*

HEEMSTRA, P. C. 1986b. Family No. 121: Lophotidae. *In* Smith & Heemstra (eds.), 402-403, *q.v.*

HEEMSTRA, P. C. 1986c. Family No. 144: Fistulariidae. *In* Smith & Heemstra (eds.), 444, *q.v.*

HEEMSTRA, P. C. 1986d. Family No. 147: Macroramphosidae. *In* Smith & Heemstra (eds.), 459-461, *q.v.*

HEEMSTRA, P. C. 1986e. Family No. 174: Priacanthidae. *In* Smith & Heemstra (eds.), 544-546, *q.v.*

HEEMSTRA, P. C. 1986f. Family No. 250: Luvaridae. *In* Smith & Heemstra (eds.), 838-839, *q.v.*

HEEMSTRA, P. C. & KANNEMEYER, S. X. 1986. Family No. 119: Trachipteridae. *In* Smith & Heemstra (eds.), 399-402, *q.v.*

HOESE, H. D. & MOORE, R. H. 1998. *Fishes of the Gulf of Mexico.* 2ª ed., Texas A&M University Press. College Station, xv + 420 p.

HORN, M. H. 1972. Systematic Status and Aspects of the Ecology of the Elongate Ariommid Fishes (Suborder Stromateoidei) in the Atlantic. *Bulletin of Marine Science*, 22(3): 537-558.

HULLEY, P. A. 1981. Results of the Research Cruises of FRV "Walther Herwig" to South America. LVIII. Family Myctophidae (Osteichthyes, Myctophiformes). *Archiv für Fischereiwissenschaft*, 31(1): 1-300.

HULLEY, P. A. 1986a. Family No. 70: Idiacanthidae. *In* Smith & Heemstra (eds.), 234-235, *q.v.*

HULLEY, P. A. 1986b. Family No. 86: Myctophidae. *In* Smith & Heemstra (eds.), 282-321, *q.v.*

HULLEY, P. A. 1986c. Family No. 87: Neoscopelidae. *In* Smith & Heemstra (eds.), 321-322, *q.v.*

INADA, T. 1981. Studies on the Merlucciid Fishes. Far Seas Fisheries Research Laboratory, *Bulletin*, 18, 172 p.

IWAMOTO, T. 1986. Family No. 93: Macrouridae. *In* Smith & Heemstra (eds.), 330-341, *q.v.*

JOHNSON, G. D. & KEENER, P. 1984. Aid to Identification of American Grouper Larvae. *Bulletin of Marine Science*, 34(1): 106-134.

JOHNSON, R. K. 1982. Fishes of the Families Evermannellidae and Scopelarchidae: Systematics, Morphology, Interrelationships, and Zoogeography. *Fieldiana, Zoology, New Series, 12, xiii + 252 p.*

JOHNSON, R. K. 1986. Family No. 83: Evermannellidae. *In* Smith & Heemstra (eds.), 278-280, *q.v.*

JOHNSON, R. K. 1989. Evermannellidae. *In* Whitehead *et al.* (eds.), 489-493, *q.v.*

JOHNSON, R. K. & FELTES, R. M. 1984. A New Species of *Vinciguerria* (Salmoniformes: Photichthyidae) from the Red Sea and Gulf of Aqaba, with Comments on the Depauperacy of the Red Sea Mesopelagic Fish Fauna. *Fieldiana, Zoology, New Series, 22, vi + 35 p.*

JOHNSON, R. K. & KEENE, M. J. 1986. Chiasmodontidae. *In* Whitehead *et al.* (eds.), 957-961, *q.v.*

KARRER, C. & HEEMSTRA, P. C. 1986. Family No. 140: Grammicolepididae. *In* Smith & Heemstra (eds.), 440-441, *q.v.*

KAWAGUCHI, K. & AIOI, K. 1972. Myctophid Fishes of the Genus *Myctophum* (Myctophidae) in the Pacific and Indian Oceans. *Journal of the Oceanographic Society of Japan*, 28(4), 161-175.

KENDALL JR., A. W. 1979. Morphological Comparisons of North American Sea Bass Larvae (Pisces: Serranidae). *NOAA Technical Report NMFS*, Circular 428, iv + 50 p.

KREFFT, G. 1968. Ergebnisse der Forschungsreisen des FFS "Walther Herwig" nach Südamerika. IV. *Luciosudis* Fraser-Brunner, 1931, ein valides Genus der Familie Scopelosauridae (Osteichthyes, Alepisauroidei). *Archiv für Fischereiwissenschaft*, 19(2/3): 95-102.

KREFFT, G. 1976. Ergebnisse der Forchungsreisen des FFS "Walther Herwig" nach Südamerika. XLI. Fische der Ordnung Beryciformes aus dem Südwestatlantik. *Archiv für Fischereiwissenchaft*, 26(2/3): 65-86.

KREFFT, G. 1986. Family No. 78: Notosudidae. *In* Smith & Heemstra (eds.), 268-270, *q.v.*

LOPES, P. R. D. & SAMPAIO, C. L. S. 1999. Registro de *Neoepinulla americana* (Grey, 1953) (Actinopterygii: Gempylidae) no Litoral do Estado da Bahia, Brasil. *Biotemas*, 12(2): 123-128.

LÓPEZ, R. B. & CASTELLO, H. P. 1975. Un Nuevo Congrio para el Mar Argentino, *Pseudoxenomystax albescens* (Barnard, 1923). (Pisces, Congridae). *Physis*, Sección A, 34(88): 201-206.

MARKLE, D.F. 1978. Alepocephalidae. *In* W. Fischer (ed.). *FAO Species Identification Sheets. Western Central Atlantic (Fishing area 31)*. FAO, Rome. Não paginado.

MARKLE, D.F. 1986. Family N° 64: Alepocephalidae. *In* Smith & Heemstra (eds.), 218-223, *q.v.*

MARKLE, D. F. & QUÉRO, J.-C. 1989. Alepocephalidae (Including Bathylaconidae, Batryprionidae). *In* Whitehead *et al.* (eds.), 228-253, *q.v.*

MATSUURA, K. 1983. [Mullidae. *Upeneus*]. *In* Uyeno *et al.* (eds.), 381, *q.v.*

MATSUURA, K.1996. A Probable Cause of Recruitment Failure of the Brazilian Sardine *Sardinella aurita* Population during the 1974/75 Spawning Season. *South African Journal of Marine Science*, 17: 29-35.

MATSUURA,Y.; GARCIA, A. C. S.; KATSURAGAWA, M. & SUZUKI, K. 1993. Distribution and Abundance of Two Species of Codelet (Teleostei, Bregmacerotidae) Larvae from the South-eastern Brazilian Bight. *Fisheries Oceanography*, 2(2): 82-90.

MATSUURA, Y. & KITAHARA, E. M. 1995. Horizontal and Vertical Distribution of Anchovy *Engraulis anchoita* Eggs and Larvae off Cape Santa Marta Grande in Southern Brazil. *Archive of Fishery and Marine Research*, 42(3): 239-250.

MATSUURA, Y. & SUZUKI, K. 1997. Larval Development of Two Species of Barracuda, *Sphyraena guachancho* and *S. tome* (Teleostei: Sphyraenidae), from Southeastern Brazil. *Ichthyological Research*, 44(4): 369-378.

MATSUURA, Y. & YONEDA, T. 1986. Early Development of the Lophiid Anglerfish, *Lophius gastrophysus*. *Fishery Bulletin*, 84(2): 429-436.

McEACHRAN, J. D. & FECHHELM, J. D. 1998. *Fishes of the Gulf of Mexico*. Austin, University of Texas Press, 1, viii + 1.112 p.

MEAD, G. W. 1966. Families Chlorophthalmidae, Ipinopidae, Bathypteroidae, Bathysauridae. *In Fishes of Western North Atlantic*. Sears Foundation for Marine Research. *Memoir*, 1(5): 103-109.

MEAD, G. W. 1972. Bramidae. *Dana-Report*, 81, 166 p., 9 pl.

MELÉNDEZ, R & MARKLE, D. F. 1997. Phylogeny and Zoogeography of *Laemonema* and *Guttigadus* (Pisces; Gadiformes; Moridae). *Bulletin of Marine Science*, 61(3): 593-670.

MENEZES, A. & FIGUEIREDO, J. L. 1980. *Manual de Peixes Marinhos do Sudeste do Brasil. IV. Teleostei (3)*. São Paulo, Museu de Zoologia da Universidade de São Paulo, 96 p.

MENEZES, A. & FIGUEIREDO, J. L. 1985. *Manual de Peixes Marinhos do Sudeste do Brasil. V. Teleostei (4)*. São Paulo, Museu de Zoologia da Universidade de São Paulo, 105 p.

MENEZES, A. & FIGUEIREDO, J. L. 1998. Revisão das Espécies da Família Batrachoididae do Litoral Brasileiro com a Descrição de uma Espécie Nova (Osteichthyes, Teleostei, Batrachoidiformes). *Papéis Avulsos de Zoologia*, São Paulo, 40(22): 337-357.

MILLIKEN, D. M. & HOUDE, E. D. 1984. A New Species of Bregmacerotidae (Pisces), *Bregmaceros cantori*, from the Western Atlantic Ocean. *Bulletin of Marine Science*, 35(1):11-19.

MINCARONE, M. M.; SOTO, J. M. R. & LIMA, A. T. 2000. Segundo Registro do Peixe-fita, *Trachipterus arawatae* Clarke, 1881 (Lampridiformes, Trachipteridae), na Costa Brasileira. *Anais da XIII Semana Nacional de Oceanografia*. Itajaí, 29 out.-3 nov. 2000, 748-750.

MINCARONE, M. M.; SOTO, J. M. R. & LIMA, A. T. 2001. Sobre a Ocorrência do Peixe-charuto-do-cabo, *Cubiceps capensis* (Smith, 1849) (Stromateoidei, Nomeidae), no Litoral Brasileiro. *Anais da XIV Semana Nacional de Oceanografia*. Rio Grande, 7-13 out. 2001.

MIRANDA, L. B. & KATSURAGAWA, M. 1991. Estrutura Térmica na Região Sudeste do Brasil. *Publicação Especial do Instituto Oceanográfico*, São Paulo, 8: 1-14.

MOCHIZUKI, K. & GULTNEH, S. 1989. Redescription of *Synagrops spinosus* (Percichthyidae) with its First Record from the West Pacific. *Japanese Journal of Ichthyology*, 35(4): 421-427.

MORROW JR., J. E. 1964. Family Stomiatidae. *In Fishes of the Western North Atlantic*. Sears Foundation for Marine Research, *Memoir*, 1(4): 90-310.

NAFPAKTITIS, B. G. 1968. Taxonomy and Distribution of the Lanternfishes, Genera *Lobianchia* and *Diaphus*, in the North Atlantic. *Dana-Report*, 73, 131 p.

NAFPAKTITIS, B. G. 1977. Family Neoscopelidae. *In Fishes of the Western North Atlantic*. Sears Foundation for Marine Research, *Memoir*, 1(7): 1-12.

NAFPAKTITIS, B. G. 1978. Systematics and Distribution of Lanternfishes of the genera *Lobianchia* and *Diaphus* (Myctophidae) in the Indian Ocean. *Bulletin of the Los Angeles County Museum of Natural History, Science*, 30, vi+92p.

NAFPAKTITIS, B. G.; BACKUS, R. H.; CRADDOCK, J. E.; HAEDRICH, R. L.; ROBISON, B. H. & KARNELLA, C. 1977. Family Myctophidae. *In Fishes of the Western North Atlantic*. Sears Foundation for Marine Research, *Memoir*, 1(7): 13-265.

NAFPAKTITIS, B. G. & NAFPAKTITIS, M. 1969. Lanternfishes (Family Myctophidae) Collected during Cruises 3 and 6 of the R/V 'Anton Bruun' in the Indian Ocean. *Bulletin of the Los Angeles County Museum of Natural History, Science*, 5, vi+79 p.

NAKAMURA, E. 1970. Observations on the Biology of the Myctophid, *Diaphus garmani*. *Copeia*, 1970(2): 374-377.

NAKAMURA, I. & PARIN, V. 1993. FAO Species Catalogue. 15. Snake Mackerels and Cutlassfishes of the World (Families Gempylidae and Trichiuridae). *FAO Fisheries Synopsis*, 125(15), 136 p.

NELSON, J. S. 1994. *Fishes of the World*. 3ª ed., New York, John Wiley & Sons, xx+600 p.

NIELSEN, J. G. & SMITH, D. G. 1978. The Eel Family Nemichthyidae. *Dana-Report*, 88, 71 p., 2 pl.

Ozawa, T.; Oda, K. & Ida, T. 1990. Systematics and Distribution of the *Diplophos taenia* Complex (Gonostomatidae), with a Description of a New Species. *Japanese Journal of Ichthyology*, 37(2): 98-115.

Palmer, G. 1986. Lampridídae. *In* Whitehead *et al.* (eds.), 725-726, *q.v.*

Parin, V. 1986. Exocoetidae. *In* Whitehead *et al.* (eds.), 612-619, *q.v.*

Parin, V. & Kobyliansky, S. G. 1993. [Revisão do Gênero *Maurolicus* (Sternoptychidae, Stomiiformes), com o Restabelecimento da Validade de Cinco Espécies Consideradas Sinônimos Juniores de *M. muelleri* e Descrições de Nove Espécies Novas]. Trudy Instituta Okeanologii, 128: 69-107. Em russo.

Parin, V. & Kobyliansky, S. G. 1996. Diagnoses and Distribution of Fifteen Species Recognized in Genus *Maurolicus* Cocco (Sternoptychidae, Stomiiformes) with a Key to their Identification. *Cybium*, 20(2): 185-195.

Parin, V. & Pokhil'skaya, G. N.1978. [Taxonomia e Distribuição do Gênero de Peixe Mesopelágico *Melanostomias* (Melanostomiatidae, Osteichthyes)]. *Trudy Instituta Okeanologii*, 111: 61-86. Em russo.

Paulin, C. D. 1989. Review of the Morid Genera *Gadella*, *Physiculus*, and *Salilota* (Teleostei: Gadiformes) with Descriptions of Seven New Species. *New Zealand Journal of Zoology*, 16(1): 93-133.

Pietsch, T. W. 1974. Osteology and Relationships of Ceratioid Anglerfishes of the Family Oneirodidae, with a Revision of the Genus *Oneirodes* Lütken. *Bulletin of the Los Angeles County Museum of Natural History. Science*, 18, vi + 113 p.

Piola, A. A. R.; Campos, E. J. D.; Moller Jr., O. O.; Charo, M. & Martinez, C. 1999. Continental Shelf Water Masses off Eastern South America – 20º to 40º. *Proceedings of 10th Symposium on Global Changes Studies*, 10-15.

Pires-Vanin, A. M. S. & Matsuura, Y. 1993. Estrutura e Função do Ecossistema da Plataforma Continental da Região de Ubatuba, Estado de São Paulo: Uma Introdução. *Publicação Especial do Instituto Oceanográfico*, São Paulo, 10: 1-8.

Post, A. 1986a. Family No. 81: Paralepididae. *In* Smith & Heemstra (eds.), 274-278, *q.v.*

Post, A. 1986b. Anoplogastridae. *In* Whitehead *et al.* (eds.), 767-768, *q.v.*

Post, A. 1989. Paralepididae (Including Sudidae). *In* Whitehead *et al.* (eds.), 498-508, *q.v.*

Quéro, J.-C. 1986a. Zeidae. *In* Whitehead *et al.* (eds.), 769-772, *q.v.*

Quéro, J.-C. 1986b. Caproidae. *In* Whitehead *et al.* (eds.), 777-779, *q.v.*

Randall, J. E. 1956. A Revision of the Surgeon Fish Genus *Acanthurus*. *Pacific Science*, 10: 159-235.

Richards, W. J. 1989. Preliminary Guide to the Identification of the Early Life History Stages of Scombroid Fishes of the Western Central Atlantic. *NOAA Technical Memorandum NMFS-SEFC-240*, 101 p.

Robins, C. R. & Starck, W. A. 1961. Materials for a Revision of *Serranus* and Related Fish Genera. *Proceedings of the Academy of Natural Sciences of Philadelphia*, 13(11): 259-314.

Rofen, R. R. 1966. Family Paralepididae. *In Fishes of the Western North Atlantic.* Sears Foundation for Marine Research, *Memoir*, 1(5): 205-461.

Saldanha, L. 1986. Nettastomatidae. *In* Whitehead *et al.* (eds.), 562-566, *q.v.*

Schaefer, S.; Johnson, R. K. & Badcock, J. 1986a. Family No. 73: Photichthyidae. *In* Smith & Heemstra (eds.), 243-247, *q.v.*

Schaefer, S.; Johnson, R. K. & Badcock, J. 1986b. Family No. 74: Gonostomatidae. *In* Smith & Heemstra (eds.), 247-253, *q.v.*

Séret, B. & Andreata, J. V. 1992. Deep-sea Fishes Collected during Cruise MD-55 off Brazil. *Cybium*, 16(1): 81-100.

Shcherbachev, Y. & Novikova, S. 1976. [Sobre a Taxonomia e Distribuição dos Peixes Mesopelágicos da Família Stomiatidae (Osteichthyes)]. *Trudy Instituta Okeanologii*, 104: 92-112. Em russo.

Shipp, R. L. 1974. The Pufferfishes (Tetraodontidae) of the Atlantic Ocean. *Publications of the Gulf Coast Research Laboratory Museum*, 4, 163 p.

Shores, D. L. 1969. Postlarval *Sudis* (Pisces: Paralepididae) in the Atlantic Ocean. *Breviora*, 334, 14 p.

Silva, M. P. 1995. *Caracterização Físico-química das Massas de Água da Bacia de Santos durante o Projeto COROAS. Verão e Inverno de 1993.* Dissertação de Mestrado, São Paulo, Universidade de São Paulo, Instituto Oceanográfico, 135 p.

SMITH, C. L. 1971. A Revision of the American Groupers: *Epinephelus* and Allied Genera. *Bulletin of the American Museum of Natural History*, 146(2): 67-242.

SMITH, D. G. 1989. Family Nettastomatidae. *In Fishes of Western Noth Atlantic*. Sears Foundation for Marine Research, *Memoir*, 1(9): 568-612.

SMITH, M. M. 1986a.Family No. 207: Bramidae. *In* Smith & Heemstra (eds.), 633-636, *q.v.*

SMITH, M. M. 1986b.Family No. 211: Coryphaenidae. *In* Smith & Heemstra (eds.), 561, *q.v.*

SMITH, M. M. & HEEMSTRA, P. C. (eds.). 1986. *Smith's Sea Fishes*. New York, Springer-Verlag, xx + 1047 p., 144 pl.

STARNES, W. C. 1988. Revision, Phylogeny and Biogeographic Comments on the Circumtropical Marine Percoid Fish Family Priacanthidae. *Bulletin of Marine Science*, 43(2): 117-203.

SULAK, K. J. 1989. Chlorophthalmidae (Including Bathypteroidae, Benthosauridae, Ipnopidae). *In* Whitehead *et al.* (eds.), 412-420, *q.v.*

THOMPSON, B. A. & SUTTKUS, R. D. 1998. A Review of Western North Atlantic Species of *Bembrops*, with Descriptions of Three New Species, and Additional Comments on Two Eastern Atlantic Species (Pisces: Percophidae). *Proceedings of the Biological Society of Washington*, 111(4): 954-985.

TIGHE, K. A. 1989. Family Serrivomeridae. *In Fishes of the Western North Atlantic*. Sears Foundation for Marine Research, *Memoir*, 1(9): 613-627.

TOMÁS, A. R. G.; ZAVALA-CAMIN, L. A. & GOMES, U. L. 1988. Ocorrência de Espécies da Família Bramidae (Teleostei) no Sudeste e Sul do Brasil. *Boletim do Instituto de Pesca*, São Paulo, 15(2): 209-235.

TORTONESE, E. 1986a. Pomatomidae. *In* Whitehead *et al.* (eds.), 812-813, *q.v.*

TORTONESE, E. 1986b. Monacanthidae. *In* Whitehead *et al.* (eds.), 1338-1339, *q.v.*

TRUNOV, I. A. 1997. [Espécies da Família Opisthoproctidae do Oceano Atlântico Sul]. *Voprosi Ikhtiologii*, 37(6): 847-851. Em russo.

UYENO, T. & AYZAWA, M. 1983. [Ogcocephalidae], p. 250-256, *in* Uyeno *et al.* (eds.) *q.v.*

UYENO, T.; MATSUURA, K. & FUJII, E. (eds.). 1983. *Fishes Trawled off Suriname and French Guiana*. Tokyo, Japan Marine Fishery Resource Research Center, 519 p.

WEISS, G.; HUBOLD, G. & BONECKER, A. C. T. 1988. Eggs and Larvae of *Maurolicus muelleri* (Gmelin, 1789) (Teleostei, Sternoptychidae) in the Southwest Atlantic. *Meeresforschung*, 32(1): 53-60.

WEITZMAN, S. H. 1986. Family No. 75: Sternoptychidae. *In* Smith & Heemstra (eds.), 253-254, *q.v.*

WHITEHEAD, P. J. P. 1985. FAO Species Catalogue. 7. Clupeoid Fishes of the World (Suborder Clupeoidei). An Annotated and Illustrated Catalogue of the Herrings, Sardines, Pilchards, Sprats, Shads, Anchovies and Wolf-herrings. Part 1 – Chirocentridae, Clupeidae and Pristigasteridae. *FAO Fisheries Synopsis*, 125(7), 303 p.

WHITEHEAD, P. J. P.; BAUCHOT, M.-L.; HUREAU, J.-C.; NIELSEN, J. & TORTONESE, E. (eds.). 1986. *Fishes of the North-eastern Atlantic and the Mediterranean*. Paris, Unesco, II. iii + 517-1007 e III. iii + 1015-1473.

WHITEHEAD, P. J. P.; BAUCHOT, M.-L.; HUREAU, J.-C.; NIELSEN, J. & TORTONESE, E. (eds.). 1989. *Fishes of the North-eastern Atlantic and the Mediterranean*. Reimpressão com correções. Paris, Unesco, I, 510 p.

WHITEHEAD, P. J. P.; NELSON, G. J. & WONGRATANA, T. 1988. FAO Species Catalogue. 7. Clupeoid Fishes of the World (Suborder Clupeoidei). An Annotated and Illustrated Catalogue of the Herrings, Sardines, Pilchards, Sprats, Shads, Anchovies and Wolf-herrings. Part 2 – Engraulididae. *FAO Fisheries Synopsis*, 125(7): 305-579.

WISNER, R. L. 1976. The Taxonomy and Distribution of Lanternfishes (Family Myctophidae) of the Eastern Pacific Ocean. Navy Ocean Research and Development Activity. *Norda Report*, 3, 229 p.

WOODS, L. P. & SONODA, P. M. 1973. Order Berycomorphi (Beryciformes). *In Fishes of the Western North Atlantic*. Sears Foundation for Marine Research, *Memoir*, 1(6), 263-396.

ZAHURANEC, B. J. 2000. Zoogeography and Systematics of the Lanternfishes of the Genus *Nannobrachium* (Myctophidae: Lampanyctini). *Smithsonian Contributions to Zoology*, 607, 69 p.

ÍNDICE DOS NOMES CIENTÍFICOS DO GUIA DE IDENTIFICAÇÃO

C

D